U0248430
站在巨人的肩上
Standing on Shoulders of Giants
TURING
图灵教育
iTuring.cn

站在巨人的肩上
Standing on Shoulders of Giants
TURING
图灵教育
iTuring.cn

TURING 图灵程序设计丛书

JavaScript Web 应用开发

[阿根廷] Nicolas Bevacqua 著
安道 译

JavaScript Application Design
A Build First Approach

人民邮电出版社
北京

图书在版编目（CIP）数据

JavaScript Web应用开发 / (阿根廷) 比瓦卡
(Bevacqua,N.) 著 ; 安道译. -- 北京 : 人民邮电出版
社, 2015.9
（图灵程序设计丛书）
ISBN 978-7-115-40210-3

Ⅰ. ①J… Ⅱ. ①比… ②安… Ⅲ. ①JAVA语言－程序
设计 Ⅳ. ①TP312

中国版本图书馆CIP数据核字(2015)第201195号

内 容 提 要

本书是面向一线开发人员的一本实用教程，对最新的 Web 开发技术与程序进行了全面的梳理和总结，为 JavaScript 开发人员提供了改进 Web 开发质量和开发流程的最新技术。本书主要分两大块，首先是以构建为目标实现 JavaScript 驱动开发，其次介绍如何管理应用设计过程中的复杂度，包括模块化、MVC、异步代码流、测试以及 API 设计原则。

本书适合各层次 Web 开发人员阅读。

◆ 著　[阿根廷] Nicolas Bevacqua
译　安　道
责任编辑　岳新欣
执行编辑　张　曼
责任印制　杨林杰

◆ 人民邮电出版社出版发行　北京市丰台区成寿寺路11号
邮编　100164　电子邮件　315@ptpress.com.cn
网址　http://www.ptpress.com.cn
北京鑫正大印刷有限公司印刷

◆ 开本：800×1000　1/16
印张：18
字数：435千字　2015年 9 月第 1 版
印数：1－3 500册　2015年 9 月北京第 1 次印刷

著作权合同登记号　图字：01-2015-5405号

定价：59.00元

读者服务热线：(010)51095186转600　印装质量热线：(010)81055316

反盗版热线：(010)81055315

广告经营许可证：京崇工商广字第 0021 号

版 权 声 明

献给玛丽安，感谢你无条件的爱和无止境的耐心，支撑我写完这本书。

我爱你！

你愿意嫁给我吗？

序

近几年，开发强大的JavaScript Web应用经历了一场轰轰烈烈的复兴。人们对JavaScript寄予厚望，越来越多的人使用这门语言开发应用和接口，这本书的出版恰逢其时。在这本书中，Nico Bevacqua通过简洁的示例、这个领域沉淀下来的经验教训，以及可伸缩性开发的关键概念，向我们展示了如何改进应用的设计和流程。

这本书还能帮助你打造一个能节省时间的构建过程。时间是保持效率的关键因素，而作为Web应用开发者，我们希望能充分利用我们的时间。“构建优先”原则能帮助我们从开发伊始就注重应用的结构，以便开发出简洁、可测试的应用。学会操作流程，以及如何管理复杂性，是现代化JavaScript应用开发的基石。从长远来看，如果能处理好这两方面，结果就会很不一样。

《JavaScript Web应用开发》这本书会告诉你如何在前端开发中使用自动化技术，涵盖你所需要知道的一切，比如说如何避免重复的任务，如何使用简洁的工具监控生产版本，减少人为错误造成的损失。在这个过程中，自动化是关键。如果时至今日你还没有在工作流程中使用自动化技术，你活得就太辛苦了。如果一系列日常任务能使用一个命令完成的话，请听从Nico的建议，使用自动化技术，把节省下来的时间用在提升应用的代码质量上。

模块化至关重要，能协助我们构建可伸缩且可维护的应用。模块化不仅能确保应用的各个部分都能轻易地加以测试，容易编写文档，而且还能鼓励我们重用代码，并把精力集中在提高代码质量上。在这本书中，Nico熟练地示范了如何编写模块化的JavaScript组件，如何正确处理异步流，还介绍了足够你用来构建应用的客户端MVC知识。

系好安全带，调整好命令行，享受这段改进开发流程的旅程吧。

Addy Osmani
谷歌高级工程师，对开发者使用的工具充满激情

前　言

像这个领域中的大多数人一样，我一直着迷于解决问题。虽然寻找解决方案时痛苦不堪，但找到后却无比欢欣——有什么能比得上这样的过程呢！年轻时我特别喜欢玩策略游戏，例如国际象棋，我从孩童起就开始玩了。《星际争霸》这个实时策略游戏，我已经玩了10年。还有万智牌，一种集换式卡片游戏，可理解为介于扑克和国际象棋之间的游戏。这些游戏为我提供了很多解决问题的机会。

上小学时，我学会了Pascal和基本的Flash编程。我兴奋坏了，又接着学习了Visual Basic、PHP和C语言，并利用我对`<marquee>`和`<blink>`标签的充分掌握以及对MySQL的粗浅理解，开始开发网站。没有什么能阻挡我，而且对解决问题的渴望没有就此结束，我又开始玩游戏了。

《网络创世纪》（简称UO）是一款大型多人在线角色扮演游戏（简称MMORPG），和其他游戏一样，我也沉迷于这个游戏很多年。后来，我发现了一个UO服务器的开源实现，叫RunUO[①]，完全使用C#开发。我所在的RunUO服务器的管理员没有编程经验，他们逐渐开始信任我，让我修正一些小缺陷，我们通过邮件来来回回地发送源码。我着迷了。C#是一门美妙而富有表现力的语言，而且用来开发UO服务器的开源软件友好且诱人，甚至不需要使用IDE（也不用知道IDE是什么），因为服务器能动态编译脚本文件。基本上，只需要在一个文件中写10~15行代码，继承`Dragon`类，就能在龙头上添加一个吓人的泡状文本框；或者覆盖一个方法，就能让龙吐出更多火球。这门语言和它的句法一点都不难学，在玩玩乐乐中就能学会。

后来，一个朋友告诉我，我可以靠编写C#代码为生。他说："知道吗，真的有人愿意付费让你做这件事。"随后我又开始开发网站了，不过这一次我不是为了找乐子，也没有仅仅使用Front Page和一堆`<marquee>`标签。可是，对我来说，仍像是在玩游戏。

几年前，我读了《程序员修炼之道》[②]这本书，受到一些触动。这本书给出了很多可靠的建议，我强烈推荐你也读读。书中有个观点对我影响比较深：作者鼓励我们走出自己的安乐窝，尝试一些我们计划去做但还没有做的事。那时，我的安乐窝是C#和ASP.NET，所以我决定尝试Node.js。对于在服务器端做JavaScript开发，这是一个真真切切的类Unix平台。就那时我围绕微软的开发经验来说，这无疑是个突破。

---

① RunUO的网站地址是http://runuo.com，不过这个项目已经停止维护了。

② Andrew Hunt和David Thomas合著的这本书是永恒的经典之作，你一定要认真读一下。

我从这次尝试中学到了大量知识，还搭建了一个博客[1]，记录我在这个过程中学到的各种知识。大概半年之后，我决定把我在C#设计上多年积累的经验写成一本关于JavaScript的书。我联系了Manning出版社，他们欣然接受了我的请求，并帮助我做头脑风暴，把初步想法变得明确从容、简单明了。

我花了很多时间和精力写这本书，表明了我对Web的热爱。这本书中包含一些关于应用设计和过程自动化的实用建议和最佳实践，能帮助你提升Web项目的质量。

① 我的博客名为"Pony Foo"，地址是http://ponyfoo.com。我写的文章涉及Web、性能、渐进增强和JavaScript。

关于本书

Web开发的增长速度异乎寻常，现在很难想象没有Web的世界会是什么样子。Web以其容错性而著称。在传统编程技术中，缺少一个分号、忘记关闭标签或者声明无效的属性都会导致严重的后果，但Web中却有所不同。在Web中可以犯错，但错误的生存空间越来越少。之所以出现这种二元现象，是因为现代的Web应用和以前相比，要复杂一个数量级。在Web发展初期，我们可能会使用JavaScript适当地小幅度修改网页，但在现在的Web中，整个网站都使用JavaScript驱动，在单个页面中渲染。

这是一本指南书，会告诉你如何在现代的环境中使用更好的方式做Web开发，就像使用其他语言做开发一样，编写出可维护的JavaScript应用。你将学习如何利用自动化技术取代容易出错的繁复过程，如何设计易于测试的模块化应用，以及如何测试应用。

过程自动化是整个开发过程中节省时间的关键所在。在开发环境中使用自动化技术能帮助我们把精力集中在思考问题、编写代码和调试上。自动化技术有助于确保每次存入版本控制系统中的代码能正常运行。准备把应用部署到生产环境时，使用自动化技术能节省时间，自动化技术能打包、简化资源文件、创建子图集表单，还能执行其他性能优化措施。部署时，自动化技术还能减少风险，自动完成复杂且容易出错的操作。很多书讨论的都是后端语言使用的过程和自动化技术，很难找到针对JavaScript应用的资料。

本书主要想表达的观点是要注重质量。使用自动化技术能搭建一个更好的应用构建环境，但光有自动化技术还不够，应用本身也要有质量意识。为此，本书涵盖了应用设计的指导方针，先介绍语言相关的注意事项，然后告诉你模块化的强大作用，再帮你厘清异步代码，教你开发客户端MVC应用，最后为JavaScript代码编写单元测试。

本书和其他讲解Web技术的书一样，依赖于特定版本的工具和框架，不过本书把代码库相关的问题和所需掌握的理论区分开了。这是种妥协的做法，因为Web开发领域使用的工具频繁变化，但工具的设计理念和操作过程的变化节奏要慢得多。我把这两方面分开了，希望这本书在未来几年仍有价值。

本书结构

本书包含两部分和四篇附录。第一部分专门介绍构建优先原则，告诉你这个原则是什么，以及如何辅助你的日常工作。这一部分详细说明过程自动化，涵盖日常开发和自动部署，还有持续集成和持续部署包，共含4章。

- 第1章说明构建优先原则的核心法则，以及可以建立的不同过程和流程。然后介绍贯穿全书的应用设计指导方针，这些方针是后续内容的基础。
- 第2章介绍Grunt，以及如何使用Grunt制定构建流程。然后介绍几个可以使用Grunt轻易完成的构建任务。
- 第3章专门介绍环境和部署流程。你会发现不是所有环境都是一样的，应该学习在开发环境中如何权衡调试便利性和生产力。
- 第4章示范发布流程，还会讨论部署相关的话题。你会学到几个针对性能优化的构建任务，并探索如何自动部署。你还会学习把应用部署到生产环境后如何连接持续集成服务，以及如何监控应用。

第一部分主要介绍如何使用Grunt构建应用，附录C会教你如何选择最符合任务需求的构建工具。读完第一部分后，该读本书第二部分了。第二部分专门介绍如何管理应用设计过程中的复杂度。模块、MVC、异步代码流、测试和设计良好的API在现代的应用中都扮演着重要角色，这些话题在下面几章中讨论。

- 第5章主要介绍如何开发模块化的JavaScript应用。这一章首先说明模块的构成，以及如何设计模块化的应用，还会列出这么做的好处。随后，简要说明JavaScript语言的词法作用域和怪异的地方。然后，概览实现模块化的主要方式：RequireJS、CommonJS和即将到来的ES6模块系统。最后，介绍几个包管理方案，例如Bower和npm。
- 第6章介绍异步代码流。如果你曾陷入到回调之坑中，这一章可能会为你提供摆脱这一困境的方法。这一章讨论了处理异步代码流中复杂度的多种方式，分别为回调、Promise对象、事件和ES6的生成器。你还会学到如何在这些范式中正确处理错误。
- 第7章首先介绍MVC架构，然后将其应用到Web中。你会学习如何借助MVC分离关注点，使用Backbone开发富客户端应用。随后，你会学习Rendr，使用它在服务器端渲染Backbone视图，优化应用的性能和可访问性。
- 现在你的应用已经模块化，外观精美，而且易于维护，接下来在第8章自然就该使用不同的方式测试应用了。为此，我会介绍各种JavaScript测试工具，并传授使用这些工具测试小型组件的实践经验。然后，我们要为第7章使用MVC架构开发的应用编写测试。我们不仅要做单元测试，还会学习持续集成、外观测试和性能评估。
- 第9章是本书最后一章，专门介绍REST API设计。API供客户端与服务器交互，而且为我们在应用中所做的一切奠定基础。如果API复杂得令人费解，那么整个应用有可能也是如此。REST为API的设计给出了明确的指导方针，能确保API简单明了。最后，我们会介绍如何使用传统方式在客户端使用API。

你可以在读完正文后再阅读附录，不过，在你遇到问题时就及时阅读更能发挥附录的作用，因为附录可能会为你的疑问提供解答。在正文中，如果某处需要使用附录的内容补充，我会指出来。

- 附录A简要介绍Node.js和其使用的模块系统CommonJS。这个附录能帮你解决安装Node.js的问题，还会解答一些关于CommonJS工作方式的疑问。

- 附录B详细介绍Grunt。第一部分中的几章只说明了使用Grunt必备的知识，而这个附录则详细说明了Grunt的内部工作机制。如果你真想使用Grunt开发一个成熟的构建过程，这个附录能为你提供一些帮助。
- 附录C明确表明了本书和Grunt没有任何“联姻”，给出了两个替代工具——Gulp和`npm run`。这个附录分析了这三个工具各自的优缺点，让你自己决定哪个最符合你的需求。
- 附录D是一个JavaScript代码质量指南，列出了大量最佳实践，你可以选择该遵守哪些。我的目的不是强制你遵守这些指导方针，而是要让你明白，在开发团队中保持代码基的一致性是件好事。

代码约定和下载

所有源码都使用等宽字体表示，例如`fixed-size width font`，而且有时源码会放在一个有名称的代码清单中。很多代码清单中都有注解，用于体现重要的概念。本书的配套源码是开源的，公开托管在GitHub中，如果想下载，请访问github.com/buildfirst/buildfirst。这个在线仓库中的源码始终都是最新版。虽然书中给出的代码有限，但在仓库中都有很好的注释，如果遇到问题，我建议你看一下带注释的代码。

代码还可以从出版社的网站中下载，地址是www.manning.com/JavaScriptApplicationDesign。

作者在线

购买本书英文版的读者可以免费访问由Manning出版社维护的在线论坛，在这个论坛中你可以对本书发表评论、询问技术问题、从作者和其他用户那里得到帮助。要访问并订阅该论坛，请访问www.manning.com/JavaScriptApplicationDesign。这个页面介绍了注册后如何访问论坛、可以得到什么帮助以及在论坛中的行为准则。

Manning致力于为读者提供一个场所，让读者之间、读者和作者之间能进行有意义的对话。但我们并不强制作者参与，他们在论坛上的贡献是自愿而且不收费的。我们建议你尽量问作者一些有挑战性的问题，免得他失去参与的兴趣！

只要本书英文版仍然在售，读者就能从出版社的网站上访问作者在线论坛和之前讨论话题的存档。

关于封面

本书封面中的画像题为“1760年堪察加的冬季习俗”。堪察加半岛位于俄罗斯最东边，东临太平洋，西接鄂霍次克海。这幅画像出自1757年至1772年在伦敦出版的《古代和现代不同国家的服饰图集》，作者为托马斯·杰弗里斯。这本图集的扉页指出，这些图像都是手工上色的铜板雕刻，并使用阿拉伯树胶提色。托马斯·杰弗里斯（1719—1771年）被称为“地理学界的乔治三世国王”。他是一名英国制图师，在他那个年代是主要的地图供应商。他为政府和官方机构雕刻并印刷地图，还生产了各种各样的商业地图和地图册，尤其是北美洲的地图。作为一名制图师，他对在所测绘地方生活的本地居民的服饰产生了兴趣，他在这本四卷图集中出色地把这些服饰展示了出来。

迷恋遥远的国度，为了消遣而旅行，这在18世纪是相对较新的现象，因此这本图集十分受欢迎，它向游客和憧憬旅行的人介绍了其他国家的居民。杰弗里斯这几卷图集中的绘画充满多样性，在几个世纪以前就生动表现出了世界各国人民的独特个性。现在，人们的着装规范已经改变，地区和国家之间的多样性曾经是多么丰富，如今则在慢慢消逝。现在甚至很难区分不同大陆的居民。或许，从乐观的一面来看，虽然我们丢失了文化和视觉的多样性，但换来了更多样化的个人生活——或者说是更多样化且更充满智能和技术的乐趣生活。

今时今日，计算机图书层出不穷，Manning就以两个半世纪以前杰弗里斯这套书中多样性的民族服饰，来表达对计算机行业日新月异的发明与创造的赞美。

致　谢

如果在写作过程中没有大家的支持和忍耐，你的手中就不可能捧着这本书了。我只希望最值得感谢的人，也就是我的朋友和家人已经知道，我对你们的爱、理解和不断的安慰充满感激，这份感激之情无法用言语表明。

还有很多人直接或间接地为本书贡献了大量知识和想法。

JavaScript开源社区的成员见识不凡，相互鼓励，始终在作无私的贡献。他们让我见识到了更好的软件开发方式，这种方式不仅使协作成为可能，而且还积极鼓励协作。这些人中的大多数都通过传播Web知识、维护博客、分享经验和资源或教我知识，间接为社区作了贡献。有些人则开发了本书讨论的工具，直接作出贡献，这些人包括Addy Osmani、Chris Coyier、Guillermo Rauch、Harry Roberts、Ilya Grigorik、James Halliday、John-David Dalton、Mathias Bynens、Max Ogden、Mikeal Rogers、Paul Irish、Sindre Sorhus和T.J. Holowaychuk。

还有一些书籍和文章的作者影响了我，让我变成了更合适的教育工作者。这些人撰写的文章和分享的知识对我帮助巨大，使我确定了自己的职业发展方向。他们是Adam Wiggins、Alan Cooper、Andrew Hunt、Axel Rauschmayer、Brad Frost、Christian Heilmann、David Thomas、Donald Norman、Frederic Cambus、Frederick Brooks、Jeff Atwood、Jeremy Keith、Jon Bentley、Nicholas C. Zakas、Peter Cooper、Richard Feynmann、Steve Krug、Steve McConnell和Vitaly Friedman。

特别感谢Manning出版社的开发编辑Susan Conant。她让我充分发挥了最佳水平写作这本书，如果没有她，这本书会逊色很多。这是我的第一本书，是她一直领着我走完整个细致入微的写作过程。她以严格而温和的指导，帮我把众多想法写成了这本不会羞于出版的书。得益于她的帮助，我的写作水平大有长进，我特别感谢她。

在这方面帮助我的人不止她一个。Manning出版社的所有人都希望这本书能做到最好。出版人Marjan Bace，连同所有编辑，都应得到感谢。Valentin Crettaz和Deepak Vohra两位技术校对不仅帮我确保了代码示例是一致且有用的，还给我提供了很好的反馈。

还有一大帮不知道姓名的人愿意通读书稿，说出他们的想法，帮助改进这本书。感谢MEAP的读者们，感谢你们在“作者在线”论坛中发布勘误和评论。还要感谢在本书出版的各个阶段阅读本书的各位审稿人员：Alberto Chiesa、Carl Mosca、Dominic Pettifer、Gavin Whyte、Hans Donner、Ilias Ioannou、Jonas Bandi、Joseph White、Keith Webster、Matthew Merkes、Richard Harriman、Sandeep Kumar Patel、Stephen Wakely、Torsten Dinkheller和Trevor Saunders。

特别感谢为本书作序的Addy Osmani，以及其他每个参与本书出版的人。有些人可能没有直接按键输入内容，但他们在本书出版的过程中也扮演了重要角色，加快了这本书的面世进程。

目　录

第一部分　构建过程

第二部分 管理复杂度

Part 1 第一部分

构建过程

本书第一部分专门介绍构建过程，还会通过实例介绍Grunt。这一部分既有理论也有实践，目的是告诉你什么是构建过程，为什么以及如何使用构建过程。

第1章说明构建优先原则包含的两层意思：构建过程和应用复杂度管理。然后开始编写第一个构建任务：使用lint程序检查代码，避免有句法错误。

第2章专门介绍构建任务。你会了解组成一次构建的各项任务，如何配置任务，以及如何自己编写任务。针对每种情况，我们都会先讲理论，然后再使用Grunt编写实例。

第3章介绍如何配置应用的环境，而且要安全存储敏感信息。我们会说明搭建开发环境的流程，以及如何自动完成这些构建步骤。

第4章再介绍一些需要在发布应用时执行的任务，例如优化静态资源和管理文档。你会学到如何使用持续集成服务检查代码的质量。我们还会把应用部署到线上环境，让你实际体验一把。

第1章 构建优先

本章内容

- 现代应用设计面临的问题
- 什么是构建优先原则
- 构建过程
- 管理应用中的复杂度

使用正确的方式开发应用可能很难，我们要合理规划。我曾只用一个周末就开发出了应用，但应用设计得可能并不好。创建随时会扔掉的原型可以即兴发挥，但是开发一个可维护的应用则需要规划，要知道怎么把脑海中设想的功能组织在一起，甚至还要考虑到不久之后可能会添加的功能。我曾付出无数努力，但应用的前端还是差强人意。

后来我发现，后端服务通常都有专门的架构，专门用于规划、设计和概览这些服务，而且往往还不止一个架构，而是一整套。可是前端开发的情况却完全不同，前端开发者会先开发出一个可以运行的应用原型，然后运行这个原型，希望在生产环境中依然正常。前端开发同样需要规划架构，像后端开发一样去设计应用。

以前，我们会从网上复制一些代码片段，然后粘贴到页面中，就这样收工了。可是这样的日子早已过去，先把JavaScript代码搅和在一起，事后再做修改，不符合现代标准了。如今，JavaScript是开发的焦点，有很多框架和库可以选择，这些框架和库能帮助我们组织代码，我们不会再编写一整个庞大的应用了，更多的是编写小型组件。可维护性不是随意就能实现的，我们从开发应用伊始就要考虑可维护性，并在这个原则的指导下设计应用。设计应用时如果不考虑可维护性，随着功能的不断增加，应用就会像叠叠乐搭出的积木塔一样慢慢倾斜。

如果不考虑可维护性，最后根本无法再往这个塔上放任何积木。应用的代码会变得错综复杂，缺陷越来越难追查。重构就要中断产品开发，业务可经不起这样折腾。而且还要保持原有的发布周期，根本不能让积木塔倒下，所以我们只能妥协。

1.1 问题出现了

你可能想把一个新功能部署到生产环境，而且想自己动手部署。你要用多少步完成这次部署？八步还是五步？为什么你要在部署这样的日常工作中冒险呢？部署应该和在本地开发应用一样，只需一步就行。

可惜事实并非如此。我以前会手动执行部署过程中的很多步骤，你是不是也是这样？当然，你一步就能编译好应用，或者可能会使用服务器端解释型语言，根本不用事先编译。如果以后需要把数据库更新到最新版本，你甚至可能会编写一个脚本执行升级操作，但还是要登入数据库服务器，上传这个脚本文件，然后自己动手更新数据库模式。

做得不错，数据库已经更新了，可是有地方出错了，应用抛出了错误。你看了下时间，应用已经下线超过10分钟了。这只是一次简单的升级啊，怎么会出错呢？你查看日志，发现原来是忘记把新变量添加到配置文件里了，真是太傻了。你立即加上了新变量，抱怨着这次与代码基的斗争。你忘记在部署前修改配置文件，在部署到生产环境前忘了更新配置。这种情况是不是听起来很熟悉？不要害怕，这种情况很常见，在很多应用中都存在。我们来看看下面这个危险的案例。

1.1.1 45 分钟内每秒损失 17 万美元

我敢肯定，一个严重问题导致损失几乎五亿美元的案例会让你打起精神。在骑士资本公司就发生过这样的事。[①]他们开发了一个新功能，让股票交易员参与一个叫“零售流动性计划”（Retail Liquidity Program，简称RLP）的项目中。RLP的目的是取代已经停用九年的“权力限定”（Power Peg，简称PP）功能。RLP的代码中重用了一个用来激活PP功能的标志，添加RLP时，他们把PP移除了，所以一切都正常运行着，至少他们认为是正常的。但是，当他们打开这个标志时，问题出现了。

他们在部署时没有采用正式的过程，而且只由一个技术人员手动执行。这个人忘记把代码改动部署到八个服务器中的某一个，因此，在这个服务器中，这个标志控制的是PP功能，而不是RLP功能。直到一星期后他们打开这个标志时才发现问题：他们在七个服务器中激活了RLP，却在最后一个服务器上激活了停用九年的PP功能。

这台服务器上处理的订单触发执行的是PP代码，而不是RLP。这样一来，发送到交易中心的订单类型是错误的。他们试图补救，但情况进一步恶化了，因为他们从已经部署了RLP的服务器中把RLP删除了。长话短说，他们在不到一小时的时间内损失了差不多4亿6千万美元。他们只要使用更正式的构建过程，就能避免公司的衰败。想到这一点，就会发现这整件事都是那么不可思议，不负责任，其实又应该是很容易避免的。当然，这是个极端案例，但明确表明了我的观点：自动化的过程能尽量避免人为错误，至少也能更早发现问题。

1.1.2 构建优先

我写这本书的目的是教你使用构建优先原则，在还未编写任何代码之前就做好设计，让应用的结构清晰，易于测试。你会学习过程自动化的知识，减少人为出错的可能性，避免重蹈骑士资本的覆辙。构建优先原则是设计结构清晰、易于测试的应用之基础，使用这一原则开发出来的应

---

① 关于骑士资本公司这次事件的详情，请访问http://bevacqua.io/bf/knight。

用易于维护，也易于重构。构建优先原则的两个基本要素是过程自动化和合理的设计。

为了教你使用构建优先原则，本书会向你展示能改进软件质量和Web开发流程的技术。在第一部分，首先要学习如何建立适用于现代Web应用开发的构建过程，然后示范能提高日常开发效率的最佳实践，例如修改代码后执行的任务、在终端里只输入一个命令就部署应用的方式，以及如何监控生产环境中的应用状态。

本书第二部分讲管理复杂度和设计，专注于应用的质量。在这一部分，我会比较当前可用的一些模块化方案，介绍如何更好地编写模块化的JavaScript组件。JavaScript中的异步流越来越复杂，越来越长，因此我单独准备了一章，让你深入了解如何编写简洁的异步代码，此外还会学习用来提升异步代码质量的不同工具。Backbone是入门首选的客户端MVC框架，我会介绍一些足够你开始使用JavaScript开发MVC应用所需的知识。前面我提到过，易于测试对应用来说很重要，虽然我们已经实现了模块化，向正确的方向迈出了一大步，但还是要在单独的一章中说明测试。最后一章剖析一个流行的API设计思想，即REST（Representational State Transfer的缩写，即“表现层状态转换”），我会帮助你设计自己的API，还会深入说明服务器端的应用架构，不过仍然会密切关注前端。在探索构建过程之前，我们再来看一个危险的案例。这个案例遇到的问题，只要遵循构建优先原则，通过实现过程自动化就能避免。

1.1.3　繁琐的前戏

如果新成员加入团队后的设置步骤太复杂，也表明自动化程度不高。我以前参与的一些项目，首次搭建开发环境要一周时间，真是痛苦。在你想弄明白代码的作用之前，竟然要浪费一周时间。

我要下载大约60 GB的数据库备份，还要创建一个数据库，配置一些以前从未听说过的选项，例如排序规则，然后还得运行一系列脚本，升级模式，可这些脚本甚至不能完全正常运行。解决这个问题之后，还要在自己的环境中安装指定的过时已久的Windows媒体播放器的解码器，那感觉就像把一头猪塞进放满东西的冰箱一样，纯属徒劳。

最后，我冲了一杯咖啡，试图一次编译好130多个大型项目。可是，忘了安装外部依赖，我想，安装依赖就行了吧，但不行，还要编译C++程序，这样解码器才能重新运行。我再次编译，又过了20分钟。还不行！真烦。或许我可以问问身边的人，可是没人确切知道该怎么做。他们一开始都经历过这样痛苦的过程，但都不记得具体应该怎么做了。查查维基百科？当然可以，但信息记得零零散散，并不能用来解决遇到的具体问题。

公司从未制定正式的初始化流程，事情变得越来越复杂，也就很难再去制定一个流程。他们不得不处理巨量的备份、升级脚本、解码器和网站所需的多个服务，哪怕是改动一个分号也要花一小时编译项目。如果他们从一开始就自动执行这些步骤，遵循构建优先原则，这个过程会顺利得多。

骑士资本的溃败和这个过度复杂的设置故事有一个共同点：如果他们能提前做好计划，自动执行构建和部署，就能避免问题。提前计划，自动执行应用相关的操作，这是构建优先原则的两个基本要素，下一节会详细说明。

1.2 遵守构建优先原则，提前计划

在骑士资本的案例中，他们忘了把代码部署到其中一个服务器，即使有一步部署方案能自动把代码部署到所有服务器，也无法避免这个公司破产。这个案例深层次的问题是代码质量，因为他们的代码基中存在已经差不多十年不用的代码。

不增加功能的彻底重构对产品经理没有吸引力，他们的目标是提升面向客户的可视化产品，而不是底层的软件。不过，你可以逐渐改进代码基，重构你接触到的代码，为重构后的功能编写测试，把过时的代码包装到接口中，以后再重构——这样做能不断提升项目中代码的平均质量。

不过，单单重构还不够。好的设计在一开始就要带入项目中，不能等出现问题后才试图强行用于糟糕的结构中。除了前面提到的构建过程之外，本书要阐述的另一个基本要素就是设计。

在我们深入构建优先这个未知领域之前，我要强调一点，构建优先并不只适用于JavaScript。多数人通常在后端语言（例如Java、C#或PHP）中使用我要介绍的原则，但在这里我把这些原则应用到了JavaScript应用的开发过程中。正如我前面提到的，客户端代码往往没有得到应有的关注和尊重，常常没有适当地测试代码，导致代码有缺陷，或者致使代码基难以阅读和维护，最终受影响的是产品（以及开发者的工作效率）。

对JavaScript来说，因为这门语言不需要编译器，天真的开发者或许就以为根本不需要一套构建过程。这样的想法就像在黑暗中射击一样：在浏览器中执行代码之前，开发者不知道代码是否能运行，也不知道代码是否能像预期那样做该做的事。然后，这些人可能还要手动把应用部署到线上环境，再远程登录服务器，调整一些配置选项，让应用能运行。

构建优先原则的核心法则

构建优先原则的核心法则不仅鼓励建立一套构建过程，还鼓励使用简洁的方式设计应用。下面概述了使用构建优先原则能获得的好处：

- 减少出错的可能性，因为交互过程中没有人类参与；
- 自动执行重复性的任务，能提高工作效率；
- 模块化、可伸缩的应用设计；
- 能降低复杂度，让应用易于测试和维护；
- 让发布版本符合性能方面的最佳实践；
- 部署的代码在发布前都经过了测试。

在图1-1中，从上到下分为四个部分。

- 构建过程：使用自动化方式编译和测试应用。构建的目的是便于持续开发，还能调校应用，让发布版本得到最好的性能。
- 设计：你的大部分时间都要用到设计上，在开发的过程中实现并改进架构。在设计的过程中，你可能要重构代码，更新测试，确保组件能按照预期的方式运行。制定好构建过程或准备好部署时，就要设计应用的架构，并在代码基中迭代开发。

- 部署和环境：这两部分的目的是自动执行发布过程和配置不同的主机环境。部署过程的作用是把代码变动传送到主机环境中，而环境配置的作用是定义与应用交互的环境和服务，也包括数据库。

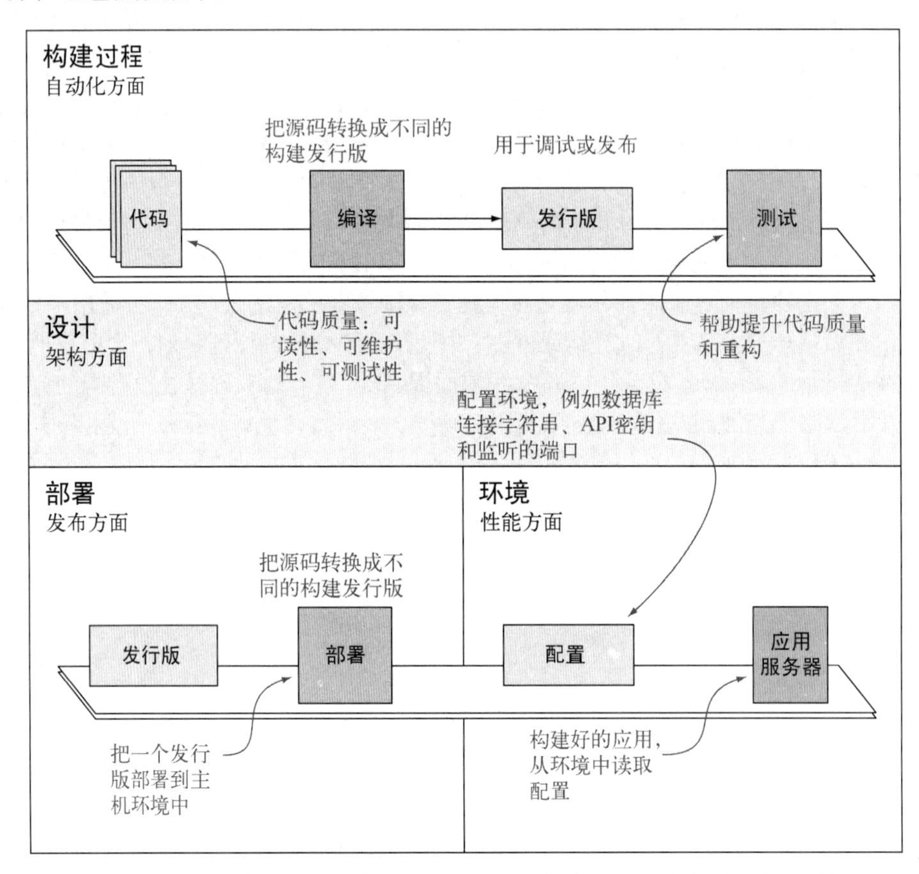

图1-1 概览构建优先原则关注的四个方面：构建过程，设计，部署和环境

从图1-1可以看出，使用构建优先原则开发应用主要涉及两方面：项目相关的过程，例如构建和部署应用；应用代码本身的设计和质量，这方面在日常开发新功能时要不断提升。这两方面同等重要，而且二者之间相互依赖，这样才能得到最好的结果。如果应用设计得不好，过程再好也不管用。类似地，没有合适的构建和部署步骤，再好的设计也不能挽救前面所述的那种危机。

和构建优先原则一样，本书也分为两部分。第一部分介绍构建过程（开发和发布都适用）和部署过程，还会介绍如何配置环境。第二部分探讨应用本身的问题，说明如何实现简洁明了的模块化设计，还会介绍开发现代应用时需要考虑的实用设计因素。

下面两节概述这两部分要讨论的概念。

1.3 构建过程

构建过程涵盖自动完成重复性的任务，包括安装依赖、编译代码、运行单元测试，以及执行其他重要的操作。能一步执行完所有需要执行的任务（一步构建）非常重要，这么做优势明显。只要制定好了一步构建方案，想执行多少次就能执行多少次，而且效果不变。这种特性叫幂等：不管执行多少次，结果都一样。

图1-2更详细地列出了组成自动构建和部署过程的重要步骤。

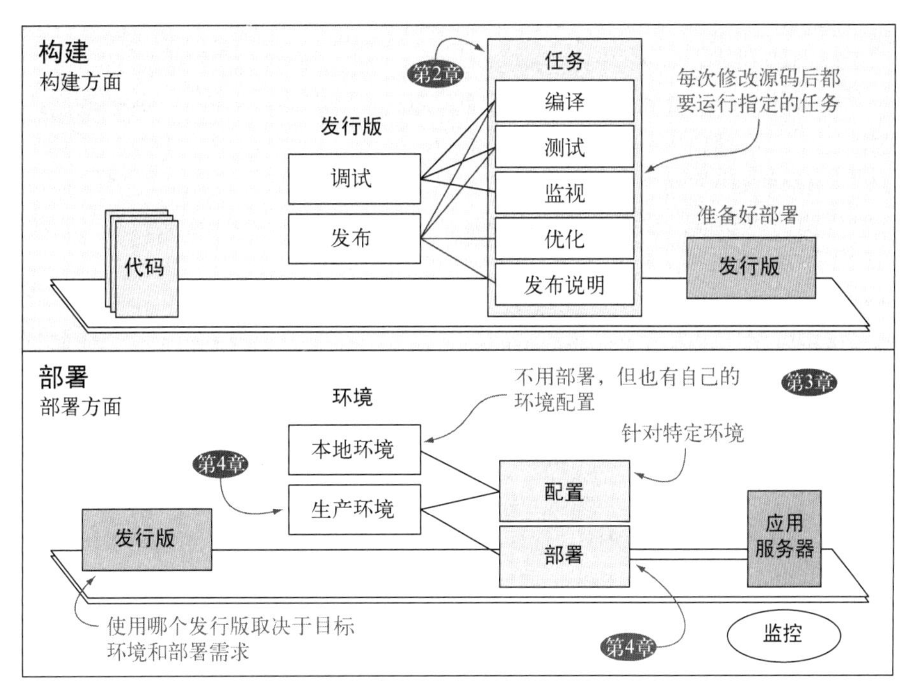

图1-2　构建优先原则中的构建和部署过程

自动构建过程的优缺点

自动构建过程的最大优点是只要需要随时都能部署。功能开发完毕后立即就让用户使用，有利于收窄反馈循环，这样我们就能更好地预见应该开发什么样的产品。

自动构建过程主要的缺点是在真正获益之前，要花一定的时间制定这个过程，可是自动化过程的好处绝对物超所值，例如我们能自动测试，得到的代码质量更高，开发流程更精益，而且部署流程更安全。一般来说，这个过程只需设置一次，以后随时都能再次执行，而且在开发的过程中还可以适当调整。

1. 构建

图1-2的上半部分是构建过程（如图1-1所示）中构建这一步的详细说明，包含开发和发布两方面的内容。如果你关注的是开发，就专注“调试”能力，我保证你想要一个无需干预就知道何时应该执行这些任务的构建过程。这叫持续开发（Continuous Development，简称CD），在第3章中介绍。构建过程中的“发布”和持续开发没有关系，不过你应该花时间优化静态资源，尽量让应用在生产环境中运行得更快。

2. 部署

图1-2的下半部分是图1-1中部署过程的详细说明，这部分将调试或发行版作为应用发行版（我在操作流程中使用“发行版”这个词是有特殊目的的，全书都会这样用）部署到主机环境。

打包代码得到的发行版会和环境相关的配置（用于安全存储机密信息，例如数据库连接字符串和API密钥，第3章会讨论）一起，服务于应用。

第一部分专门讨论构建优先原则中构建方面的话题。

- 第2章说明构建任务，教你如何使用Grunt编写和配置任务。Grunt是任务运行程序，第一部分会一直使用这个工具。
- 第3章介绍环境，如何安全配置应用，还会介绍开发流程。
- 第4章讨论发布构建版本时应该执行的任务。然后介绍部署方面的知识，如何每次推送到版本控制系统后都运行测试，以及如何在生产环境中监控应用。

3. 构建过程的好处

读完第一部分后你就能自信地在自己的应用中执行下述操作了。

- 自动执行重复的任务，例如编译、简化和测试。
- 制作图标子图集表单，把对图标的HTTP请求数减少到只有一个。这种子图技术和其他的HTTP 1.x优化技巧在第2章讨论，目的是提升页面的加载速度和应用的交付性能。
- 轻松搭建新环境，忽略开发环境和生产环境之间的区别。
- 相关文件改动后自动重启Web服务器，以及重新编译静态资源。
- 通过灵活的一步部署方案，支持多个环境。

处理繁琐的任务时，构建优先原则能节省人工，而且从一开始就能提升工作效率。构建过程在构建优先原则中有重要意义，能打造出可维护的应用，还能不断减弱应用的复杂度。

本书第二部分会讨论如何实现简洁的应用设计和架构，涵盖应用内的复杂度管理，以及设计时为了提升质量要考虑的因素。下面概述第二部分的内容。

1.4　处理应用的复杂度和设计理念

不管使用什么语言开发，如果想保证代码在具有一定规模时仍能正常运行，就一定要做到以下几点：模块化、管理依赖、理解异步流、认真遵守正确的模式和测试。在第二部分你会学到不同的概念、技术和模式，运用这些知识后你的应用就会变得更模块化、更专注、更易于测试也更易于维护。在图1-3中，从上到下就是第二部分的行文顺序。

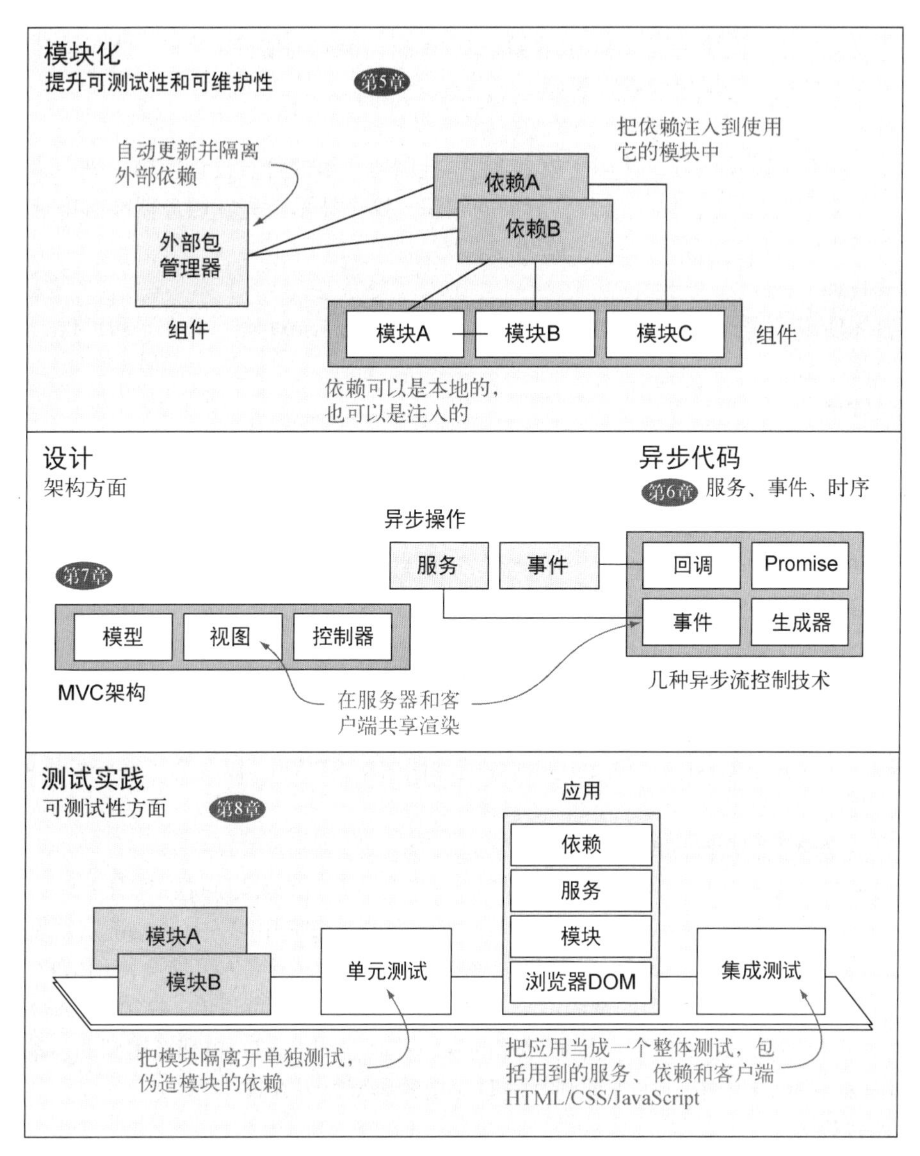

图1-3 第二部分要讨论的应用设计和部署方面的内容

1. 模块化

你会学习如何把应用分成不同的组件，如何再把组件分成不同的模块，然后在模块中编写作用单一的简洁函数。模块可以由外部包提供，由第三方开发，也可以自己开发。外部包应该交给包管理器处理，让管理器管理版本，执行升级操作，这样就不用我们手动下载依赖了（例如jQuery）——整个过程都自动完成。

在第5章你还会学到，模块的依赖能在代码中声明，而不用从全局命名空间中获取——这样做能让模块更加独立。模块系统会利用这些信息，解析出所有的依赖，因此，为了能让应用正常运行，我们就不必按一定顺序维护一长串`<script>`标签了。

2. 设计

你会学习如何分离关注点，使用“模型-视图-控制器”模式分层设计应用，进一步增强应用的模块化。在第7章我会告诉你关于共享渲染的知识，这个技术首先在服务器端渲染视图，然后同一个单页应用中的后续请求都在客户端渲染视图。

3. 异步代码

我会教你使用不同的异步代码流技术，包括回调、Promise对象、生成器和事件，帮你驯服异步这头猛兽。

4. 测试实践

第5章会讨论模块化的方方面面，学习闭包和模块模式，还会讨论不同的模块系统和包管理器，并尝试找出每种方案的优势。第6章会深入介绍JavaScript中的异步编程，告诉你如何避免编写一周后就会让人困惑的回调，然后再学习Promise对象和ES6中的生成器API。

第7章专门介绍各种模式和做法，例如如何写出最好的代码，对你来说jQuery是不是最好的选择，以及如何编写在客户端和服务器中都能使用的JavaScript代码。然后介绍Backbone这个MVC框架。记住，Backbone只是我用来向你介绍MVC知识的工具，并不是这方面唯一可用的框架。

在第8章我们会介绍测试方案、自动化和很多客户端JavaScript单元测试实例。你会学到如何为单个组件编写单元测试，如何为整个应用编写集成测试。

本书最后一章介绍REST API设计，如何在前端使用REST API，以及为了充分发挥REST架构的功能而推荐使用的结构。

5. 设计时要考虑的实际问题

本书的目的是让你在开发真正的应用时考虑一些设计方面的实际问题，充分考虑后再选择最合适的工具，始终注重过程和应用本身的质量。当你准备开发应用时，首先要确定规模，选择一个技术栈，再制定一个最小可行的构建过程，然后开始开发应用。你可能会使用MVC架构，或者在浏览器和服务器中都能使用的视图渲染引擎，这些话题在第7章讨论。在第9章你会学习开发API的重要知识，还会学习如何定义服务器端的视图控制器和REST API都能用到的后端服务。

图1-4简要说明了使用构建优先原则开发时应用的典型组织方式。

6. 构建过程

从图1-4的左上角开始看，可以看出，我们首先要制定一个构建过程，这样有助于开始着手架构应用，还要决定如何组织代码基。定义一个模块化的应用架构对可维护的代码基来说是至关重要的，在第5章你会看出这一点。然后还要实现过程自动化，提供持续开发、持续集成和持续部署功能，以此增强架构。

7. 设计和REST API

设计应用本身，以及能显著提升可维护性的REST API时，一定要明确每个组件的作用，让组件之间形成正交关系（意思是，组件之间在任何方面都不会争夺资源）。在第9章我们会探讨一种设计应用的多层方式，我们会严格定义各层以及层与层之间的通信路径，把Web界面与数据和业务逻辑明确地隔开。

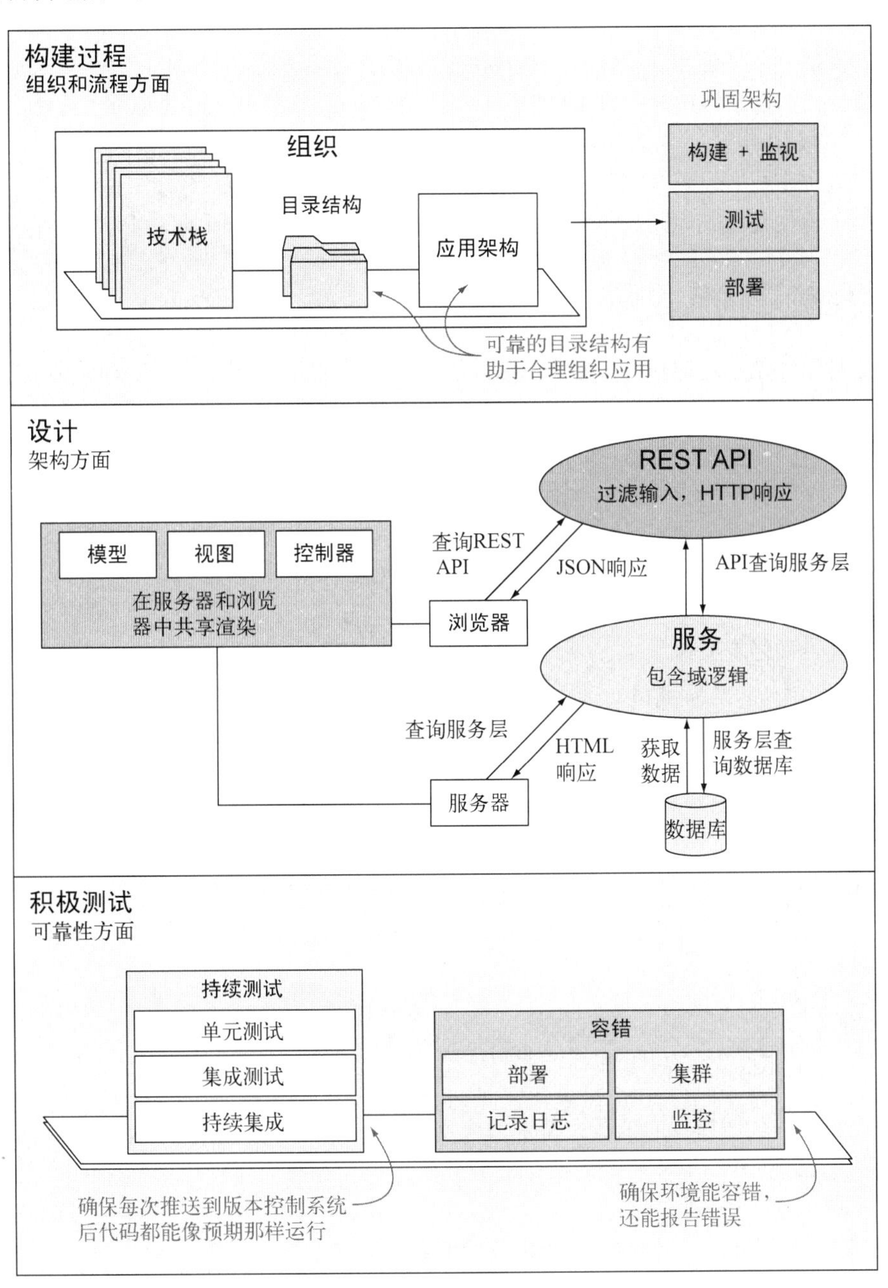

图1-4 务实的架构方式

8. 积极测试

设计好构建过程和架构后，我们要积极测试，关注可靠性方面的问题。我们要探索持续集成，每次把代码推送到版本控制系统后都要执行测试；或许还要探索持续开发，每天多次把应用部署到生产环境。我们还会讨论容错方面的知识，例如记录日志、监控和搭建集群。这些内容会在第4章概述，为的是让生产环境更稳健，至少在出问题时能提醒你。

在这个过程中我们会编写测试，调整构建过程，还会微调代码。对你来说，这是个好机会，能让你仔细审视构建优先原则。驾轻就熟后，再开始学习构建优先原则的细节。

1.5　钻研构建优先原则

质量是构建优先原则的基石，这个原则采取的每项措施都是为了一个简单的目标，即提升代码的质量，并使用更合理的方式组织代码。在本节你要学习代码质量方面的知识，以及如何在命令行使用检查代码质量的工具：lint程序。衡量代码的质量是向编写结构良好的应用迈出的第一步。尽早这么做容易让代码基符合一定的质量标准，所以接下来我们就要来做这件事。

学会使用lint程序后，在第2章我会介绍如何使用Grunt。本书会一直使用这个构建工具制定自动化构建过程。使用Grunt能在构建过程中检查代码质量，以防你忘记做这件事。

Grunt：实现自动化的工具

第一部分会大量使用Grunt，第二部分也会适量使用。我们使用这个工具实现构建过程。选择Grunt是因为它很流行，而且易于学习，能满足大多数人的需求：

- 完全支持Windows；
- 使用时只需少量的JavaScript知识，而且易于安装和运行。

记住，Grunt只是一种工具，使用它能轻易实现本书介绍的构建过程，并不是说Grunt始终是最佳选择。为了明确这一点，我会把Grunt和另外两个工具做对比：一个是npm，这是一个包管理器，也能当作简单的构建工具使用；另一个是Gulp，这是一个由代码驱动的构建工具，和Grunt有很多共同点。

如果你对其他构建工具（例如Gulp）好奇，或者想把npm run当成构建系统使用，请阅读附录C，其中详细说明了如何选择合适的构建工具。

lint程序是检查代码质量的工具，特别适合用来检查使用解释型语言（例如JavaScript）编写的程序。我们不用打开浏览器检查代码是否有句法错误，在命令行中执行lint程序就能找出代码中潜在的问题，例如未声明的变量、缺少分号或句法错误。不过lint程序也不是万能的，它检测不到代码中的逻辑问题，只能提醒句法和风格错误。

1.5.1　检查代码质量

lint程序能判断给定的代码片段中有没有句法错误，还能实施一些JavaScript编程的最佳实践规则。第二部分的开头第5章，在讨论模块化和依赖管理时会介绍这些最佳实践。

大约10年前，Douglas Crockford发布了JSLint。这个工具检查代码时很严格，会报告代码中所有的小问题。lint程序的作用是帮助我们提升代码的整体质量。lint程序直接在命令行中执行，能报告代码片段或文件中潜在的问题。这么做有个额外好处，我们甚至不用执行代码就能找出问题。对JavaScript代码来说，这个过程特别有用，因为在某种程度上，lint程序可以当做编译器，尽量确保代码能被JavaScript引擎解释。

除此之外，我们还能配置lint程序，让它发现太复杂的代码时提醒我们，比如说行数太多的函数，可能会让别人困惑的晦涩结构（对JavaScript来说，例如`with`块，`new`语句，或者过度使用`this`），诸如此类的代码风格问题。以下述代码片段为例（位于在线示例的ch01/01_lint-sample文件夹中）：

```
function compose_ticks_count (start) {
  start || start = 1;
  this.counter = start;
  return function (time) {
    ticks = +new Date;
    return ticks + '_'  + this.counter++
  }
}
```

这么一小段代码中有很多问题，不过可能很难发现。使用JSLint分析这段代码时，既会得到预料之中的结果，也会得到意料之外的结果。JSLint会提醒你，变量在使用之前必须先声明，而且缺少分号。如果使用其他lint程序，可能还会抱怨你使用了`this`关键字。大多数lint程序都会抱怨你使用了`||`运算符，而没使用更易于阅读的`if`语句。你可以在线检查这段代码。[①]图1-5是使用Crockford的工具检查得到的结果。

对编译型语言来说，这些错误类型在编译代码时就能捕获，因此不需要使用lint工具。而JavaScript没有编译器，这是由这门语言的动态特性决定的。这种方式无疑很强大，但和编译型语言相比却更容易出错，一开始代码甚至无法执行。

JavaScript代码无需编译，由引擎解释执行，例如V8（Google Chrome使用的引擎）和SpiderMonkey（Mozilla Firefox使用的引擎）。虽然有些引擎（最著名的是V8引擎）会编译JavaScript代码，但在浏览器之外享受不到静态代码分析的好处。[②]像JavaScript这样的动态语言有个缺点，执行代码时无法确保代码一定能正常运行。虽然如此，但是使用lint工具能大大降低这种不确定性。而且JSLint还会建议我们不要使用某种编程风格，例如使用了`eval`，没声明变量，语句块缺少花括号等。

你发现前面代码片段中的函数有什么问题了吗？看一下本书的配套代码示例（ch01/01_lint-sample文件夹），验证一下自己的答案。提示：问题是有重复。修正后的版本也在源码示例中，你一定要看一下好的写法。

---

① 访问http://jslint.com/，然后输入这段代码。这是最先出现的JavaScript lint工具，由Crockford维护。

② 在终端使用Node.js能获得这个功能，但V8引擎检测到句法问题时已经太晚了，此时程序会崩溃。Node.js是服务器端JavaScript平台，也运行在V8引擎之上。

图1-5　在一段代码中发现的错误

对本书配套源码的说明

本书的配套源码包含很多重要的信息，例如上述示例函数有一个调整后的版本，能通过lint程序的验证，而且有很多注释，便于理解改动的部分。这个示例也证明了lint程序不是万能的。

本书配套源码中的其他代码示例也有类似的建议和重要的信息，所以一定要看一下！配套源码中的示例按章组织，而且和在书中出现的顺序一致。很多示例在书中只有简单讨论，不过在配套源码中所有代码示例都有完整的注释，拿来就可以使用。

书中的代码和配套源码之间出现这种差异是因为，有时我想说明某个话题，但可能涉及的代码太多，在书中不能全部列出。遇到这种情况时，我不想太过偏离要讲解的概念，又想给你提供真实的代码。使用这种方式，在阅读本书的过程中能让你集中精力学习，浏览代码示例时再集中精力去试验。

通常，写完代码后第一件事就是使用lint程序检查，lint程序发现不了的问题则交给单元测试。这并不意味着没必要使用lint程序，而是说仅使用lint程序是不够的。单元测试的作用是确保代码的表现与预期一样。单元测试在第8章讨论，你会学习如何为第二部分编写的代码编写测试。第二部分的内容旨在说明如何编写模块化、可维护和可测试的JavaScript代码。

接下来我们要从零开始制定一个构建过程。我们从简单的任务开始，先编写一个运行lint程序检查代码的任务，然后在命令行中运行这个任务，就像使用编译器编译代码的过程一样。你会学着养成习惯，每次修改代码后都执行这个任务，查看代码是否能够通过lint程序的检查。第3章会教你如何自动执行这个任务，这样就不必每次都手动执行了。不过现在可以手动执行。

“如何直接在命令行中使用JSLint这样的lint工具呢？”我很高兴你能提出这个问题。

1.5.2 在命令行中使用lint工具

把任务添加到构建过程最常见的方式之一，是在命令行中执行这个任务。如果能在命令行中执行任务，那么这个任务就能轻易集成到构建过程中。下面介绍如何使用JSHint[1]检查你的软件。

JSHint是一个命令行工具，使用Node.js编写，用于检查JavaScript文件和代码片段。Node.js是一个使用JavaScript开发应用的平台，如果你想简单了解Node.js的基础知识，可以翻到附录A，在这篇附录中我说明了什么是模块，以及模块的工作方式。如果你想深入学习Node.js，可以阅读Mike Cantelon等人写的《Node.js实战》。掌握Node.js的知识也有助于使用下一章我们选定的构建工具——Grunt。

Node.js简介

Node.js是相对较新的平台，你肯定听说过。Node最初于2009年发布，遵从事件驱动和单线程模式，能高效并发处理请求。从这方面来看，Node和Nginx的设计理念一致。Nginx是高度可伸缩的多用途反向代理服务器，非常流行，作用是伺服静态内容，以及把请求转发给应用服务器（例如Node）。

Node.js广受赞誉，尤其是对前端工程师来说，特别容易上手，因为大致而言，它只不过是在服务器端运行的JavaScript。Node.js还能把前端完全从后端抽象出来[2]，只通过数据和REST API接口交互。我们在第9章就会使用这样的方式设计和开发应用。

1. 安装Node.js和JSHint

安装Node.js和JSHint命令行界面（Command-line Interface，简称CLI）的步骤如下。安装Node.js的其他方式和排除故障的方法参见附录A。

访问http://nodejs.org，点击页面中的“INSTALL”按钮（如图1-6），下载最新版Node.js。

运行下载得到的文件，按照安装说明安装。

---

① 关于JSHint更多的信息，请访问http://jshint.com。

② 关于把前端从后端抽象出来的更多信息，请访问http://bevacqua.io/bf/node-frontend。

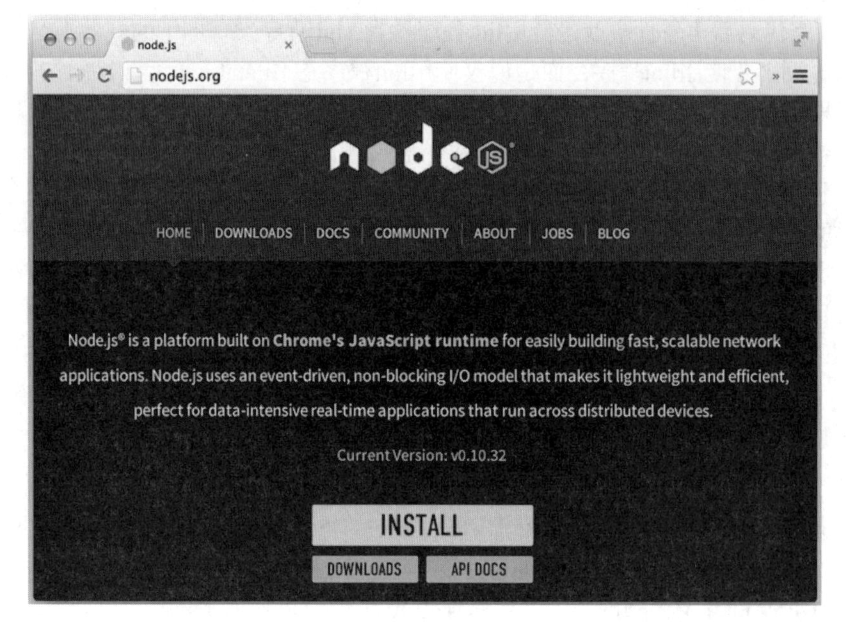

图1-6　Node.js的网站

安装完成后会得到一个命令行工具，名为npm（Node Package Manager的简称），因为这个工具和Node.js是捆绑在一起的。npm是个包管理器，在终端里使用，用于安装、发布和管理Node.js项目用到的模块。包可以安装在各个项目中，也可以全局安装——这样更便于从终端调用。其实，这两种安装方式之间的区别是，全局安装的包存放在环境变量PATH对应的文件夹中，而另一种安装方式把包存放在一个名为node_modules的文件夹中，而这个文件夹位于执行安装命令所在的文件夹中。为了让项目自成一体，都推荐把包安装在项目中。不过，对JSLint这样的实用工具来说，我们希望在整个系统中都能使用，因此全局安装更合适。修饰符-g能让npm全局安装JSHint。使用这种方式安装，我们能在命令行中通过jshint命令使用JSHint。

打开你最喜欢的终端，执行npm install -g jshint命令，如图1-7所示。如果安装失败，可能要使用sudo提升权限，例如sudo npm install -g jshint。

```
nico@ubuntu: ~
» npm install -g jshint --loglevel warn
/home/nico/.nvm/v0.10.23/bin/jshint -> /home/nico/.nvm/v0.10.23/lib/node_modules/jshint/bin/jshint
jshint@2.4.0 /home/nico/.nvm/v0.10.23/lib/node_modules/jshint
├── console-browserify@0.1.6
├── underscore@1.4.4
├── shelljs@0.1.4
├── minimatch@0.2.14 (sigmund@1.0.0, lru-cache@2.5.0)
├── htmlparser2@3.3.0 (domelementtype@1.1.1, domutils@1.1.6, domhandler@2.1.0, readable-stream@1.0.17)
└── cli@0.4.5 (glob@3.2.7)
»
```

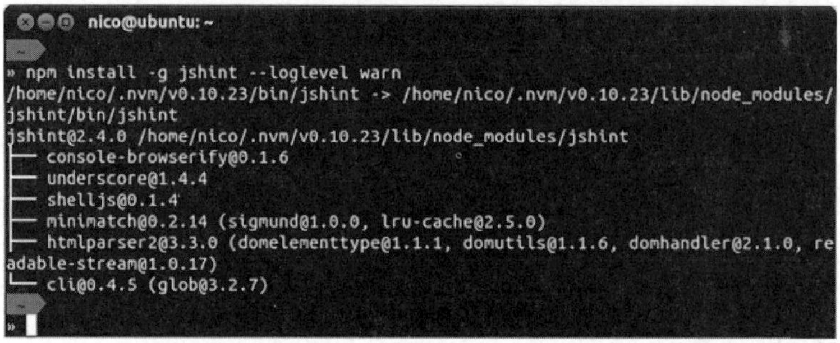

图1-7　使用npm安装JSHint

执行jshint --version。这个命令应该输出JSHint的版本号，如图1-8所示。你看到的版本号可能和图中不一样，因为开发活跃的包经常会变更版本号。

图1-8 在终端里验证jshint可用

下一节说明如何检查代码。

2. 检查代码

你现在应该在系统中安装好了JSHint，而且已经确认可以在终端里调用。如果想使用JSHint检查代码，可以使用cd命令进入项目的根目录，然后输入jshint .（点号告诉JSHint检查当前文件夹里的所有文件）。如果执行的时间太长，或许要加上--exclude node_modules选项，告诉JSHint只检查自己编写的代码，忽略通过npm install安装的第三方代码。

命令执行完毕后，你会看到一份详细报告，说明代码的状况。如果代码中有问题，这个工具会报告预期的结果和出现问题的行号，然后退出，返回一个错误码。如果通不过检查，我们可以使用这个错误码中断构建过程。只要有构建任务没得到预期的输出，整个构建过程就应该中止。这么做有很多好处，出错后不会继续运行，在问题解决前不会完成整个构建过程。图1-9显示的是检查某段代码后得到的结果。

```
nico@ubuntu: ~/nico/git/buildfirst/ch01/01_lint-sample
 latest  ~/nico/git/buildfirst/ch01/01_lint-sample
» jshint .
sample.js: line 2, col 18, Bad assignment.
sample.js: line 2, col 18, Expected an assignment or function
call and instead saw an expression.
sample.js: line 2, col 19, Missing semicolon.
sample.js: line 2, col 20, Expected an assignment or function
call and instead saw an expression.
sample.js: line 5, col 18, Missing '()' invoking a constructor
.
sample.js: line 6, col 41, Missing semicolon.
sample.js: line 7, col 4, Missing semicolon.

sample.jslint.js: line 8, col 3, Possible strict violation.

8 errors
 latest  ~/nico/git/buildfirst/ch01/01_lint-sample
»
```

图1-9 在命令行中使用JSHint检查代码

安装好JSHint之后你可能就想收工了，因为这是你唯一的任务。可是，如果想在构建过程中增加任务，还不方便。你或许想在构建过程中增加一步，运行单元测试，这时就会遇到问题，因为你现在至少要执行两个命令：一个是jshint，另一个是运行测试的命令。这样做的伸缩性不好，你要记住如何使用jshint，还有很多其他命令及其参数，太麻烦，难记，而且容易出错。你肯定不想损失五亿美元吧！

那么你最好把构建任务放在一起，虽然现在只有一个任务，但很快就会变多。制定构建过程时要考虑自动化，避免重复各个步骤，以节省时间。

每门语言都有多个专用的构建工具，而且多数情况下都有一个工具比较出众，使用范围比其他工具广。对JavaScript来说，Grunt是最受欢迎的构建工具之一，有成千上万个插件（辅助构建任务）供使用。如果你要为其他语言制定构建过程，或许需要自己搜索，找到合适的工具。虽然本书编写的构建任务是针对JavaScript的，而且使用Grunt，不过我讲的原则应该能应用于任何语言和构建工具。

翻到第2章，看看如何把JSHint集成到Grunt中，以此开启制定构建过程的旅程。

1.6　总结

本章概览了本书后面几章要深入探讨的概念。下面列出你在本章学到的内容。

- 现代JavaScript应用开发是有问题的，因为缺少对设计和架构的重视。
- 使用构建优先原则能得到自动化的过程，设计出可维护的应用，而且鼓励思考你所开发的应用。
- 学会了使用lint程序检查代码，不使用浏览器就提升了代码质量。
- 在第一部分你会学习构建过程、部署和环境配置的所有知识。你将使用Grunt开发构建过程，在附录C中还能学习可以使用的其他工具。
- 第二部分专门说明应用设计的复杂性。模块化、异步代码流、应用和API设计，以及可测试性都有一定的作用，会在第二部分介绍。

说到使用构建优先原则设计应用的好处，现在你只看到了皮毛，还有很多知识要学。下面我们进入第2章，讨论构建过程中最可能要执行的任务，再通过示例说明如何使用Grunt实现这些任务。

第2章 编写构建任务，制定流程

本章内容

- ❑ 理解在构建过程中应该做什么
- ❑ 学习关键的构建任务
- ❑ 使用Grunt执行关键的构建任务
- ❑ 使用Grunt配置构建流程
- ❑ 自己编写Grunt任务

前一章简单概述了构建优先原则，还稍微提到了一个使用lint程序检查代码的任务。本章我们要介绍一些常见的构建任务，还会介绍一些高级任务。我会告诉你这些任务的使用场景，以及使用它们的原因，然后介绍如何使用Grunt实现。学习理论的过程可能很枯燥，但如果你想使用Grunt之外的任务运行程序——我相信最终你会这么做的——理论就显得尤为重要了。

Grunt是由配置驱动的构建工具，能轻易执行复杂的任务，只要你知道你想做什么就行。使用Grunt能制定出我在第1章说过的那种工作流程，提高开发效率，并优化发布流程。而且在部署过程中Grunt也能提供帮助，这一点将在第4章详述。

本章关注的是构建任务，不会教你Grunt的全部知识。只要理解了工具目标背后的概念，就能学会使用工具，但如果不理解这些基本概念，肯定学不会如何正确使用其他工具。如果你想深入学习Grunt，可以阅读附录B。阅读该附录对理解本章的内容没有帮助，不过这篇附录讲解了第一部分会用到的Grunt功能。

本章首先简要介绍Grunt及其核心概念，剩下的内容则教你构建任务的知识，还会教你使用一些不同的工具。我们会学习预处理任务，例如把代码编译成另一种语言，还会学习后处理任务如简化静态资源、创建图像子图集，以及代码完整性任务如运行JavaScript单元测试、使用lint程序检查CSS代码。随后我们会学习如何使用Grunt自己编写任务，我会举一个案例，教你编写一套数据库模式更新任务，这个任务还支持回滚操作。

我们开始学习吧！

2.1　介绍 Grunt

Grunt[1]是一个任务运行程序，能帮你执行命令、运行JavaScript代码，还能使用完全由JavaScript编写的代码配置各个任务。Grunt的构建概念借鉴自Ant，让你使用JavaScript定义自己的流程。

图2-1是从较高层次上对Grunt进行的详细解析，展示了如何配置Grunt以及定义构建任务时需要理解的关键概念。

- 任务用于执行操作。
- 目标定义任务的上下文。
- 任务的配置决定具体的任务和目标组合使用哪些选项。

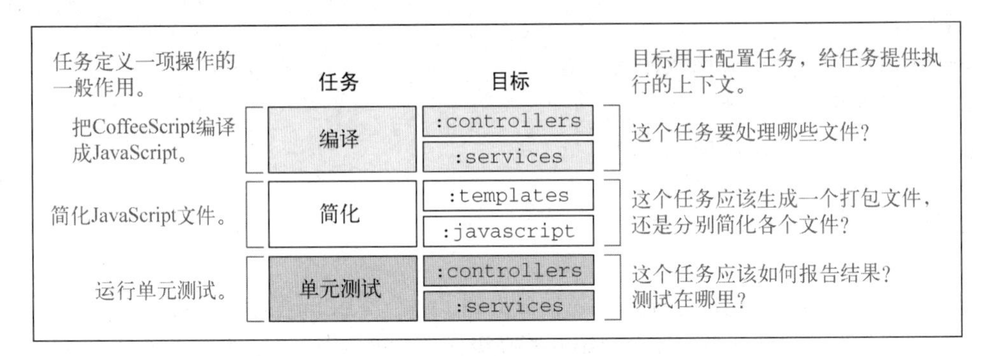

图2-1　Grunt一览：任务和目标都在配置中

Grunt任务使用JavaScript代码配置。大多数情况下，配置都是通过把一个对象传给`grunt.initConfig`方法完成的。在配置中可以指明任务会作用于哪些文件，还能传入一些选项，调整某个任务目标的行为。

对运行单元测试的任务来说，在本地开发时你可能只想运行几个测试，或者在发布用于生产环境的版本前运行所有测试。

图2-2展示了用于配置的JavaScript代码，详细说明了`grunt.initConfig`方法及其约定。枚举文件时可以使用通配符，而使用这种模式叫*通配*。2.2.2节会详细说明通配模式。

任务可以从插件中导入。插件是Node模块（设计良好、自成一体的代码），包含一个或多个Grunt任务。你只需要知道插件能使用哪些配置，任务本身则由插件处理。本章会大量使用插件。[2]

你也可以自己编写任务，2.4节和2.5节会介绍方法。Grunt自带了一个CLI（Command-Line Interface，命令行接口），名为`grunt`，提供了一个简单的接口，用于直接在命令行中执行构建任务。下面我们来安装Grunt。

---

① 关于Grunt的更多信息请访问http://bevacqua.io/bf/grunt，也可以阅读附录B。

② Grunt插件可以在线搜索，地址是http://gruntjs.com/plugins。

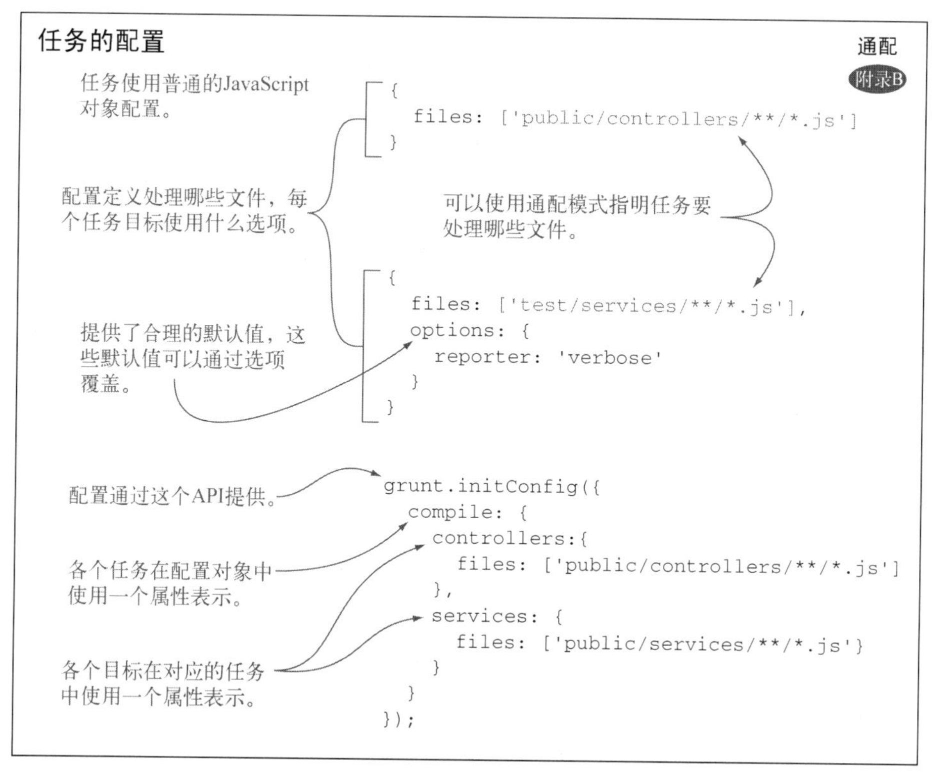

图2-2 Grunt任务配置的代码详解图。每个任务和任务目标都单独配置。

2.1.1 安装Grunt

你应该已经安装了npm，因为在第1章安装lint工具JSHint时安装了Node.js，而Node.js中就有包管理器npm。Grunt的安装方法很简单，在终端里执行下述命令就能安装grunt[①]的CLI：

```
npm install -g grunt-cli
```

-g标志表明这个包要全局安装，这样不管当前工作目录是什么，都能在终端里执行grunt命令。

找到本书配套源码中有注解的示例

本书的配套源码中有完整可用的示例。这一节的示例在ch02目录里的01_intro-to-grunt文件夹中，本章其他的示例也在ch02目录里。大部分示例都有代码注解，在你产生困惑时能帮助你理解。

接下来你需要创建一个名为package.json的清单文件。这个文件用于描述Node.js项目，指明

① 关于Grunt的更多信息，请访问http://bevacqua.io/bf/grunt。

项目依赖的包列表，还有一些元信息，例如项目名称、版本、描述和主页。为了能在你的项目中使用Grunt，你需要把它添加到package.json文件中，作为一个开发依赖。之所以作为开发依赖，是因为除了本地开发环境之外，在其他地方用不到Grunt。你可以创建一个最简单的package.json文件，写入下述JSON代码，并把这个文件保存到项目的根目录中：

```
{}
```

这样就行了。只要package.json文件存在，而且包含一个有效的JSON对象，哪怕是空对象`{}`也行，Node包管理器（npm）就能向其中添加依赖。

1. 在本地安装Grunt

接下来要安装`grunt`包。这一次我们不能使用`-g`修饰符了，因为现在要在本地安装Grunt，而不是全局安装[①]——这也就是为什么要创建package.json文件的原因。现在我们要使用`--save-dev`修饰符，指明这是个开发依赖。

我们要执行的命令是：`npm install --save-dev grunt`。npm安装完这个包后，package.json文件的内容会变成类似下面这样：

```
{
  "devDependencies": {
    "grunt": "~0.4.1"
  }
```

而且，Grunt模块会安装到项目的node_modules目录里。Grunt用到的所有模块都会安装在这个目录中，而且都会在包清单文件中列出来。

2. 创建Gruntfile.js文件

最后一步是创建Gruntfile.js文件。Grunt使用这个文件加载可用的任务，并使用所需的参数配置任务。下述代码是最简单的Gruntfile.js模块：

```
module.exports = function (grunt) {
  grunt.registerTask('default', []); // 注册default任务别名
};
```

这个文件看似平常，但有几点要注意。Gruntfile.js文件是符合CommonJS模块规范[②]的Node模块，因此在其他文件中无法立即访问这个文件中的代码。这个文件中的module是个隐式对象，不像浏览器中的window，是个全局对象。导入其他模块时，得到的只是module.exports提供的公开接口。

> **Node.js模块**
>
> Node.js模块采用的规范CommonJS，在附录A中有进一步介绍。第5章说明模块化时还会讨论CommonJS。附录B是对附录A的扩充，能增强你对Grunt的理解。

---

① Grunt包和任务插件都要求在本地安装Grunt，这样代码才能在不同的设备中正常运行，因为在package.json文件中无法包含全局安装的包。

② 请访问http://bevacqua.io/bf/commonjs阅读CommonJS模块规范。

上述代码片段中grunt.registerTask那行告诉Grunt定义一个默认任务，在命令行中执行grunt且不带任何参数时执行的就是这个任务。数组表明这是个任务别名，只要数组中有任务，就会执行其中所有的任务。例如，设为['lint', 'build']时会执行lint任务和build任务。

现在执行grunt命令没有任何作用，因为我们注册的别名是空的。你肯定迫切地想设置第一个Grunt任务，那就来设置吧。

2.1.2 设置第一个Grunt任务

设置Grunt任务的第一步是安装能满足需求的插件，然后添加配置，最后再运行任务。

Grunt插件一般以npm模块的形式分发，这些模块是别人发布的JavaScript代码，你可以直接使用。我们要先安装Grunt的JSHint插件，安装了这个插件后就能使用Grunt运行JSHint了。注意，这里完全不需要第1章安装的CLI工具jshint，因为Grunt插件包含运行JSHint所需的一切，它会自动安装jshint CLI。下述命令会从npm源获取JSHint插件，安装到node_modules目录中，然后再把这个插件添加到package.json文件中，作为一个开发依赖：

```
npm install --save-dev grunt-contrib-jshint
```

接下来我们要修改Gruntfile文件，让Grunt使用lint程序检查这个文件，因为它也是个JavaScript文件。你要告诉Grunt，让它加载包含检查任务的JSHint插件包，还要更新default任务，这样在命令行中只执行grunt就能检查代码了。配置Gruntfile.js文件的方式如下述代码清单所示（在代码示例的ch02/01_intro-to-grunt文件夹里）。

代码清单2.1 Gruntfile.js文件示例

```
module.exports = function (grunt)  {
  grunt.initConfig({
      jshint: ['Gruntfile.js']
  });
  grunt.loadNpmTasks('grunt-contrib-jshint');
  grunt.registerTask('default', ['jshint']);
};
```

导出的函数有个名为grunt的参

任务在initConfig方法中配置，传入的是一个描述配置信息的对象。

插件要分别载入Grunt。

注册default别名，执行jshint任务。

安装插件包后都要在Gruntfile.js文件中使用grunt.loadNpmTasks将其载入Grunt，如代码清单2.1所示。Grunt要从包中加载任务，这样才能配置和执行任务。随后你要配置任务，方法是把一个对象传给grunt.initConfig方法。每个任务插件都要配置，介绍各个插件时我都会告诉你怎么配置。最后，我还更新了default别名，让它执行jshint任务。default别名用于定义没有任何参数的grunt命令执行哪些任务。执行grunt命令得到的输出如下面的截图所示。

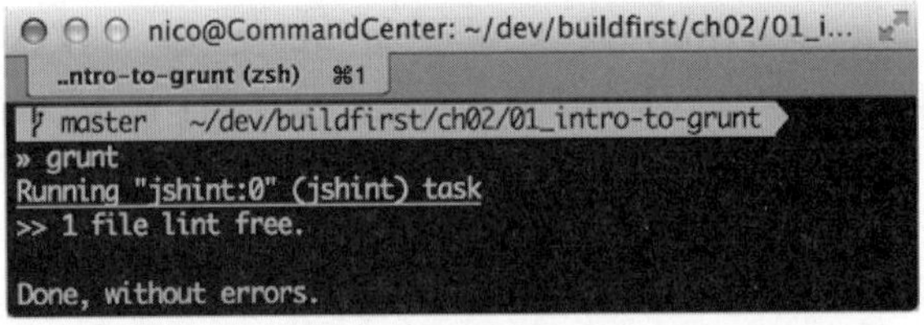

```
nico@CommandCenter: ~/dev/buildfirst/ch02/01_i...
..ntro-to-grunt (zsh)  ⌘1
master  ~/dev/buildfirst/ch02/01_intro-to-grunt
» grunt
Running "jshint:0" (jshint) task
>> 1 file lint free.

Done, without errors.
```

图2-3　我们的第一个Grunt任务及其输出。我们的代码通过了检查，也就是说没有句法错误。

2.1.3　使用Grunt管理构建过程

现在我们实现的功能几乎和第1章结束时的一样，也就是能使用JSHint检查JavaScript代码了，不过这次有所不同。Grunt能帮我们制定一个成熟的构建过程，这对构建优先原则至关重要。省下的精力能让我们专注于为本地开发环境中的构建、诊断或构建用户最终要使用的产品这个过程编写不同的任务。我们来看看构建任务的几个特性。

前面设置的lint任务是个基础。在阅读本书第一部分的过程中，你的理解会越来越深，有了这个基础就能写出更强大的构建任务。这个任务清楚地表明了构建任务的一个基本特性：绝大多数情况下，任务都是幂等的，即重复执行任务不会得到不同的结果。对这个lint任务来说，这可能意味着，只要不修改源码，每次执行都能得到相同的提醒。通常，构建任务都会操作一个或多个输入文件。有了幂等特性，加之我们不再手动执行任何操作了，这样得到的结果会更加一致。

1. 创建工作流程和持续开发

构建过程中的任务要按照明确定义的顺序执行才能实现特定的目标，例如准备一个发布版本。我们在第1章提到过，这叫工作流程。某些任务在具体的工作流程中是可有可无的，有些则可能会提供一些帮助。例如，在本地开发环境中没必要优化图像，把图像变得更小，因为这么做不能显著提升性能，所以最好跳过这个任务。但不管在开发流程还是发布流程中，你或许都想执行lint任务，以确保代码没问题。

图2-4能帮助你理解构建过程中涉及的开发、发布和部署方面的任务。图中展示了各个任务之间的关系，以及如何把任务组合起来，构成不同的工作流程。

2. 开发流程

看一眼这幅图最上面一行的内容就能发现，效率和监视变动是开发流程的重点，而在发布流程中则毫不重要，甚至还可能成为干扰。你可能还会注意到，这两个流程都构建出了应用，不过开发流程得到的应用是针对持续开发的，我们在第3章会详述这一点。

3. 发布流程

在发布流程中，我们关注的是性能优化，以及构建整体测试良好的应用。和开发流程稍有不同，这个流程执行的任务重视的是减少应用占用的字节量。

4. 部署流程

部署流程完全不构建应用，而是直接使用前两个流程准备好的构建版本，将其传到主机环境中。第4章会详细说明部署流程。

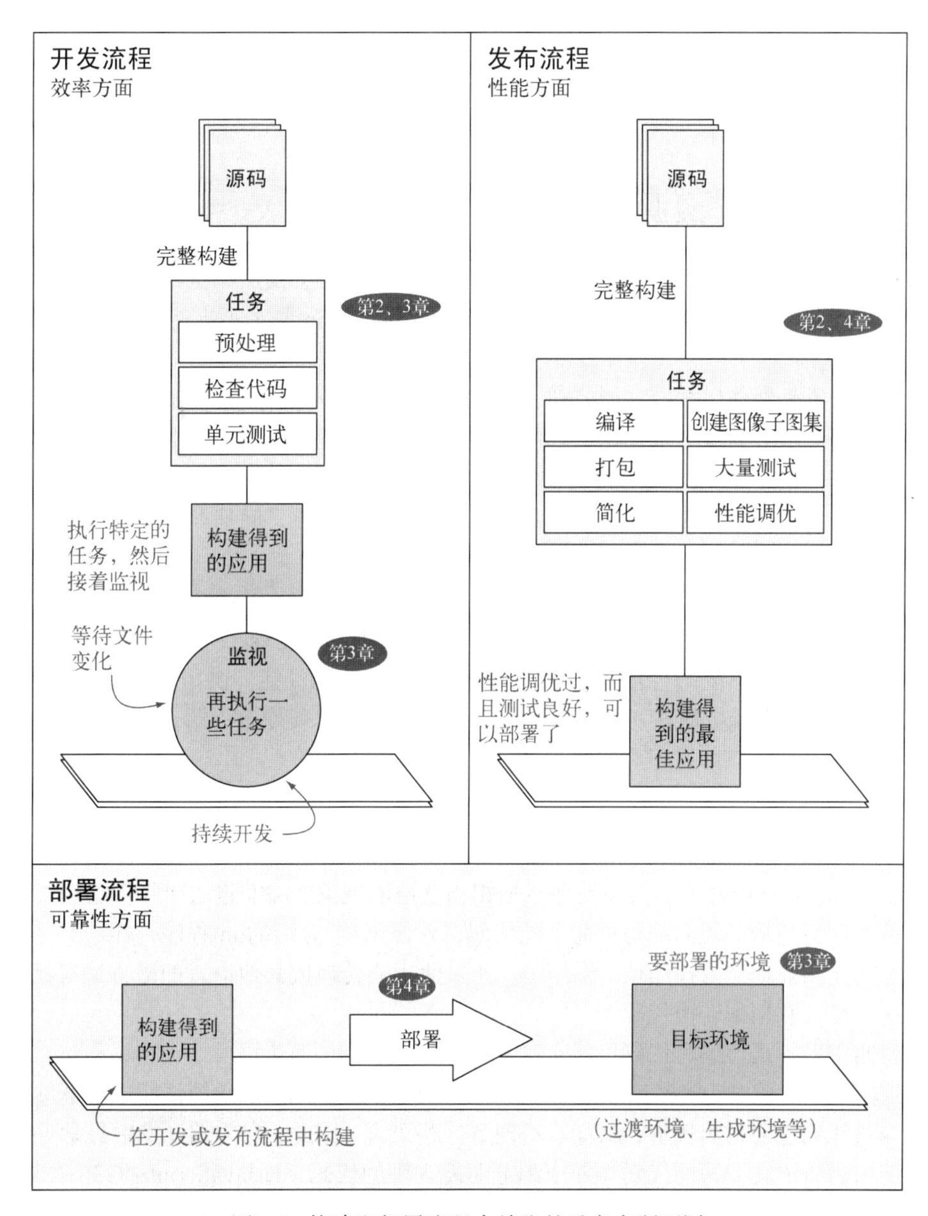

图2-4　构建和部署流程中关注的重点有所不同

任何合理的构建流程都要自动执行其中的每一步，否则就无法提升效率、减少出错的可能性。开发时，我们在文本编辑器和浏览器之间来回切换，不用自己执行构建过程。这叫作持续开发，因为这不需要打开shell，输入命令编译应用。第3章会教你如何使用文件监视功能和其他机制实现持续开发。部署应用的过程应该和构建流程分开，但也要自动化，一步就能构建并部署应用。类似地，伺服应用这一步也应该严格和构建过程分开。

下一节我们会详细说明如何使用Grunt执行构建任务。具体而言，我们会先从预处理任务开始，例如把LESS文件编译成CSS文件，然后再介绍后处理任务，例如打包和简化，以帮你优化和调整发布版本。

2.2　预处理和静态资源优化

谈到开发Web应用，不可避免地要讨论预处理。我们通常会使用浏览器原生不支持的语言，因为这些语言提供了CSS（例如厂商前缀）、HTML或JavaScript原本不支持的功能，能避免重复性的工作。

本节的重点不是教你LESS（一个CSS预处理器，下一节会介绍）或CSS，因为这两门语言有很多专门的教程。本节的重点是让你了解使用预处理语言的巨大好处。预处理和CSS无关。预处理器能把使用一门语言编写的代码转换成多种目标语言。例如，强大且富有表现力的LESS语言在构建时能转换成纯正的CSS。不同人使用预处理器的目的各异，但基本上可分这么几类：为了提升效率、减少重复或使用更舒适的句法。

后处理任务，例如简化和打包，基本上是为了优化发布版本，但这些任务和预处理任务联系紧密，所以这一节也会介绍到它。我们首先介绍使用LESS做预处理，然后介绍Grunt用来匹配文件路径的通配模式，最后介绍打包和简化，它们能优化应用的性能，供用户使用。

读完本节之后，你会更加理解如何使用更合适的语言预处理静态资源，以及如何对静态资源作后处理，以提升性能，增强用户体验。

2.2.1　详述预处理

现今，在Web开发中使用语言预处理器是相当普遍的现象。除非过去十年你隐居了，否则你应该知道预处理器能帮助我们编写更简洁的代码，就像第1章介绍的lint程序一样。不过我们要多做些事情才能让预处理器发挥作用。说白了，如果使用能转换成其他语言的语言编写代码，要增加预处理这一步，它用来转换代码。

你不想使用目标语言编写代码可能有这几个原因：目标语言太啰嗦、太容易出错，或者你就是不喜欢那门语言。此时，这些高级语言就发挥作用了，它们能让代码简洁明了。不过使用这些高级语言编写代码也要付出代价：浏览器不理解这些语言。因此，在前端开发中最常见的任务之一就是把使用高级语言编写的代码编译成浏览器能理解的代码，即JavaScript和CSS样式。

有时预处理器还能提供Web的原生语言（HTML、CSS和JavaScript）没有的实用功能。例如，有些CSS预处理器提供了必要的工具，我们不必再为每种浏览器编写专用的样式。预处理语言能消除浏览器之间的差异，提高我们的效率，让工作变得更有趣。

1. LESS：简约而不简单

下面以LESS为例介绍预处理器。LESS是一门强大的语言，是CSS的一个变种。它是遵从应用设计的DRY（Don't Repeat Yourself，不要自我重复）原则而设计，写出的代码重复性较少。使用纯粹的CSS往往要不断自我重复，为所有的厂商前缀指定相同的值，尽量让应用的样式支持更多的浏览器。

我们以CSS属性border-radius为例来说明这个问题。这个属性的作用是为元素加上圆角样式，使用纯粹的CSS要像下述代码清单这样编写样式。

2

代码清单2.2 使用纯粹的CSS实现圆角样式

```
.slightly-rounded {
 -webkit-border-radius: 2px;
 -moz-border-radius: 2px;
 border-radius: 2px;
 background-clip: padding-box;
}
.very-rounded {
 -webkit-border-radius: 16px;
 -moz-border-radius: 16px;
 border-radius: 16px;
 background-clip: padding-box;
}
```

需要使用"厂商前缀"才能让某些浏览器应用特定的样式。

避免背景溢出圆角。

多次实现圆角样式时问题更严重。

这种样式如果只编写一次还行，但对border-radius这样经常使用的属性来说，使用纯粹的CSS很快就会让人无法忍受。但使用LESS编写就会变得更容易，而且代码也易于阅读和维护。针对这种情况，我们可以编写一个能重用的.border-radius函数，把代码改成下述代码清单这样。

代码清单2.3 使用LESS实现圆角样式

```
.border-radius (@value) {
 -webkit-border-radius: @value;
 -moz-border-radius: @value;
 border-radius: @value;
 background-clip: padding-box;
}
.slightly-rounded {
 .border-radius(2px);
}
.very-rounded {
 .border-radius(16px);
}
```

这是可重用的函数，在LESS的俚语中，这叫"混入"。

使用这个函数，传入半径大小。

再次使用这个函数，多次设定border-radius属性。

LESS及类似的工具就是通过让你重用CSS代码片段的方式来提升效率。

2. LESS能让你事半功倍

需要在多处使用border-radius属性时，你便会发现不要什么都写两次（Writing Everything Twice，简称WET）的好处。遵守DRY原则，每次需要实现圆角样式时就不用列出所有四个属性，只需重用.border-radius这个LESS混入即可。

预处理在精益开发流程中扮演着重要的角色：要使用这个规则时不用每次都编写所有厂商前缀，而且在一处就能修改所有前缀，让代码更易于维护。LESS能做的不止这些，它还能把静态规则和设定这些规则的值清楚地分开。在CSS样式表中经常能看到类似下面的代码：

```
a {
 background-color: #FFC;
}
blockquote {
 background-color: #333;
 color: #FFC;
}
```

LESS允许我们使用变量，这样就不用到处复制粘贴颜色代码了。为变量起个恰当的名称，在浏览样式表时就能轻易识别使用的是什么颜色。

3. 使用LESS变量

使用LESS可以把颜色赋值给变量，避免潜在的问题，例如在一个地方修改了颜色，但忘了修改使用这个颜色的其他地方。使用变量还能把颜色和设计中的其他可变参数统一放在一个地方。下述代码展示了如何使用LESS变量：

```
@yellowish: #FFC;
a {
 background-color: @yellowish;
}
blockquote {
 background-color: #333;
 color: @yellowish;
}
```

声明变量有助于定位和替换颜色，还能避免出现问题。

直接引用变量就能使用了。

就像我在2.2节开头提到的一样，这样做能让代码遵守DRY原则。在这里使用DRY原则特别有用，因为这样一来，我们就不用复制粘贴颜色代码了，因此能避免输入错误导致的问题。除此之外，LESS等语言还提供了生成其他颜色的函数，例如生成更深的绿色或更透明的白色等有趣的颜色算法。

现在我们转变一下话题，介绍如何使用Grunt任务把LESS代码编译成CSS。

2.2.2 处理LESS

本章前面说过，Grunt任务由两个不同的部分组成——任务和配置：

- 任务是最重要的，这是运行构建时Grunt要执行的代码，一般都能找到符合需求的插件；
- 配置是传给`grunt.initConfig`方法的对象，几乎所有Grunt任务都需要配置。

在阅读本章剩余内容的过程中，你会看到如何配置各个任务。为了使用Grunt把LESS文件编译成能直接伺服的CSS，我们要使用`grunt-contrib-less`包。还记得怎么安装JSHint插件吗？这个包的安装方法与之相同，只不过是包名变了，因为我们要使用的插件变了。在终端里执行下述命令安装`grunt-contrib-less`包：

```
npm install grunt-contrib-less --save-dev
```

这个插件提供了一个任务，名为`less`，在Gruntfile.js文件中加载这个任务的方式如下：

```
grunt.loadNpmTasks('grunt-contrib-less');
```

从现在开始，为了行文简洁，我会省略各个示例中`npm install`这一步和`grunt.loadNpm`

Tasks这部分代码。不过你仍然要执行npm install获取包，并在Gruntfile.js文件中加载插件。任何时候你都可以查看本书的配套源码，那里有完整的代码。

设置这个构建任务的方法很简单：把属性名指定为输出文件的名称，把对应的值设为用来生成CSS文件的源文件的路径。这个例子在本书配套源码的ch02/02_less-task文件夹中。

```
grunt.initConfig({
 less: {
   compile: {
     files: {
       'build/css/compiled.css': 'public/css/layout.less'
     }
   }
 }
});
```

执行任务的最后一步是在命令行中调用grunt。在本例中，我们需要在终端里执行grunt less命令。我们通常建议你明确指定目标。本例中，指定目标的方式是grunt less:compile。如果不指定目标名，所有目标都会被执行。

Grunt的配置方式具有一致性

在往下看之前，我要提一个在使用Grunt的过程中会让你感到舒服的细节。不同任务之间的配置方式不会有太大差异，尤其是那些由Grunt团队开发的任务。即便是npm中的任务，只要有配置，方式也差不多。在阅读本章的过程中你会发现，我介绍的各个任务，就算提供了大量操作方式，其配置的方式也都类似。

使用Grunt执行构建目标less:compile，会把layout.less文件编译成compiled.css文件。输入文件不仅可以是单个文件，还可以是一组文件。此时，得到的是一个打包文件，包含编译所有LESS输入文件后得到的CSS。我们稍后就会详细介绍打包。下述代码清单是个示例。

代码清单2.4　声明一组输入文件

```
grunt.initConfig({
  less: {
    compile: {
      files: {
        'build/css/compiled.css': [
          'public/css/layout.less',
          'public/css/components.less',
          'public/css/views/foo.less',
          'public/css/views/bar.less'
        ]
      }
    }
  }
});
```

挨个列出每个文件不是不可以，但是如果有上百个文件，最好使用通配模式。下面就介绍这个模式。

精通通配模式

我们可以使用Grunt提供的通配功能，进一步改进上述代码中的配置。通配[1]是一种文件路径匹配机制，可以帮你使用文件路径模式来包含或排除文件。这个模式特别有用，因为我们不用手动列出静态资源文件夹中的所有文件，这样能避免一些常见的错误，例如，忘记把新样式表添加到列表中。

如果想让构建任务排除某些文件，例如第三方提供的文件，也用得到通配模式。下述代码展示了一些有用的通配模式：

```
[
 'public/*.less',
 'public/**/*.less',
 '!public/vendor/**/*.less'
]
```

关于上述代码，有以下几点需要说明。

- 第一个模式会匹配public文件夹中扩展名为.less的所有文件。
- 第二个模式和第一个模式的作用差不多，不过因为使用了特殊的`**`模式，还能匹配public文件夹的子文件夹中的文件，而且不管嵌套层级有多深。
- 你可能猜到了，最后一个模式和第二个的作用一样，不过开头的`!`符号表明，要从结果中排除匹配的文件。

通配模式按照其出现的顺序解析，而且能和普通的文件路径一起使用。通配模式得到的结果是数组，包含所有匹配的文件路径。

使用通配模式可以稍微重构一下前面`less:compile`的配置，将其改得简单一些：

```
grunt.initConfig({
  less: {
    compile: {
      files: {
        'build/css/compiled.css': 'public/css/**/*.less'
      }
    }
  }
});
```

在继续讲解之前，我要提醒你一下，在这个示例中，`less`是构建任务，`compile`是这个任务的构建目标，专为这个目标提供配置。为`less`任务提供其他目标的方式很简单，在`less`对象中添加其他属性即可，和上述代码中传给`initConfig`方法的配置中的`compile`目标一样。例如，你可以添加一个`compile_mobile`目标，编译移动设备使用的CSS静态资源；还可以添加一个`compile_desktop`目标，编译桌面浏览器使用的静态资源。

注意，在这个任务中使用通配模式指定要编译的LESS文件有个副作用：不管有多少LESS文件，编译得到的CSS都会被打包到一个文件中。那么，接下来我们就来介绍打包静态文件的任务。

---

① Grunt网站很好地说明了通配的用法，详情请访问http://bevacqua.io/bf/globbing。

这是个后处理任务，能减少HTTP请求数量，提升网站的性能。

2.2.3 打包静态资源

前面我提到了打包的作用，在阅读本书之前你可能也听说过打包。没听说过也没关系，这个概念不难理解。

打包就是在你把应用交给客户之前把所有静态资源都放在一起。没打包的应用好比去杂货店买东西，一次只买一个，买了就回家，然后再去商店，买购物清单中的另一个东西；而打包后的应用好比只去一次杂货店，买完所有需要的东西。

在一次HTTP响应中处理所有事务能降低网络消耗，这么做对所有人都有好处。传输的数据可能变多了，但客户端能省去很多对服务器不必要的网络请求。要知道，每次请求都会受到网络相关问题的影响而耗时，例如延迟、TCP和TLS信号交换等。如果你想深入学习底层的网络协议，我强烈推荐你阅读Ilya Grigorik写的*High Performance Browser Networking*一书（O'Reilly Media，2013）。

确切地说，打包就是把各个文件的内容添加到前一个文件的末尾。使用这种方式，可以把所有CSS或所有JavaScript都打包到一起。HTTP请求的数量变少后，性能会得到提升，因此在构建过程中有必要加上打包静态资源这一步。图2-5展示了打包前后用户和网站之间的交互，以及各自对网络连接的影响。

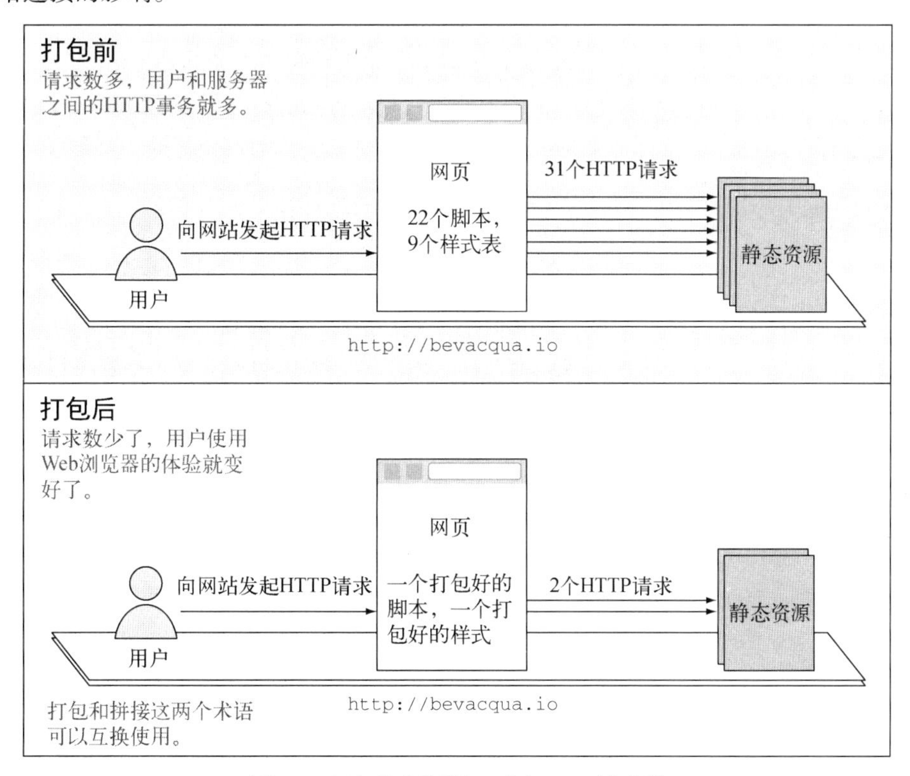

图2-5 打包静态资源，减少HTTP请求数

从这幅图可以看出，打包前浏览器要发起很多HTTP请求获取网站的资源，而打包后，每个打包好的资源（包含应用所需的多个不同文件）只需要一个请求就行了。

很多预处理器都提供了把静态资源打包到一个文件中的选项，前面演示less:compile任务时我们就体验过了。

打包

使用grunt-contrib-concat包很容易就能设置构建目标，通过前面介绍的通配模式把任意多个文件拼接到一起。我们对这种打包方式可能已经很熟悉了。在本书中，拼接和打包这两个术语表示同一个意思。下述代码清单（在本书配套源码的ch02/03_bundle-task文件夹中）说明了如何配置concat任务。

代码清单2.5　配置拼接任务

```
grunt.initConfig({
  concat: {
    js: {       #B
      files: {
        'build/js/bundle.js': 'public/js/**/*.js'
      }
    }
  }
});
```

concat属性表明我们配置的是concat任务。

concat对象内部的各属性是用来配置各个任务目标的。

要拼接的文件使用通配模式public/js/**/*.js获取，拼接的结果写入build/js/bundle.js文件。

显然，concat:js任务会读取public/js文件夹（及任意层级的子文件夹）中的所有JavaScript文件，打包后写入build/js/bundle.js文件。在任务之间切换就是如此自然，有时候容易得难以置信。

在构建过程中处理静态资源时还要做一件事——简化。下面就来讨论这个话题。

2.2.4　简化静态资源

简化和拼接类似，其目的都是为了尽量减轻网络连接的负担，不过简化采用的方式有所不同。简化不会把多个文件的内容放在一起，而是会删除空白、缩短变量名，以及优化代码的句法树。简化后的文件，代码的作用和你编写的代码一样，文件的大小也明显变小了，但要付出代价，即简化后的代码几乎没有可读性。缩减文件大小能提升性能，如图2-6所示。

从图中可以看出，静态资源简化后占用空间更小，因此下载速度更快。较之在服务器端作GZip压缩[1]，简化静态资源的效果更明显。

简化会把代码弄乱的这个副作用可能会让你觉得“有了安全保障”，从而把所有信息都放在JavaScript代码中，因为简化后的代码难以阅读。可是，不管你把客户端代码搅得多乱，别人只要下一番功夫，还是能弄清楚你在代码中做了什么。所以，绝不要信任客户端，一定要把包含敏感信息的代码放在后端。

静态资源既可以打包，也可以简化，因为这两个操作是正交的（即彼此之间没有影响）。打包是把多个文件的内容放到一起，而简化是为了减少各个文件的占用空间。这两种操作在功能上

① 关于如何在你使用的后端服务器中启用GZip压缩，请访问http://bevacqua.io/bf/gzip。

并不重叠，因此可以共存。

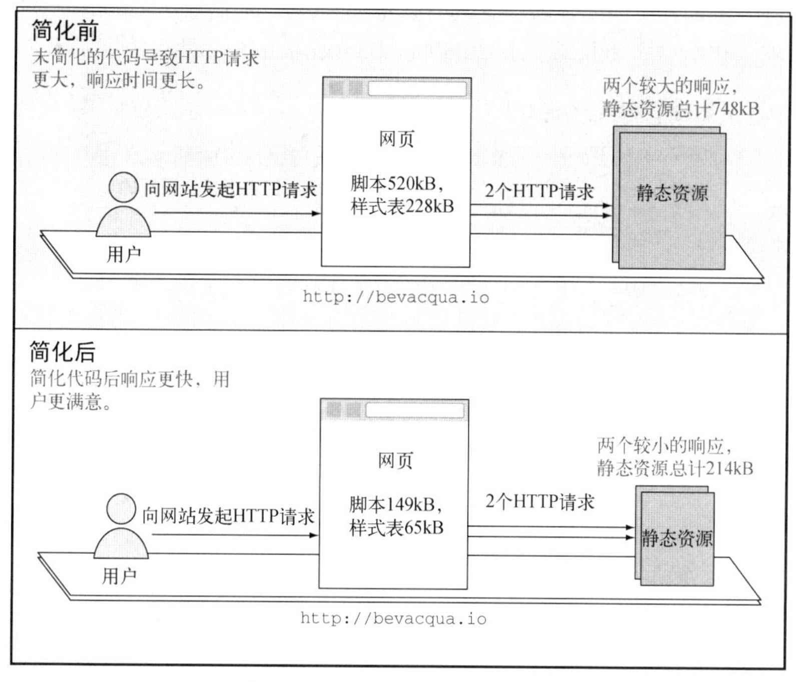

图2-6 简化静态资源，减小HTTP响应的长度

打包和简化这两个步骤的顺序不限，不管谁先谁后，得到的结果基本是一样的：单个的压缩文件，最适合发布，对开发基本没用。虽然简化和打包对面向用户的应用特别重要，但在追求持续开发的日常开发流程中却会影响效率，因为这两个操作让调试变难了。所以在构建过程中一定要把这两个任务和其他任务清楚地分开，只在合适的环境中执行，以免影响开发效率。

一个简化静态资源的示例

我们来看一个简化静态资源的示例（在本书配套源码的ch02/04_minify-task文件夹中），它能生成提供给最终用户使用的静态资源。在这个示例中我们使用`grunt-contrib-uglify`包简化JavaScript文件，这个包有很多选项可以设置。先从npm安装这个包，然后载入这个插件，再像下列代码清单这样设置。

代码清单2.6 配置简化静态资源的任务

```
grunt.initConfig({
  uglify: {
    cobra: {
      files: {
        'build/js/cobra.min.js': 'public/js/cobra.js'
      }
    }
  }
});
```

`uglify`属性表明我们配置的是`uglify`任务。

`uglify`对象内部的各属性是用来配置各个任务目标的。

要简化的文件是public/js/cobra.js，结果写入build/js/cobra.min.js文件。

这样设置之后，执行grunt uglify:cobra命令会简化cobra.js文件。如果想简化前一步打包好的文件，进一步提升应用的性能，应该怎么做呢？直接简化代码清单2.5中拼接的文件即可，如下列代码清单（在本书配套源码的ch02/05_bundle-then-minify文件夹中）所示。

代码清单2.7　打包后简化静态资源

```
grunt.initConfig({
  uglify: {#A
    bundle: {
      files: {
        'build/js/bundle.min.js': 'build/js/bundle.js'
      }
    }
  }
});
```

uglify属性表明我们配置的是uglify任务。

uglify对象内部的各属性是用来配置各个任务目标的。

要简化的是concat:js任务得到的打包文件，结果写入build/js/bundle.min.js文件。

把这两步放在一起是为了按顺序执行这两个任务。为此，你可以执行grunt concat:js uglify:bundle命令。借此机会，我们顺便介绍一下任务别名。

任务别名由一组任务组成，任务的数量不限，这些任务常常在一起执行，而且相互之间有联系。别名中的任务应该有良好的相互依赖关系，这样才能得到有意义的输出结果，更容易让人沿用，也更有语义。任务别名在定义工作流程时也很有用。

在Grunt中创建任务别名很容易，只需一行代码，如下所示。创建别名时还可以提供描述信息，执行grunt --help命令时会显示这个信息。描述信息对浏览代码的开发者最有用，但你要说明为什么把这些任务放在一起：

```
grunt.registerTask('js', 'Concatenate and minify static JavaScript assets',
    ['concat:js', 'uglify:bundle']);
```

现在，js就是一个Grunt任务了。执行grunt js命令后即会拼接，也会简化JavaScript文件。

下面再介绍一个用来处理静态资源的任务，在构建过程中执行这个任务也能提升应用的性能。这个操作的目的和打包一样，不过它处理的是图像，得到的是子图集映射。这个概念出现的时间比简化和拼接都早很多。

2.2.5　创建子图集

子图集是由多张图像合并而成的一个大图像文件。有了子图集，我们不再引用单个图像文件，而是使用background-position、width和height这三个CSS属性从子图集中选择需要的图像。子图集也是对静态资源的打包，只不过打包的是图像。

子图集这个技术最早是很多年前在游戏开发中出现的，如今仍在使用。游戏开发者把很多图形塞到一个图像中，显著提升了游戏的性能。在Web领域，图标和各种小图像最适合使用子图集。

自己维护子图集表单和对应的CSS很麻烦，尤其是当你要切图，还要合成图像，让图标和子图集表单对应起来的时候，这个过程十分繁琐。不过我们可以求助万能的Grunt，让它扭转这一局面。npm中有一些现成的包能自动生成CSS子图集映射。在这个示例中，我使用的是Grunt插件

grunt-spritesmith。如果安装这个插件时遇到问题，请查看本书配套源码中的示例加以解决。这个插件的配置方式对我们来说已经不陌生了：

```
grunt.initConfig({
  sprite: {
    icons: {
      src: 'public/img/icons/*.png',
      destImg: 'build/img/icons.png',
      destCSS: 'build/css/icons.css'
    }
  }
});
```

现在，我们可以放心地假定src属性的值可以是任何通配模式。destImg属性的值是生成的子图集表单文件路径，destCSS属性的值是在HTML中渲染子图集表单时各子图的CSS文件。有了这个CSS文件和刚生成的子图集表单，如果想在网站中加上图标，只需创建HTML元素并指定不同子图的CSS类即可。这里，CSS的作用是“裁剪”子图集表单的不同部分，只获取图标对应的那部分。

> **Web的感知性能**
>
> 我必须强调，打包静态资源、简化甚至子图集在发布版本中至关重要。现今，图像往往是Web应用中最耗资源的，使用这些技术能减少对服务器的请求数量，无需使用更好的硬件就能提升性能。除此之外，我们还可以使用简化和压缩技术，减小响应的字节大小。

1. 速度至关重要

在Web中，速度是基本的决定性因素。响应速度，或者至少是可感知的响应速度对用户体验（User eXperience，简称UX）有重大影响。现在，可感知的响应速度是最重要的，即使实际上完成请求要花更多的时间也没关系。只要能立即响应用户的操作，用户就会觉得你的应用运行速度很快。我们平时在Facebook和Twitter上都能看到这种现象，文章发布后会立即出现在列表中，而事实上，数据还在发往服务器。

无数的实验都已证明，速度对于快捷和可靠的服务来说是多么重要。我想到了谷歌和亚马逊分别做的两个实验。

玛丽莎·梅耶尔是谷歌公司UX部门的副总裁，2006年，她收到用户反馈，希望每页显示更多的搜索结果。随后她做了一个实验，把每页的搜索结果增加到30个。在这个实验中，每页获得更多搜索结果的实验组贡献的流量和收入降低了20%。

玛丽莎说他们发现了一个不可控变量。生成显示10个搜索结果的页面需要0.4秒，而生成显示30个搜索结果的页面要0.9秒。时间多了0.5秒，流量就损失了20%。只多了0.5秒，用户就不满意了。[①]

亚马逊也做过类似的实验，他们在分离式组间测试中故意不断降低网站的响应速度。结果证明，即便是稍微降低一点速速，销售量也会明显下降。

① 有篇文章详细说明了速度问题，地址是http://bevacqua.io/bf/speed-matters。

2. 可感知的响应速度和实际速度

除了实际的响应速度之外，还有可感知的速度。虽然用户的操作要花几秒钟处理，不过我们可以提供实时反馈，提升可感知的速度。用户都喜欢这种快速的响应。

至此，我们已经讨论了在网络中访问静态资源时如何提速，还介绍了处理静态资源的相关构建任务，以及不同方式和技术对性能的影响。现在我们要谈谈代码质量了。在此之前，我们只是稍微留意了一下代码质量，下面我们要介绍一些任务，提升代码的质量。我们已经很好地理解了什么是预处理，什么是后处理，知道了二者的工作方式，以及如何执行相关的操作。

第1章在构建过程中添加lint任务时我们谈到了代码质量。如果想保持构建的幂等性，后期一定要做些清理工作。类似地，为了让代码质量保持在一个高水准上，一定要使用lint程序检查代码，还要运行测试。

下面，我们来深入讨论这个问题，弄清楚如何更好地把这些任务集成到真实的构建过程中。

2.3 检查代码完整性

关于代码完整性检查，我们会讨论以下几个任务。

- 首先，后期要做些清理工作。只要构建，就要清理构建过程中生成的中间产物。这样才能保证幂等性，让多次构建得到相同的结果。
- 在第1章接近末尾的基础上，我们会再次介绍使用lint程序检查代码，每次构建都要确保代码没有句法错误。
- 最后还会简要介绍如何设置测试运行程序，以便你自动执行代码的测试。后面的章节还会深入讨论这个话题。

2.3.1 清理工作目录

一般情况下，完成构建后*工作目录*会变得很乱，因为在构建过程中会生成一些不属于源码的内容。我们要确保构建前后工作目录处于相同的状态，这样每次构建才能得到相同的结果。为此，执行其他任务之前一般都要清理生成的文件。

工作目录 工作目录是个花俏用语，其实就是开发过程中代码基的根目录。通常，你最好在一个子目录中放置构建过程中编译得到的文件，例如，可以把这个目录命名为build。这么做能把源码和构建过程中的中间产物清楚地区分开。

发布应用后，服务器会使用构建得到的版本。除非再次发布，否则不能修改此次构建的结果。部署后再执行构建任务就像手动执行这些任务一样，完全没有好处，因为这样会再次引入人为因素。一般来说，如果感觉有瑕疵，那就可能说明清理得不够，需要改进清理操作。

隔离构建的结果

讨论代码的完整性时，我觉得有必要强调一个问题。从目前我所展示的示例中你可能已经发现了，我强烈建议把构建生成的内容和源码清楚地分开。把生成的内容放在build目录中即可。

这么做有几个好处：方便删除生成的内容、使用通配模式能轻易忽略这个文件夹、在一个地方能找到生成的所有内容，以及确保不会意外删除源码——这或许是最大的好处。

有些任务虽然会生成内容，但执行时如果能删除现存的构建中间产物，就能保证幂等性：不管运行多少次，都不影响任务的行为，得到的结果始终一致。若想保证构建任务的幂等性，就要执行清理工作，让任务始终生成相同的结果。那么，我们来看一下如何在Grunt中配置执行清理的任务。我们要使用grunt-contrib-clean包，这个插件提供了一个clean任务供我们使用。这个任务的作用正如其名称所示：你提供目标名称，它会删除通配模式指定的文件或整个文件夹。下列代码是一个示例（在本书配套源码的ch02/07_clean-task文件夹中）：

```
grunt.initConfig({
 clean: {
   js: 'build/js',
   css: 'build/css',
   less: 'public/**/*.css'
 }
});
```

删除生成的内容有时很简单，把整个目录都删除即可。

如果源文件和目标文件放在一起就有点难，要明确指定要删除的文件。

前两个属性的值，build/js和build/css，表明了找出生成的内容并将其删除是多么容易，但前提是生成的内容要清楚地和源码分开。不过，第三个属性的值表明，如果源码和生成的内容在同一个目录中，清理起来就不那么容易。除此之外，如果把生成的内容单独放在一个文件夹中，还能在版本控制系统中轻易排除这个文件夹。

2.3.2 使用lint程序检查代码

前一章我们已经说了使用lint程序检查代码的好处，不过我们还要再看一下lint任务的配置。记住，这里我们使用的是grunt-contrib-jshint包。这个插件的配置方式如下列代码所示（在本书配套源码的ch02/08_lint-task文件夹里）：

```
grunt.initConfig({
 jshint: {
   client: [
     'public/js/**/*.js',
     '!public/js/vendor'
   ]
 }
});
```

注意，一定要排除第三方（别人写的）代码。就像不用单元测试第三方代码一样，也不用检查第三方代码。如果你没把生成的内容放在单独的文件夹中，那你还要把这些生成的内容排除在JSHint检查的范围之外。这又体现了严格把构建的中间产物和源码分开的好处。

使用lint程序检查代码通常被认为是把JavaScript代码保持在合理质量水平的第一道防线。使用lint程序检查代码后，仍然要编写单元测试，下面我会告诉你原因。你可能猜到了，Grunt任务也能运行单元测试。

2.3.3 自动运行单元测试

构建过程中最需要自动执行的步骤之一是运行单元测试。单元测试的作用是确保代码基中的各个组件能正常运作。开发测试良好的应用有个流行的流程，如下所示：

- 为想实现（或修改）的功能编写测试；
- 运行测试，看着它们失败；
- 编写代码；
- 再次运行测试。

如果有测试失败，继续写代码，让所有测试都通过，然后再编写新测试。这个过程叫测试驱动开发（Test-Driven Development，简称TDD）。第8章会详细介绍单元测试。这个话题需要专门的章节介绍，所以我们会在后续章节讨论如何设置运行单元测试的Grunt任务。

现在我们只需知道，单元测试必须要自动运行。如果不常运行测试，测试几乎就是个摆设，所以部署之前在构建过程中要运行测试，或许在本地构建时也要运行测试。除此之外，我们还想让单元测试运行得尽量快，以免降低构建的性能。测试的原则是"尽早测试，经常测试"。

注解　我们目前介绍的各个包都只提供了一个任务，这不是Grunt做出的限制，而是包的作者故意这么做的。如果觉得有必要，可以在包中添加任意多个自定义的任务。npm中的包通常都采用模块化设计，因为它们的目的就是只做一件事，并且要做到最好。

本章大部分内容都是教你如何使用别人编写的构建任务。下面我们要自己动手编写构建任务。如果发现npm中的任务插件不能满足需求，就得自己动手了。

2.4 首次自己编写构建任务

虽然Grunt的社区很活跃，提供了很多高质量的npm模块，但你肯定会遇到需要自己编写任务的时候。下面我们通过一个实例说明如何编写任务。前面已经介绍了如何加载从npm中安装的任务，还介绍了如何设置任务别名。创建任务最简单的方式是使用`grunt.registerTask`方法。2.2.4节介绍简化时用过这个方法，当时我们传入的是一组任务，不过现在我们要传入一个函数。

下列代码清单（在本书配套源码的ch02/09_timestamp-task文件夹中）展示了如何编写一个简单的构建任务。这个任务的作用是创建一个时间戳，并将其写入一个文件。在应用的某个地方可能会把这个时间戳当作唯一标识使用。

代码清单2.8　创建时间戳的任务

```
grunt.registerTask('timestamp', function() {
 var options = this.options({
   file: '.timestamp'
 });
 var timestamp = +new Date();
 var contents = timestamp.toString();
```

读取配置，并提供合理的默认值，以防没有配置。

把日期转换成Unix时间戳。

```
  grunt.file.write(options.file, contents);
});
```

在任务配置指定的位置创建一个文件。

默认情况下，时间戳会写入一个名为.timestamp的文件。不过，因为我们使用的是this.options，因此用户配置这个任务时可以修改这个选项，使用其他文件，如下列代码所示：

```
grunt.initConfig({
  timestamp: {
    options: {
      file: 'your/file/path'
    }
  }
});
```

其实，自己编写构建任务只需做到这一点就行了。Grunt的API很丰富，抽象了常用的功能，能轻易实现配置、执行I/O操作、执行其他任务或异步执行任务。Grunt API的文档很详细，你可以去它的网站查看。[①]

附录B对Grunt作了全面介绍。这个`timestamp`任务特别简单，下面来看一个你可能想实现的真正的Grunt任务。

2.5 案例分析：数据库任务

前面提到，自己编写构建任务并不复杂。不过，在自己重新发明轮子之前，一定要明确你使用的任务运行程序（例如本书使用的Grunt）是否已经有了这个任务。大多数任务运行程序都提供了某种搜索插件的功能，所以在自己动手编写之前要在网上搜索一下。下面我们来看一个案例——更新数据库模式，说明如何在构建过程中自动执行这个操作。因为没有多少插件是针对这个操作的，所以我们只能自己开发。

这个数据库案例的代码

注意，本书没有列出这个案例的代码。不过，在本书的配套源码中有完整可用的代码，在ch02/10_mysql-tasks文件夹中可以查看。[②]

看代码之前要先阅读这一节的内容，弄明白代码的作用，以及为什么这么写。

数据库迁移是这些任务中最难设置的一个，设置好之后，你还要知道如何在自动化过程中集成这个任务。

一般来说，开始时我们会使用最初为应用设计的数据库模式。在开发的过程中，我们可能会调整模式，例如增加一个表、删除不需要的字段、修改约束条件等等。

我们通常会以这些操作不能自动执行、需要谨慎对待的借口来手动执行这些模式更新操作，而手动执行这些操作会浪费大量的时间。在操作的过程中很容易犯错，这样会浪费更多的时间。

① Grunt的文档可在它的网站中查看，地址是http://gruntjs.com/。

② 网上有这个数据库案例的代码示例，地址是http://bevacqua.io/bf/db-tasks。

毋庸置疑，这在大型开发团队中是不可接受的。

1. 双向修改模式

我建议这些自动执行的任务应该能灵活地双向处理迁移，既能升级也能回滚。如果编写得够仔细，还能把这些任务集成到自动化过程中。记住，我们只能在这些任务中应用模式的变动，决不能把它直接应用到数据库中。认识到这一点之后，我们还可以考虑再实现两个任务：一个用来完全重新创建数据库；另一个把数据填充到数据库中，辅助开发。有了这些任务，我们就能在命令行中管理数据库，轻松创建新实例、修改模式、填充数据，还能回滚改动。

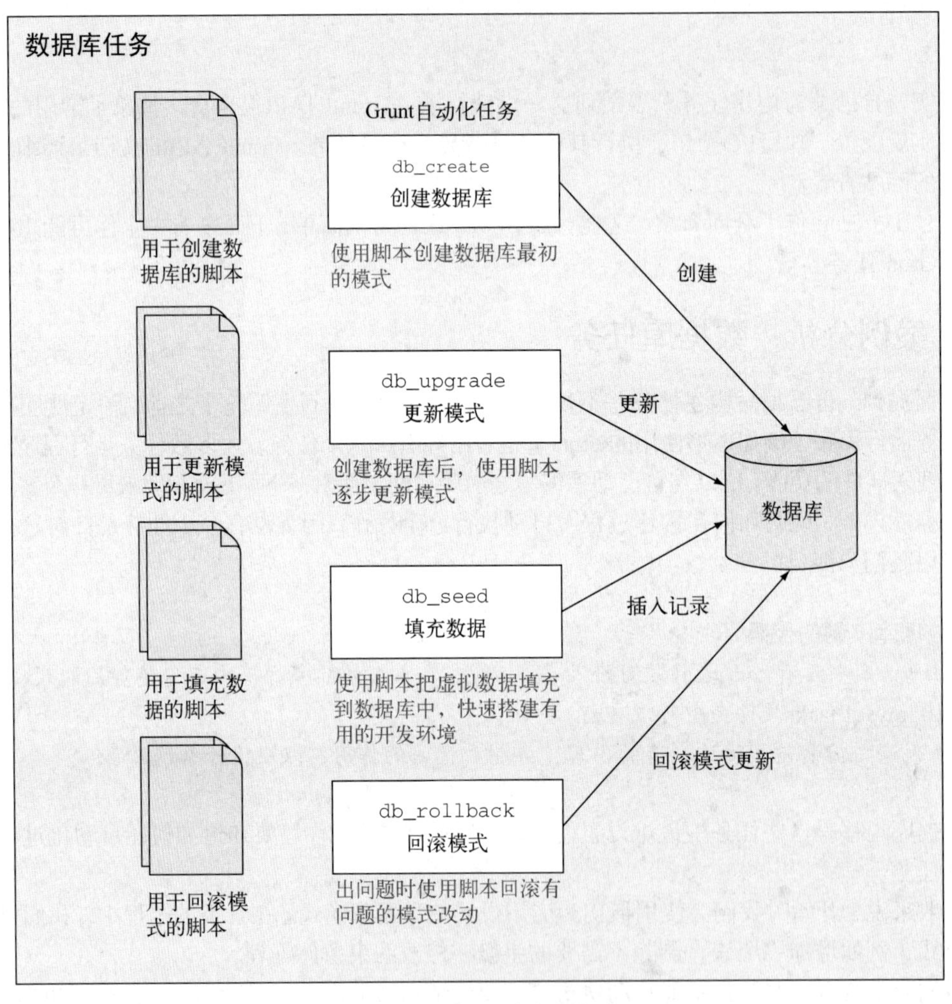

图2-7　任务与数据库实例的交互

图2-7把这些步骤和Grunt任务放在一起，概述了这些任务的作用以及各个任务是如何与数据库交互的。

仔细看这幅图，你会发现这样一个流程：

- 创建数据库，且只创建一次；
- 有新模式时运行脚本更新模式；
- 把数据填充到开发数据库中，只填充一次；
- 运行回滚脚本，这是一个安全保障，以防出了什么问题。

db_create任务的作用是创建一个数据库实例，仅此而已。如果数据库已经存在，为了防止出问题，它就不能再次创建。这个任务不能向数据库中写入任何模式：数据表、视图、步骤等都是下一步的任务。

db_upgrade任务会运行升级脚本，但只会执行还没被执行的脚本。请查看本书的配套源码，了解这一步是如何运作的。[①]简单来说，我们创建了一个数据表，记录已经执行了哪些升级脚本。然后再检查未执行的脚本是否存在，如果存在就执行，最后更新跟踪记录。

2. 要有后备计划

如果出问题了，db_rollback任务会找出最后执行的那个升级脚本，执行反向降级模式。然后这个任务会更新那个跟踪数据表，删除最后一个记录。这样，使用这两个任务就可以来回升级和回滚模式了。注意，db_upgrade任务会执行所有还未执行的升级脚本，而db_rollback任务只会回滚最后执行的那个升级脚本。

db_seed任务的作用是插入记录，让你在开发环境中有数据可操作。这个任务很重要，新开发者搭建可使用的开发环境时只需轻松地执行这些任务就行。新开发者执行的任务和图2-7中的差不多。

现在，你可以查看这些数据库任务带有完整注释的代码了（在本书配套源码的ch02/10_mysql-tasks文件夹中），体会一下这些任务的实现方式。[②]

在后面的章节中你会看到配置任务的不同方式，例如不直接使用配置文件，而使用环境变量和存储环境配置的加密JSON文件。

2.6 总结

本章介绍了很多构建任务的知识，下面简要概括一下。

- 构建过程应该让所有操作都能方便执行，生成一个配置完好的环境，拿来就能使用。
- 不同的任务在构建过程中要清楚地分开，类似的任务要通过任务目标组织在一起。
- 构建过程中的任务主要包括：编译静态资源，优化、执行lint程序检查代码，以及运行单元测试。
- 介绍了如何自己编写构建任务，以及如何自动更新数据库模式。

在这些知识的基础上，接下来的两章里我们会进一步学习如何针对不同的环境构建应用，即本地开发环境和线上服务器环境。我们还要学习一些最佳实践，以帮你尽量提升效率和性能。

---

① 网上有这个数据库任务的代码示例，地址是http://bevacqua.io/bf/db-tasks。

② 可以深入研究一下本章出现的代码示例，尤其是名为10_mysql-tasks的示例。

第 3 章

精通环境配置和开发流程

本章内容

- 创建构建模式和工作流程
- 设置应用所在的环境
- 安全地配置环境
- 自动化首次设置的过程
- 使用Grunt实现持续开发

前一章讲解了构建过程中该做的和不该做的事，介绍了几个构建任务，以及如何在任务中配置不同的目标。我还暗示大家，构建应用的目的不同会导致使用的工作流程不同，即我们可能是为了调试而构建，也可能是为了发布而构建。这种基于你的目标环境的调试或发布目标的构建流程之间的差异，叫作*构建模式*。

理解开发环境、过渡环境和生产环境三者之间的相互联系，以及理解构建模式，是至关重要的。这样才能创建出在各种环境中都能使用的构建过程，才能开发出最终用户期望看到的应用，才能轻松调试应用。理解这些之后，我们还能搭建中间环境，这对可靠的部署机制是十分重要的，下一章会介绍。

本章首先会介绍什么是环境和构建模式，然后会介绍一个典型的配置。这个配置能满足大部分需求，包含以下三个环境。

- 本地开发环境：用于日常开发应用。
- 过渡环境（或叫测试环境）：专门用于确保部署到生产环境后不会出现问题。
- 生产环境：用户能访问的环境。

最后，我们会学习在不同情境下配置应用的不同方式。你会学到如何自动执行烦人的首次设置，以及如何使用Grunt设置用于持续开发的流程。开始学习吧。

3.1 应用的环境

前一章稍微提到了环境，不过我们没详细说明配置新环境的方式，以及不同环境之间的区别。

我们的大部分时间都用在*开发环境*中，在本地Web服务器中作开发。这个环境通常比其他环境更易于调试，能轻易阅读堆栈跟踪，也便于诊断问题。开发环境也是离开发者和开发者所编写的代码最近的环境。在这个环境中使用的应用几乎都是使用调试模式构建的。在调试模式中，我们可以设置一个标志，用于开启某些功能，例如调试代码中的符号、输出更详细的日志等。

过渡环境用来确保应用在主机环境中一切都正常，部署到生产环境后不会出问题。生产环境使用的应用几乎都使用发布模式构建，因为这个构建流程能优化应用的性能，并能大大减少静态资源占用的字节数。

下面我们来看一下如何为这些环境配置构建模式，让构建得到的结果符合特定的目标：用于调试或发布。

3.1.1 配置构建模式

为了便于理解构建模式，你可以把构建应用的过程想象成在面包店的工作。准备做蛋糕的配料时，能用来装面糊的模具有很多：可以使用标准的圆形蛋糕模、方形的烤盘、长条型烤模，或者手边有的其他模具。这些模具就像是开发环境中使用的工具一样，而开发环境就相当于厨房。做蛋糕的配料都一样：面粉、奶油、糖、少量盐、可可粉、鸡蛋和半杯酸奶。用来做蛋糕的这些配料相当于应用中的静态资源。

而且，做蛋糕时我们要参照食谱，看怎么把配料混在一起，什么时候加什么配料，加多少，还要知道在冰箱中要放多久才能得到好的粘稠度，然后再放到温度合适的烤箱里。使用的食谱不同，做出的蛋糕也不一样，可能是海绵蛋糕，也可能是硬皮蛋糕。与此类似，使用不同的构建模式得到的应用也不同，有的易于调试，有的则性能更好。

你可能想换种混料的方式，换个配料（静态资源），或者干脆换个食谱（构建模式），不过这个过程还是要在厨房（开发环境）里展开。

最终，你会掌握烤蛋糕的方法，然后去参加竞赛。竞赛所处的环境变了，所提供的也是专业的工具。你会在别人指导下利用可用的材料烤蛋糕。你可能会自己选配料，或者用糖浆提升蛋糕的口感，或者比在自己的厨房中烤得久一点。这些做法上的变化都受到了所处环境的影响，因为环境可能会影响你选择使用的食谱，不过你仍然可以在任何环境中使用任何你觉得合适的食谱。

注意，构建模式仅限于针对调试或发布，不过，只要你觉得有必要，可以配置任意多个环境，使用这两个模式中的任何一个。环境和构建模式没有一一对应的关系。每个环境都有推荐使用的构建模式，但这个推荐的模式不是一成不变的。例如，在开发环境中一般使用调试模式，因为这个模式能提升日常开发的效率。不过你偶尔也可以在开发环境中试试发布模式，在部署到生产环境之前确认应用能在不同的环境中正常运行。

1. 决定使用哪个构建模式

你几乎不可能在任何厨房里都能烤出蛋糕，因为有些烤箱、模具和煮锅你用着可能不顺手。类似地，构建过程对于其目标环境无法进行过多的控制。不过你可以根据目标环境的目的决定哪个构建模式更合适。环境的目的无非有以下两种。

- 为了调试，目标是快速开发和调试应用。

❑ 为了发布，目标是良好的性能和正常运行的时间。

目的不同，使用的构建模式也不同。在开发环境中要使用更符合开发需求的模式，这些需求基本上就是找出并解决问题，因此要使用调试模式。本章稍后会介绍增强这个流程的方式，让它不仅便于调试，还要实现真正的持续开发，在任务涉及的代码发生变化时自动执行相关的构建任务。

图3-1列出了一些问题和答案，让你根据自己的目的决定使用哪个构建模式，然后再通过配置使用选定的构建流程。

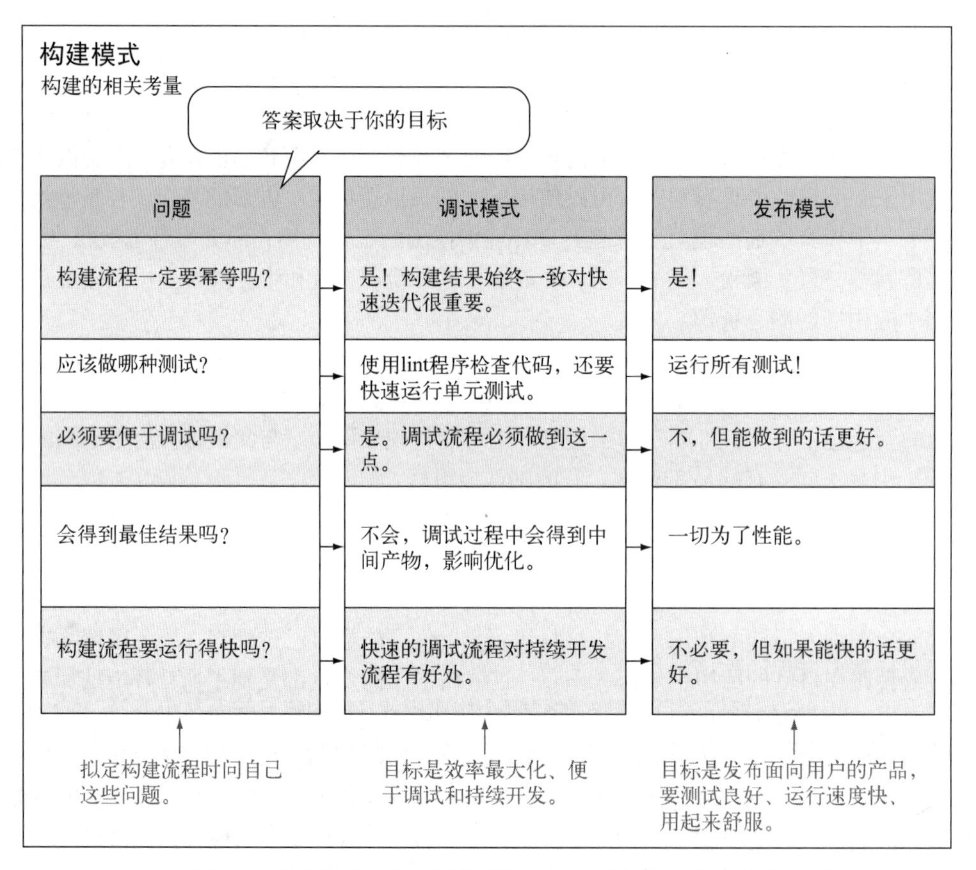

图3-1 构建模式以及为了实现特定目标而定义的构建流程

2. 生产环境使用的构建模式

离开发环境最远的是生产环境。继续以烤蛋糕为例，现在我们要烤出高档的蛋糕，赢得客户的欢心，因此必须使用最好的食谱。生产环境的目的是服务于应用，让最终用户访问，并处理用户提供的数据。

这和开发环境有所不同。在开发环境中我们通常使用虚拟数据，但它们看起来很像用户提供的真实数据。生产环境很少使用发布模式之外的模式构建应用。发布模式通常把性能视为最重要的因素，且根据第2章所提到的，这意味着会简化和打包静态资源，生成图标的子图集表单，还会优化图像等，这些话题在第4章还会再讨论。尽管生产环境不能使用调试模式构建得到的应用，但你一定要确保用于发布的构建过程在开发环境中可以使用。

3. 过渡环境使用的构建模式

在开发环境和生产环境之间，可能还有过渡环境。这个环境的目的是尽量复制生产环境使用的配置（但不会影响用户的数据，也不会和生产环境使用的服务交互）。过渡环境通常不会在本地设备中搭建。我们可以从面包师的角度来看这个环境的作用：不管在哪个厨房烤，都想保证做出的蛋糕具备一定的质量水平。

过渡环境可能是自己的厨房之外的其他地方，但不会是餐馆的厨房。如果你想为朋友烤蛋糕，那么使用的就是她的厨房。过渡环境处在生产环境和开发环境之间，尽量和这两个环境保持一致。为此，过渡环境可能要定期获取生产数据库的删减版（去掉或过滤掉了敏感数据，例如信用卡账户和密码）。这个环境使用的构建模式由测试的目的而定，不过一般默认使用发布模式，因为这样能尽量模拟生产环境。

过渡环境的真正目的是，让质量保证（Quality Assurance，简称QA）工程师和产品的所有者等在部署到生产环境之前测试应用。过渡环境基本上和生产环境一样（除了最终用户不能访问），团队成员在不影响生产环境的前提下，能迅速发现即将发布的这个版本有什么问题，还能确认这个版本在主机环境中是否能像预期的那样运行。

下面我们来看一些代码，考虑如何在构建过程中开展配置，让构建任务在所属的构建流程（调试或发布）中充分发挥作用。

4. 在Grunt任务中设置不同的构建模式

第2章介绍了几个构建任务及其配置，但这些任务几乎都是独立的，不属于某个流程。通过构建模式我们能改进构建过程，让任务在特定的构建流程中使用。这个流程是为了方便调试，还是为了得到更小的文件和更少的HTTP请求数？如果在Grunt任务和别名中使用特定的命名约定，就能更轻易地看出流程的作用。

一般来说，我建议根据任务目标针对的是哪个构建模式，把构建目标命名为`debug`或`release`。通用的任务不用遵守这个约定，例如`jshint`，各个目标可以继续使用`jshint:client`、`jshint:server`和`jshint:support`等名称。除了服务器或客户端相关的目标之外，构建和部署相关的目标都可以命名为`support`。

使用这个命名约定，你会发现有很多类似的任务，例如`jade:debug`和`less:debug`，这些任务可以放在一起，注册成`build:debug`别名。发布模式也可以这么做，这样在配置和记忆中都能把不同的构建流程清楚地分开。下列代码清单（在配套源码的03/01_distribution-config文件夹中）展示了如何在配置中把不同的构建流程分开。

代码清单3.1 按构建模式配置

```
grunt.initConfig({
  jshint: {
    client: ['public/js/**/*.js'],
```

```
      server: ['server/**/*.js'],
      support: ['Gruntfile.js']
    },
    less: {
      debug: {
        files: {
          'build/css/layout.css': 'public/css/layout.less',
          'build/css/home.css': 'public/css/home.less'
        }
      },
      release: {
        files: {
          'build/css/all.css': [
            'public/css/**/*.less'
          ]
        }
      }
    },
    jade: {
      debug: {
        options: {
          pretty: true
        },
        files: {
          'build/views/home.html': 'public/views/home.jade'
        }
      },
      release: {
        files: {
          'build/views/home.html': 'public/views/home.jade'
        }
      }
    }
  });
```

less:debug这个任务目标是为了在开发环境中把LESS文件编译成CSS文件。

编译属性值对应的文件会把结果写入属性对应的文件。

release目标只在发布流程中使用。

通配模式把所有LESS样式表的结果写入一个CSS文件中。

注意，jade:debug任务设置了一个发布流程没有的选项。

这样分开设置后能轻易创建别名，使用不同的构建模式构建应用。下面是一些别名示例：

```
grunt.registerTask('build:debug', ['jshint', 'less:debug', 'jade:debug']);
grunt.registerTask('build:release', ['jshint', 'less:release',
    'jade:release']);
```

本书配套源码的仓库中有完整可用的代码清单示例。记住，这些示例是按章组织的，所以这里你要查看的代码清单在第3章下的01_distribution-config文件夹中。

上述代码清单为你继续构建提供了坚实的基础。你可以继续增强各个流程，在这些构建模式中添加更多的任务，还可以重用前面的任务，例如jshint。如果某些任务只在其中一个构建模式中使用，那就添加到对应的流程中。例如，在调试模式中可能修改了要发布的产品，因此你可能想在发布流程中添加修改变更日志的任务，在要部署的版本中说明变动的地方。本章后面会再讨论这个话题，介绍专门在调试模式中使用的任务。第4章会分析专门在发布模式中使用的任务。

至此，我们介绍了什么是构建模式，以及组织构建过程时如何定义不同的流程。下面开始介绍如何在各个环境中配置应用，或者叫作环境层面的配置。

3.1.2 环境层面的配置

环境的配置和构建模式是分开的，而且二者之间的区别很明显：构建模式的作用是决定如何构建应用，不应该对应用本身有任何影响，只能影响构建过程，或者更准确地说，只能影响你使用的构建流程；而环境的配置是针对环境的。

环境层面的配置包括什么？

从现在开始，本章所说的配置都是指环境层面的配置，除非有特殊说明。我所说的**环境层面的配置**是指下面这些类型的值：

- 数据库连接字符串；
- API认证凭据；
- 会话加密密令；
- 监听HTTP请求的Web服务器端口。

这种配置通常包含敏感数据。我非常不建议你使用纯文本保存这些机密信息，然后和其他代码放在一起。其他开发者不应该能直接访问这些服务，例如数据库，从而也不应该能访问用户的数据。这也是一种攻击途径：获取了代码仓库之后，就能访问数据库或API密令，而最糟糕的是，访问用户的数据。

这方面有个极好的经验法则：像开发开源软件那样开发你的应用。你肯定不会把敏感的API密钥和数据库连接字符串推送到公开可访问的开源项目托管仓库，不是吗！

图3-2描述了构建得到的结果是怎么结合环境配置伺服应用的。

1. 构建流程

从上图的左边可以看出，调试和发布模式只影响构建本身，而环境的配置会直接影响应用，不管在构建得到应用后使用的是调试模式还是发布模式。

2. 环境层面的配置

应用的配置一定要针对特定的环境。别把环境变量和构建模式搞混了，构建模式只会影响构建过程本身。应用的配置是指一些小型的数据（往往都是敏感数据），例如数据库连接字符串、API密钥、加密密令和日志的详细程度等。

构建模式中一般不包含敏感数据，但环境层面的配置常常包含。例如，环境的配置中可能包含数据库实例、Twitter等API服务的访问凭据，可能还有用于通过IMAP协议发送电子邮件的用户名和密码。

不过，不是所有环境的配置都是敏感数据，如果泄露了也不一定会造成安全威胁。例如，应用的监听端口和决定日志详细程度的配置都是环境层面的配置，但这些配置根本不是敏感信息。话虽如此，但也不能区别对待安全的配置和敏感的配置。不过你可以使用安全的变量如应用的监听端口来提供配置的默认值。但是，如果配置是敏感数据，就决不能这么做。

本章只讲解开发环境，下一章再介绍过渡环境和生产环境。

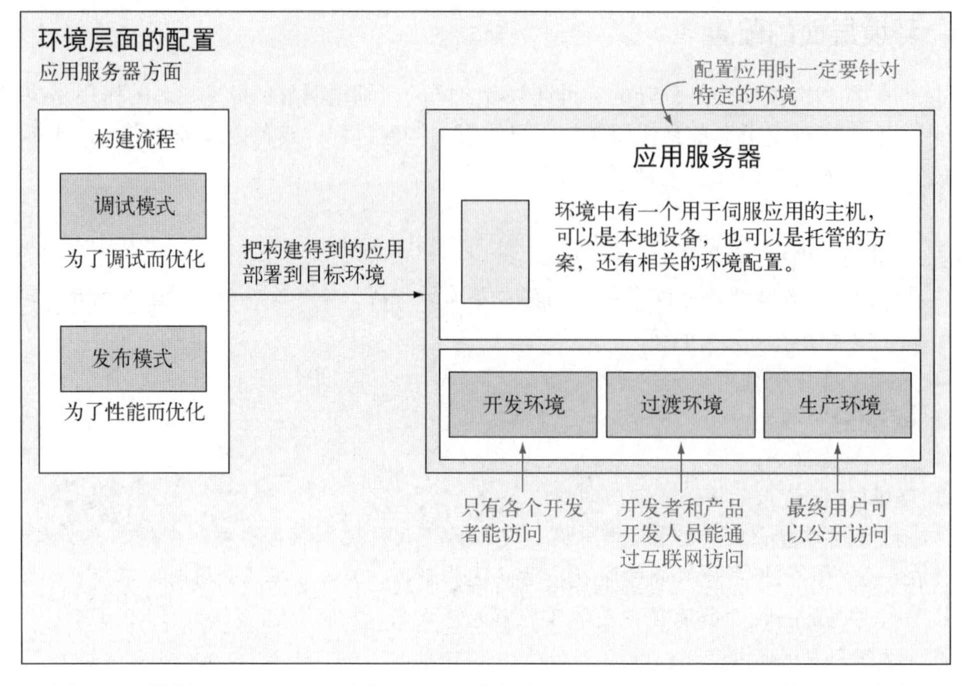

图3-2 环境层面的配置——环境、配置和发行版一起组成一个应用。环境的配置包括机密凭据和不同环境之间可能有所不同的配置。

3.1.3 开发环境有什么特别之处

和其他环境相比，本地开发环境有什么区别呢？区别说大也大，说小也小。其中最显著的两个区别是，我们在开发环境中花的时间最多，而且如果有什么不能正常运行了也没关系；出问题了我们就修正，其他人不会注意到。而我们在生产环境中花的时间就少了，这有可能是没有多少人使用我们的产品；而且，如果有什么不能正常运行了，问题可就大了。下一章会介绍在发布级别的环境中减缓问题严重性和监控问题的措施。

在开发环境中使用构建优先原则有很多好处，这是本章内容的重点。我们会介绍在开发过程中一些特别有用的工具和机制，不过现在我先卖个关子，先来讨论配置。我们会介绍如何使用合理的方式管理、读取和存储环境层面配置中的敏感数据，不向潜在的攻击者暴露机密信息。

3.2 配置环境

现在我们知道了，把敏感配置以纯文本形式提交到代码仓库中有安全风险。本节我们会介绍如何管理使用文件、数据库或内存等不同方式存储的配置。与此同时，我们还会探索保护配置数据的不同方式。请注意，我要介绍的知识不局限于只能在Node.js中使用。我选择这个平台不只是因为我要通过实例说明如何配置环境层面的变量，还因为这是一本关于JavaScript的书。话虽如此，我们要讨论的环境配置方式适用于任何服务器端平台。

环境专用的变量

应用在不同的环境中运行，使用的环境配置也不同。例如，你可能需要配置用于发送电子邮件的变量，而且在调试环境中可能需要提供一个选项，把所有电子邮件都发到同一个账户。我们使用的API，其密钥通常在各环境中也有所不同。这些设置和凭据都应该保存在环境配置中，方便在各个环境中作调整。

我不得不惭愧地承认，我参与过的有些项目违背了这种配置原则，直接把所有环境的配置放在了代码仓库中。它们对开发环境、过渡环境和生产环境一视同仁，各环境的配置放在各自的文件中，通过文件名中“development”这样的字眼区分这些文件适用于哪个环境。这样做不好，因为有以下几个问题。

- 首先，我一直强调，不能把线上环境使用的凭据直接放在代码仓库中。这种数据一定要放在环境层面的配置中。
- 其次，不应该在每个环境中重复配置，在多个不同的文件中维护相同的值，因为这样做会导致代码中有重复。如果想添加新环境，或者给应用添加新配置，这种方式不灵便。

我还参与过不厌其烦手动配置的项目：获得全新的代码基后，到处询问一些凭据，并把它们保存到一个配置文件中。部署时，我还要手动修改这些配置，改成能满足目标环境的值。前一种方式至少不用每次切换环境时都修改配置才能让应用运行起来，只要修改一个魔法值，改成“staging”这样的值就行了。

使用那种方式如何才能做到不把所有信息分享给所有人呢？你可能觉得这不是什么大问题，又不会马上开源自己的项目。如果你这么想就完全没有抓住要点。让所有人都能获取生产环境使用的潜在敏感信息不是好的做法，而且也没有理由这么做——那些配置就只属于那个环境。

开源软件

参与开源项目的经验让我学到了很多技术和措施，大大改善了我保护敏感数据的方式。我强烈建议你也尝试参与开源项目。我开始问自己一些类似“如果陌生人下载了我的代码怎么办”的问题，把代码推送到仓库时，我能更加确定哪些可以放到仓库中，而哪些不可以。

下面开始讨论如何配置环境。首先，我们会先介绍瀑布式配置法，然后再介绍保护配置的不同方式——加密和使用环境变量。

3.2.1 瀑布式存储配置的方法

瀑布式是存储配置的一种方法。使用这种方法存储的配置是基于优先级的，合并配置时用来决定各配置的重要性顺序。瀑布式很有用，它把配置放在不同的地方，但这些配置仍是整体的一部分。以下列举了一些能存储配置的地方。

- 纯文本，直接放在代码基中。这种方式只能存储不危及安全的数据。
- 保存在加密文件中。用于安全分发配置。
- 设备级，设置操作系统的环境变量。
- 进程级，把命令行参数传给应用。

记住，不管在什么层级配置，配置的都是环境。因此，应用必须在一个地方统一从所有配置源读取配置。而且，读取配置时要小心判断哪个源的优先级最高。在上述列表中，我按照从低到高的优先级列出了一些可能的配置源。例如，命令行参数中设置的端口号会覆写代码仓库里纯文本文件中存储的端口号。

很明显，上述列表并未列出所有能存储配置的地方，不过也为各种应用提供了很好的参考。我个人非常反对使用纯文本存储配置，不过使用JSON格式的纯文本文件设置一些基础配置是可以的，比如配置环境名和端口号。我们可以把这个文件命名为defaults.json：

```
{
    "NODE_ENV": "development",
    "PORT": 80
}
```

只要配置是纯文本，这种方式就完全合理。我建议再创建一个纯文本文件，可以将其命名为user.json，用来存储你可能想使用的个人配置，这样就不必修改默认值了。需要快速测试不同的配置时，也能用到user.json文件：

```
{
    "PORT": 3000
}
```

只要加密了这些纯文本文件，就能将其签入源码控制系统。我支持使用这种方式在开发者之间分享默认的环境配置，因为修改默认值后不用每次都重新分发一个JSON文件。只要分发过一次用于解密文件的密钥，修改配置后只需将其签入源码控制系统，开发者就能使用已有的密钥解密。

提醒一下，为了尽量提高安全性，应该使用不同的密钥加密不同的配置文件。这样做至关重要，尤其是当各个环境使用各自的配置文件时，因为就算泄露了某个密钥，也不会影响到其他环境。而且，只在一个地方使用也更容易更换密钥。

在环境之间安全分发配置的方式有多种，接下来我们会介绍其中几种。第一种是加密，我们会通过一个实例讲解安全加密配置文件的过程。第二种方式不把环境配置文件放在代码基中，只在目标环境中存储配置。下面先看加密方式。

3.2.2　通过加密增强环境配置的安全性

为了能在代码基中安全存储配置，我们要采取一些安全措施。首先，不能把解密后的配置提交到源码控制系统里，因为这样就完全失去了加密的意义。用于加密的密钥也是一样，应该放在安全的地方，最好放在能随时获取的地方，例如放在USB移动存储器中。在源码仓库中应该分享的是加密后的配置文件，以及简单的命令行工具，用来解密或更新加密的配置文件。图3-3说明了这个流程。

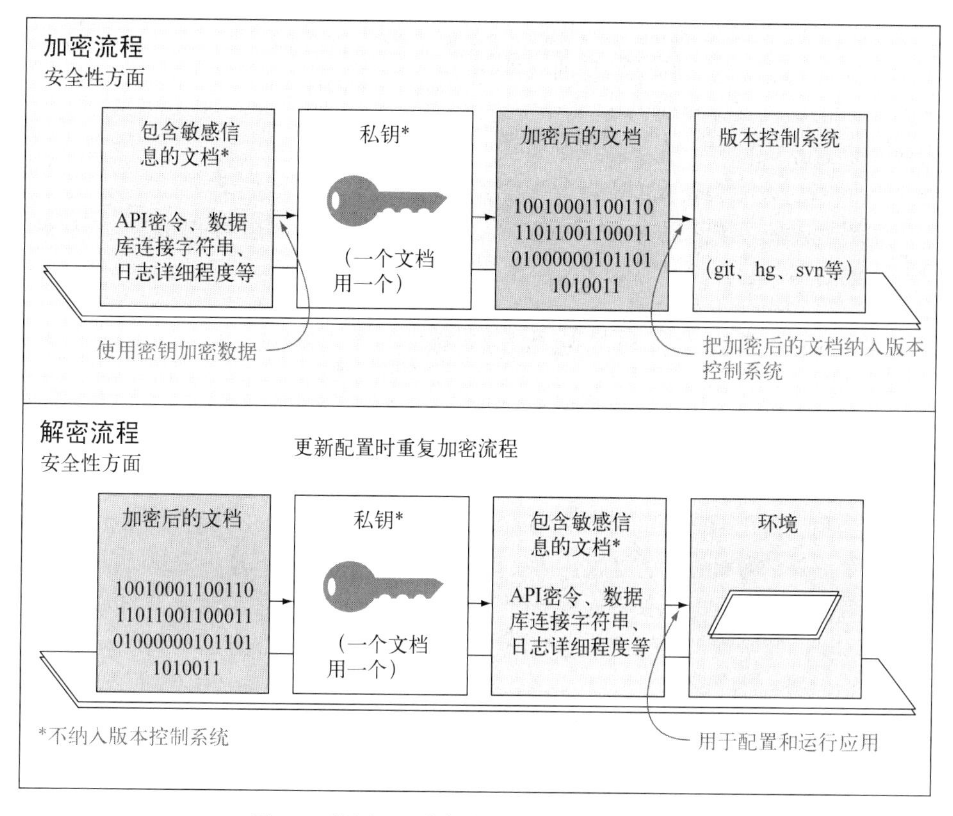

图3-3 使用RSA密钥加密和解密配置的流程

为此，我们可以创建几个文件夹。例如，在env/private文件夹中保存解密后的不安全数据，在env/secure文件夹中保存加密后的文件。因为env/private文件夹中包含敏感数据，所以不能纳入源码控制系统。我们应该使用其他方式分发密钥，例如把存储密钥的USB随身存储器提供给各相关方。然后，在源码仓库中提供加密和解密的工具（这里可以使用Grunt任务），使用相应的RSA（一种加密算法）密钥加密和解密各个文件。加密时要用到三个Grunt任务，一个用来生成私钥，其他两个使用这个私钥加密和解密配置文件。

RSA加密示例

在本书的配套源码中有一个完全可用的示例，保存在ch03/02_rsa-config-encryption文件夹里。[①]这个示例用到了我编写的grunt-pemcrypt包，这个包提供了用于安全加密和解密配置文件的任务。我们不会深入分析代码本身，因为代码写得很直观，而且有恰当的注释。

① 网上有这个代码示例，地址是http://bevacqua.io/bf/secure-config。

RSA加密的过程概括如下。

- 创建私钥。这个私钥不能分享给任何人。
- 使用这个私钥加密包含敏感信息的文件。
- 把加密后的文件保存在代码基中。
- 需要更新这个文件时，先更新原始文件，然后再加密。
- 复制代码基的人无法获取加密后的配置，除非你把私钥给他们。

下一节介绍另一种环境配置方法的优缺点。这种方式不加密环境层面的配置，也不和应用代码仓库里的其他内容一起分发环境配置（以及其他敏感信息）。

3.2.3 使用系统级方式设置环境层面的配置

说到发布环境（过渡环境、生产环境及介乎二者之间的其他环境），你或许想直接在环境中配置敏感的信息，而不放在代码基里。不把配置放在代码基中，修改配置后就无需完全重新部署。使用系统级环境变量是直接在环境中配置的好方法。

这种方法是我在使用基于云的托管方案（例如Heroku）时学会的，设置起来很方便。使用环境变量还有一个额外的好处：无需修改代码基就能改变应用的行为。这种方式和前一种一样有个缺点，首次复制代码仓库后不能获得大部分配置。不过，这不包含你可能设置的无需保护的默认值，例如开发环境的监听端口。然而，这个缺点恰好迎合了使用这种方式的目的：全新复制的仓库未经配置不能部署到生产环境。

使用加密的文件存储配置和使用系统级环境变量配置之间的区别是，在代码基中不分享任何配置（就算已经加密）会更安全。不过，使用环境变量有个缺点：你仍然需要把配置放在那儿。

下一章会介绍云端平台即服务（Platform as a Service，简称PaaS）托管商——Heroku。在Heroku中只需执行`git push`命令就能把应用部署到云端。Heroku使用环境变量配置环境，而且他们对其思想（关于Web应用的构建、架构和伸缩性）作了细致说明，发布在了12Factor.net[①]上，每个人都应该读读。

在本地开发时，仍然是使用一个JSON文件存储配置，这个文件不纳入源码控制系统，其内容和前一节提到的JSON文件的内容一样。下面是这个JSON环境配置文件的内容示例：

```
{
  "NODE_ENV": "development",
  "PORT": 8080,
  "SOME_API_SECRET": "zE1nMDDqkzDbSDX4fS5acCpllk0W9",
  "SOME_API_KEY": "IYOxBMFi34Rkzce7kY4h0GqI"
}
```

如果你想把本地使用的环境配置文件提供给新加入项目的贡献者，应该使用加密方式加密那个文件（包含开发环境的配置）；在主机环境（不在开发所用设备中的环境）中应该使用环境变量，尽量提高安全性。

① 12 Factor对如何开发稳定的应用作了极好的说明，其网址是http://bevacqua.io/bf/12factor。

在主机环境中（例如过渡环境和生产环境），要使用不同的方式。Heroku提供了一个命令行界面，简化了设置环境变量的操作。[1]在下面的示例中，我们把环境设为`staging`（过渡环境），所以代码会调整应用在这个环境中的表现，例如增加日志的详细程度，不过大部分配置还是跟生产环境一样：

```
heroku config:add NODE_ENV=staging
```

命令行中的设置应该最终确定配置的值，以便能轻松地对环境做些小改动，例如设置端口或执行模式（调试或发布）。以下示例覆盖了使用的端口和环境：

```
NODE_ENV=production PORT=3000 node app.js-
```

最后，我们来看一下如何使用合理的方式合并不同的配置源（环境变量，文本文件和命令行参数）。

3.2.4　在代码中使用瀑布式方法合并配置

现在我们要使用JavaScript代码实现上述配置方式。我们不必写太多代码，就能实现上述配置。

有个npm模块，名为`nconf`，能把不同源里的配置合并到一起，而且不用管使用的方式是什么——JSON文件、JavaScript对象、环境变量、进程参数等都行。下列代码示例（在本书配套源码的ch03/03_merging-config文件夹中）展示了如何配置`nconf`，让它使用3.2.2节中的JSON纯文本文件。注意，在这个代码清单中，配置源的顺序看起来可能不直观。`nconf`采用的排序方式是，谁在前面谁的优先级高：

```
var nconf = require('nconf');

nconf.argv();
nconf.env();
nconf.file('dev', 'development.json');

module.exports = nconf.get.bind(nconf);
```

设置好这个模块后，可以通过它从任何配置源中获取配置值，而且按照各源出现的顺序获取。

- 首先，`nconf.argv()`把命令行参数的优先级排在第一位，因为这是添加的第一个源。例如，执行`node app --PORT 80`命令运行应用时，表明要把`PORT`变量的值设为这里指定的值，而不管其他源配置的是什么值。
- `nconf.env()`这行代码告诉`nconf`再从环境变量中读取配置。例如，执行`PORT=80 node app`命令会把端口设为`80`，而执行`PORT=80 node app --PORT 3000`命令会把端口设为`3000`，因为命令行参数的优先级比环境变量高。
- 最后，`nconf.file()`这行代码加载一个JSON文件，读取最不重要的配置：这个文件中的配置会被环境变量和命令行参数覆盖。如果在命令行参数中指定了`--PORT 80`，就不管这个JSON文件中的`"PORT": 3000`了，使用的端口仍是80。本书的配套源码中有完整

[1] 关于如何在Heroku中配置Node.js环境的说明，请访问http://bevacqua.io/bf/heroku-cli来查看。

的示例，而且详细说明了在Heroku中如何使用nconf。这些示例在下一章十分有用，所以我建议你先读完本章，然后再看这个代码示例。

现在，我们已经知道如何正确配置构建过程和环境了。接下来的两节首先介绍首次设置环境的一些最佳实践，然后再介绍持续开发。

3.3 自动执行繁琐的首次设置任务

首次架设环境时，你要思考自己在做什么，还要自动执行可以自动执行的任务。原因是，如果不自动执行，新成员要做的事情会越来越多。还有一个原因是，我们完全可以这么做。

项目伊始，我们可以一点一点实现自动化，这很简单；不过，随着项目的开发，自动化会变成一项艰巨的任务，很难实现。此时，你的同事可能会反对这么做，结果是，架设工作环境可能需要长达一周的时间。以前我在一个特别大型的项目中遇到过这种情况，可是管理人员却觉得这没什么。架设本地开发环境时，我通常要做下面这些事情：

- 通读大量写得很差的维基文章；
- 手动安装依赖；
- 手动更新数据库模式；
- 每天早上获取最新代码后手动更新模式；
- 安装音频解码器，甚至还要安装专用软件，例如特定版本的Windows媒体播放器。

一周后我终于架好了算是能用的环境。三周后我换了一份工作，因为实在无法忍受这个项目费力的手动操作。这个项目真正的问题是难以改变构建应用的方式。不能直接有效地自动完成架设新环境的操作完全是在浪费时间。项目已经变得很复杂，让人根本不想去改变这种现状。这段受挫的经历是促使我提出构建优先原则的根本动因之一。本书阐述的正是这种面向构建的方式。

我们在第2章介绍了如何自动执行构建过程，还讲解了如何自动创建、填充和更新MySQL数据库实例（相应的任务在本书配套源码的ch02/10_mysql-tasks文件夹中）。[①]从示例代码可以看出，数据库填充操作设置起来很复杂，但也不无好处：这样就只需把代码仓库提供给新协作者，再配上一些安装说明，告诉他们执行一个Grunt任务即可。

我们已经充分讨论了配置方面的措施，了解了架设新开发环境时只要有解密密钥（安全地存在某处），再运行一个Grunt任务就行了。首次设置所做的工作不应该比配置环境要做的多，也就是说，应该会很容易。

目前我们已经介绍了环境、构建模式、配置和自动化，还介绍了繁琐的首次设置，下面该介绍本章开头提到的持续开发了。

3.4 在持续开发环境中工作

持续开发的意思是在代码基中能不间断地工作。我所说的间断不是指烦人的项目经理过来询

---

① 网上有这些配置数据库的任务示例，地址是http://bevacqua.io/bf/db-tasks。

问你的进度，也不是指同事遇到无法查出原因的缺陷时向你寻求帮助，而是指不断耗费工作时间的重复操作，例如每次修改应用后都要重新执行node命令。现在我们已经有了构建过程，每次修改文件后是不是还要自己手动执行任务呢？这是不可取的，我们没有时间去执行这些任务。我们要使用另一个任务来自动执行。

还有一些小操作，例如保存改动然后刷新浏览器，也要使用这个任务自动执行。使用构建优先原则开发时不能有太多的重复性操作。我们来看一下使用自动化技术能从工作流程中省去多少重复性的操作。这么做不是为了证明一切都能自动化，而是为了节省时间，把更多的时间用在值得花时间去做的事情上，即思考和编写代码。

为此，首先我们要保证有一个好的监视系统（让你所用的任务运行程序执行一个监视任务），以便每次保存有改动的文件后重新执行构建过程。

3.4.1 监视变动，争分夺秒

你可能和我一样，每隔几秒就要保存文件或切换标签页。我们不可能每次修改注释或逗号后都完全重新构建，这样非常浪费时间。不过，有很多人会这样做，因为他们没有找到更好的方法。但现在你读到了这本书，这可以让你领先别人一步了。

毋庸置疑，最有用的Grunt插件之一是grunt-contrib-watch。这个插件会监视文件系统中代码的改动，然后运行受这些改动影响的任务。只要改动的文件影响了构建任务，就要重新执行对应的任务。这是持续开发的支柱之一，因为我们无需自己做任何事，在需要时构建过程会自动运行。我们来看一个简单的示例：

```
watch: {
  rebuild: {
    tasks: ['build:debug'],
    files: ['public/**/*']
  }
}
```

这个示例在本书配套源码的ch03/04_watch-task文件夹中。这样配置后，只要public文件夹中有文件的内容发生变化或者创建了新文件，就会重新执行整个构建过程。现在，我们无需不断重复运行构建过程，它会自动运行。

不过，这种方式不是最有效的，因为就算修改的文件对某些任务没影响，也会运行所有构建任务。例如，编辑LESS文件后，会运行所有JavaScript相关的任务，例如jshint，因为这些任务也是构建的一部分。为了纠正这一行为，我们应该把watch任务分成多个目标，一个目标对应一个会受文件内容变动影响的构建任务。下列代码清单简单演示了我说的这种做法。

代码清单3.2 把watch任务分成多个目标

```
watch: {
  less: {
    tasks: ['less:debug'],
    files: ['public/css/**/*.less']
  },
```

```
  lint_client: {
    tasks: ['jshint:client'],
    files: ['public/js/**/*.js']
  },
  lint_server: {
    tasks: ['jshint:server'],
    files: ['srv/**/*.js']
  }
}
```

像这样细化监视任务看起来可能有些繁琐，但绝对值得这么做。这么做能提升持续开发流程的速度，因为此时只会构建有变化的文件，而不是每次都盲目地重新构建所有文件。本书的配套源码中有完整可用的代码，在ch03/ 05_better-watch-closely文件夹中。[①]

在构建中监视这种变动固然很好，不过，能不能在此基础上监视整个Node应用的变动呢？当然可以，而且应该这么做。下面我们来介绍nodemon。

3.4.2　监视Node应用的变动

在持续开发领域，我们要尽量做到不重复执行任何操作，遵守DRY原则，摒弃WET。我们刚刚看到了这么做的好处：无需每次改动文件后都运行构建过程。现在，我们要在Node应用中使用同样省事的方法。

nodemon命令的作用和node命令一样，不过nodemon会监视变动并重启应用，不用自己手动重新执行node命令。nodemon使用npm安装，而且要指定-g修饰符，全局安装，以便在命令行中调用：

```
npm install -g nodemon
```

安装后，我们不再执行node app.js命令，而是执行nodemon app.js命令。默认情况下，nodemon会监视所有*.js文件，不过我们可以进一步限制要监视的文件。为此，我们可以提供一个.nodemonignore文件，这个文件和.gitignore文件的作用类似，用于忽略不想让nodemon监视的文件。下面是一个示例：

```
# 第三方包
./node_modules/*

# 构建的中间产物
./bin/*

# 忽略客户端JavaScript
./src/client/*

# 忽略测试
./test/*
```

人们普遍认为，在不同的终端窗口里分别运行grunt watch和nodemon app.js，比都使用

① 网上有这个代码示例，地址是http://bevacqua.io/bf/watch-out。

Grunt运行的速度要稍微快一些，因为Grunt有额外的消耗。不过，只运行一个命令更方便，这样不用打开两个终端窗口，因此可能会抵消Grunt引发的额外消耗。一般来说，你可以在速度（分开运行）和便利性（都使用Grunt运行）之间自行权衡。我个人倾向于便利性，不想多执行一个命令。

下面我们分析如何把nodemon集成到Grunt中。

把watch任务和nodemon命令结合在一起

把nodemon集成到Grunt之前有一个问题要解决：nodemon和watch都是阻塞型任务，它们会一直无休止地运行，监视代码的变化。但Grunt是按照顺序执行任务的，一个任务运行完毕后才会运行另一个任务。因此，如果nodemon和watch中有一个没结束，另一个就不会开始运行。

为了解决这个问题，我们可以使用grunt-concurrent包，这个插件会为指定的每个任务派生一个新进程，因此并不会为你省多少事。使用grunt-nodemon包能轻易地让Grunt运行nodemon。下列代码清单是个示例：

3

代码清单3.3 让Grunt运行nodemon

```
nodemon: {
  dev: {
    script: 'app.js'
  }
},
concurrent: {
  dev: {
    tasks: ['nodemon', 'watch']
   }
}
```

本书的配套源码中也有这个示例，在第3章的06_nodemon文件夹中。本节我们介绍了如何改进执行任务的先后顺序，这让我们能正常监视变动了，但是仍然要手动保存。

下面我们简要介绍一下保存变动。

3.4.3 选择一款合适的文本编辑器

选择一款合适的编辑器对日常工作的效率来说至关重要，效率高了幸福感就会油然而生。花点时间学习一下你选择的编辑器的各种功能吧。第一次在YouTube上观看介绍文本编辑器快捷键的视频时，你可能觉得自己像书呆子一样，但这些时间花得绝对值。你一天中大部分时间都是在使用编辑代码的工具，因此你可能还要学习如何使用这些编辑器提供的各种功能。

幸好大多数编辑器都提供了自动保存功能。刚开始你可能觉得这是个奇怪的功能，但习惯之后，你会爱上这个功能，再也离不开它了。我个人喜欢使用Sublime Text，这本书就是使用这个编辑器写出来的，而且大多数情况下我都使用这个编辑器写文章。如果你使用Mac操作系统，TextMate似乎是个不错的选择。除此之外还有其他选择，例如WebStorm，这是专为Web开发打造的IDE；还有vim，推荐敢于挑战大量使用快捷键的复杂用户界面的人使用。

我提到的这几个编辑器都有自动保存功能。如果你正在使用的编辑器不能自动保存，我强烈建议你换用有这个功能的编辑器。一开始你可能觉得不舒服，但使用新编辑器之后不久你就会感激我了。

最后，我们来介绍重新加载浏览器的LiveReload技术，以及使用这个技术有什么好处。

3.4.4　手动刷新浏览器已经过时了

修改代码后，我们都不想浪费宝贵的时间刷新浏览器，而LiveReload技术恰恰就是为解决这一问题而生。LiveReload利用的是Web套接字，这是一项实时通信技术（很棒的技术），在浏览器中可用。使用Web套接字的LiveReload能判断是否需要应用小幅改动，例如对CSS的修改，还是修改HTML后重新加载整个页面。

启用这个功能的方式十分简单，我们没有借口不去启用。`grunt-contrib-watch`包内置了这个功能，因此只需在`watch`任务中添加一个目标就行，如下列代码清单所示。

代码清单3.4　启用LiveReload功能

```
watch: {
  livereload: {
    options: {
      livereload: true
    },
    files: [
      'public/**/*.{css,js}',
      'views/**/*.html'
    ]
  }
}
```

然后，我们需要安装并启用相应的浏览器插件。现在，调试应用时就无需再手动刷新浏览器了。本书的配套源码中有一个现成的示例（在ch03/07_livereload文件夹中），[①]包含了必要的设置说明，使用起来很简单。

3.5　总结

环境和开发流程的速成课到此结束了！下面简要概括本章介绍的知识。

- 调试模式和发布模式以不同的方式影响构建流程，调试模式的目的是捕获缺陷和持续开发，在下一章你会看到，发布模式是为了监控和优化速度。
- 配置应用时不能把机密信息放在源码中，而且要提供一定的灵活性，便于在运行应用的环境中配置。
- 我们介绍了持续开发，还介绍了修改代码后如何使用`watch`任务重新构建应用，以及如何使用`nodemon`重启应用，最后还说明了正确选择文本编辑工具的重要性。

下一章会进一步介绍发布应用时应该采取的性能优化措施，什么是持续集成，如何合理使用持续集成，如何监控分析应用，以及如何把应用部署到过渡环境和生产环境等主机环境中。

---

① 请使用http://bevacqua.io/bf/livereload中的代码示例亲身体验一下LiveReload功能。

第4章

发布、部署和监控

本章内容

- ❑ 理解发布流程和预部署任务
- ❑ 部署到Heroku
- ❑ 使用持续集成服务Travis
- ❑ 理解持续部署

前面我们已经介绍了构建过程和可能会执行的常见构建任务（以及如何使用Grunt来执行），还概览了环境和配置。此外，我们全面讨论了开发环境，但这只是整个过程的一部分。你的工作大部分都在开发环境中完成，然而，你要实现的是整个系统，因此要做好发布的准备，把应用部署到一个平台中，让他人访问，还要监控应用的状态。我们已经建立了构建优先意识，所以我提到的这个流程要使用自动化技术完成，避免重复和人为的错误，还要运行测试。正如我在第1章所说的，这样做都是为了节省时间。

持续集成（Continuous Integration，简称CI）平台的作用是在主机环境中确保测试都能通过，把更稳定的版本部署到生产环境。在本章后面你会看到，每次把代码推送到版本控制系统（Version Control System，简称VCS），CI都会测试代码。自动构建（和持续部署）十分重要，有利于保证日常开发多产高效。只要拥有一套能轻易执行的工作流程，部署应用就能变得很容易。相比之下，手动执行一系列操作则显得有些不便，可能要花费半个小时。

读完本章后，你将掌握一套安全的持续部署方案。这和持续部署的理念是一致的，二者的目的都是为了减少重复劳动和人为错误。本书采用的发布流程包含以下几个步骤。

- ❑ 第一步是运行发布模式的构建过程。
- ❑ 构建完成后，要运行测试，确保最新的改动没有破坏这个版本。在开发过程中要经常使用lint程序解决小的句法问题。
- ❑ 如果测试通过了，可能要做些预部署操作，例如更新版本号和更改日志。
- ❑ 之后要研究部署方案，例如云托管和CI平台。

图4-1描述了这个推荐的发布和部署流程。查看这幅图时，在心中要记住一点：部署到线上生成环境之前，建议先部署到过渡环境，确保在主机环境中一切都能按预期的运行。

要学的知识很多，我们先讨论发布和部署流程。4.2节会详细说明预部署操作；4.3节会全面说明部署的方方面面，还会教你如何把应用部署到Heroku；4.4节会介绍持续集成，以及CI用来代你执行繁复操作的一些工具。

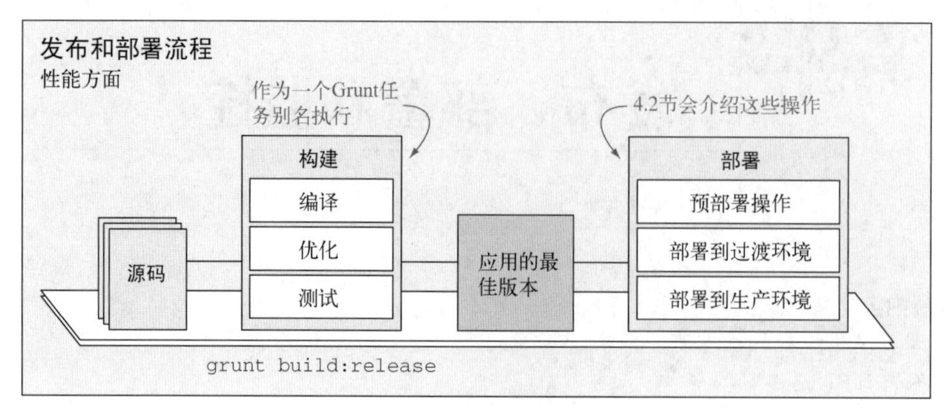

图4-1　推荐的发布和部署流程

4.1　发布应用

准备发布应用时，要使用一些Web最佳实践。第2章介绍了两个技术：一个是简化，目的是为得到更好的性能而压缩资源文件；一个是拼接，即把多个文件合并在一起，减少HTTP请求数。在发布版本中，你肯定要用到这两个技术。这两个技术能提升Web应用的用户体验，因为开发者可读的源码会打包成一个个压缩文件，提高下载速度。第2章还介绍了子图集映射和子图集技术，目的是把多张图像整合到一个大文件中。这两个技术也能在调试模式中使用，原因只有一个：让调试和发布两个模式联系得更紧密，差异更少。如果不使用这两个技术的话，在调试模式中要在CSS中引用单个图标，而在发布模式中要引用子图集映射和各个图标的位置，这样构建流程就没有意义了，而且有自我重复，违背了DRY原则。

除了简化、拼接和子图集之外，发布流程中还能使用什么其他的技术呢？本节会介绍优化图像和缓存资源文件技术，然后再介绍部署流程中使用的技术——语义化版本，以及如何轻松地让变更日志保持在最新状态。

4.1.1　优化图像

拼接并简化JavaScript和CSS文件并不能一劳永逸，通常图像才是影响网页下载时间的主要因素，因此图像比其他静态资源更值得优化。第2章在说明如何使用多张图像生成一个子图集表单时已经做了大量优化。生成子图集表单的过程和拼接文本文件类似，目的是把多个文件合并成一个文件。另一个优化措施简化的目的是把脚本和样式表文件中的变量名缩短，从而减小文件的大小。除此之外，简化程序还会做一些其他细微的优化。对图像来说，压缩文件的方式有很多，压缩率在9%~80%之间，一般都大于50%。幸运的是，某些Grunt包（我们要熟悉这些包）能代我们执行这种繁复的操作。

这些包中有一个是`grunt-contrib-imagemin`，正符合我们的需求，它能压缩不同格式的图像，例如PNG、GIF和JPG。在详细介绍这个包之前，我先简要介绍图像优化的两个概念：无损压缩和隔行扫描。

1. 无损图像压缩

*无损图像压缩*与JavaScript简化很像，作用是把图像的原始二进制数据中不重要的数据删除。无损压缩的重点是不调整图像的外观，只修改二进制表示。无损压缩后得到的图像和原图一样，只是存储空间变小了。幸运的是，已经有充满智慧的人研究出了执行高级图像压缩的工具，我们只需指定图像的路径，这些工具就能使用各自的算法压缩图像。而且，`grunt-contrib-imagemin`会使用正确的参数配置这些低层程序，无需我们手动执行。注意，无损压缩移除的字节数没有有损压缩多。不过，如果不能接受图像品质的下降，使用无损压缩就够了。如果能接受图像品质的下降，则应该使用有损图像压缩技术。

2. 有损图像压缩

有损图像压缩技术重新编码图像时会使用不精确的近似方式（也就是丢掉部分数据）渲染图像，因此移除的字节数比无损压缩多很多（最大压缩率能达到90%）。无损压缩移除的数据通常只是元数据，例如地理位置和相机类型等。`grunt-contrib-imagemin`包默认使用有损压缩，并且会结合无损压缩，移除不必要的元数据。如果只想使用无损压缩，应该考虑直接使用`imagemin`包。

3. 隔行扫描的图像

我们要学习的另一种图像优化措施是*隔行扫描*（interlacing）[1]。隔行扫描的图像比普通图像大，但通常情况下，这些增加的字节是值得的，因为这样能提升感知效果。虽然下载隔行扫描的图像所用的时间稍微长一些，但是这种图像比普通图像渲染得快。渐进式图像的工作方式正如其名所示，先使用最少的像素渲染图像，看起来大致和完整的图像一样，然后再渐进增强（传给浏览器更多的数据），最终显示出完整品质的图像。

传统上，图像从上到下加载，品质较为完整。这种加载方式的下载速度虽快，但感觉却很慢，而且要等加载完才能看到整张图像。在渐进渲染模式中，人类感知到的加载速度更快，因为不用等这么长时间就能看到（模糊的）整张图像。

4. 设置`grunt-contrib-imagemin`

与前面的任务一样，设置`grunt-contrib-imagemin`也不难。记住，我们重点学习的是任务的作用，以及在什么时候如何执行任务。下列代码清单配置，会在发布模式中优化*.jpg图像。

代码清单4.1 在发布模式中优化图像

```
imagemin: {
  release: {
    files: [{
      expand: true,
      src: 'build/img/**/*.jpg'
    }],
```

① 隔行扫描提升感知效果的详细说明参见http://bevacqua.io/bf/interlacing。这个页面中还有一个动态GIF图，生动展示了隔行扫描图像的工作方式。

```
      options: {
        progressive: true // 渐进式jpg图像
      }
    }
  }
```

我们在代码清单4.1中不用包含压缩图像的配置，因为会默认进行压缩。本章对应的源码中有一个完整可用的示例，在ch04/01_image-optimization文件夹中，包含调试模式和发布模式的完整构建流程。现在，我们已经稍微改善了Web，人们有更好的地方可以漫无目的地四处闲逛了。接下来，我们把注意力转到缓存静态资源上。

4.1.2　缓存静态资源

如果你不熟悉缓存这个术语，可以把它理解成复印图书馆中历史书的过程。如果不想每次都去图书馆，可以复印一些章节带回家，想什么时候看就什么时候看，而不用再动身去图书馆。

Web中的缓存比复印从图书馆借来的书要复杂，但本质是一样的。

1. `Expires`首部

有个最佳实践你一定要遵守：为静态资源设定`Expires`首部。根据HTTP协议的规定，这个首部的作用是告诉浏览器，如果至少访问过一次所请求的资源（从而缓存了这个资源），而且缓存的版本没有过期，就不要再次请求这个资源。`Expires`首部设定的过期日期决定缓存的版本什么时候失效，需要再次下载资源。举个`Expires`首部的示例：`Expires: Tue, 25 Dec 2012 16:00:00 GMT`。

这种做法既棒也糟。“棒”是对用户而言的，因为用户访问过你的网页后，就不需要再次下载浏览器中已经有缓存的资源了，这样就减少了请求次数，也节省了时间。“糟”是对身为开发者的我们而言的，因为缓存察觉不到新部署后资源的变化，所以浏览器也就不会重新下载。

为了解决这种麻烦，让`Expires`首部发挥作用，你可以在每次新部署修改了静态资源后重命名资源文件，并在其名字后面加上哈希值，强制让浏览器重新下载文件，因为修改文件名后得到的文件已经和浏览器中缓存的文件不同了。

哈希　哈希值是计算得到的值，长度固定，以一种编码方式表示数据（也译作“散列值”）。上述情况使用的哈希值可以从资源的内容或最后修改日期计算得来。比如，a38cbf9e就是个哈希值。虽然这个值看起来很随意，但计算哈希值的过程不涉及任何随机性。如果在文件名后加上哈希值的话就没必要使用`Expires`首部了，因为每次都会请求名称不一样的文件。

计算得到哈希值后，可以把哈希值作为文件的请求字符串参数，例如`/all.js?_=a38cbf9e`。你也可以把它添加到文件名中，例如`/a38cbf9e.all.js`。除此之外，还可以把哈希值赋值给`ETag`首部。具体使用哪种方式取决于你的需求：如果处理的是静态资源，例如JavaScript文件，或许最好把哈希值添加到文件名中（或者作为请求字符串），再设定`Expires`首部；如果处理的是动态内容，最好把`ETag`首部的值设为哈希值。

2. 使用Last-Modified或ETag首部

ETag首部是标识资源特定版本的唯一方式。Last-Modified首部的作用与之类似，用于标识资源的最后修改日期。如果使用这两个首部中的任何一个，就应该在Cache-Control首部中使用max-age修饰符，而不能在Expires首部中使用。ETag首部和Cache-Control首部结合在一起形成的是柔和缓存策略，让客户端决定使用缓存的副本还是重新请求。以下示例展示了如何把ETag首部和Cache-Control首部结合在一起使用：

```
ETag: a38cbf9e
Cache-Control: public, max-age=3600
```

为了方便起见，Last-Modified首部可用作ETag首部的替代品。在下面的示例中，我们没有设定唯一标识资源的ETag首部，而是设定修改日期，获得同样的唯一性：

```
Last-Modified: Tue, 25 Dec 2012 16:00:00 GMT
Cache-Control: public, max-age=3600
```

下面我们看一下如何使用Grunt创建文件名中使用的哈希值，以及如何安全地把Expires首部设为遥远的未来日期。

3. 使用Grunt让缓存失效

在构建过程中，基本不能设定HTTP首部，因为前面介绍的首部都在响应中，不能静态地确定。不过，我们可以使用grunt-rev把哈希值添加到资源的文件名中。这个包会计算每个静态资源的哈希值，然后重命名资源文件，把哈希值添加到原来的文件名中。例如，public/js/all.js会被修改成public/js/1be2cd73.all.js，其中1be2cd73是根据all.js文件的内容计算得到的哈希值。这个过程会导致一个问题，即视图引用的资源不对了，因为重命名后名字前面多了一个哈希值。我们可以使用grunt-usemin包解决这个问题。grunt-usemin会查找HTML和CSS文件中引用的静态资源，将其换成修改后的文件名。我们要做的就这么多。相应的Grunt配置如下列代码清单所示（在本书配套源码的ch04/02_asset-hashing文件夹中）。

代码清单4.2 更新文件名

```
rev: {
  release: {
    files: {
      src: ['build/**/*.{css,js,png}']
    }
  }
},

usemin: {
  html: ['build/**/*.html'],
  css: ['build/**/*.css']
}
```

注意，这两个任务在debug流程中都用不到，因为这些优化在开发过程中没有任何好处，因此最好把目标命名为release，以便明确地区分。不过，像上面这样编写usemin任务，在Grunt任务中有特殊的意义。css和html目标分别配置想把哪些CSS和HTML文件的名称修改为带哈希码的文件名，而且usemin会忽略release等目标。

我们要介绍的下一个技术涉及在style标签中内嵌CSS，以避免请求CSS文件时阻塞渲染，从而让页面加载得更快。

4.1.3 内嵌对首屏至关重要的CSS

浏览器只要遇到需要下载的CSS资源就会阻塞渲染。不过，过去这些年我们都把CSS放在页面的顶部（在<head>元素中），因此，用户不会看到*无样式内容闪烁*（Flash of Unstyled Content，简称FOUC）。内嵌样式是为了提升页面的加载速度，同时也不破坏用户体验，不让用户看到FOUC。这种技术只有在服务器端和客户端同时渲染视图（第7章会介绍）时才有效。

为了实现这种特性，我们需要做下面几件事。

- 首先要找出哪些是“首屏”使用的CSS，即初次加载时正确渲染页面中可见元素所需的样式。
- 找出首屏实际使用的样式后（浏览器需要这些样式才能正确渲染页面，而且不会让用户看到FOUC），要把这些样式嵌入<style>标签，放在页面的<head>元素中。
- 所需的样式嵌入<style>标签后，我们就可以使用JavaScript把对CSS样式表的请求延迟到onload事件触发之后，以免阻塞渲染。
- 当然，我们不能让关闭JavaScript功能的用户陷入困境，毕竟我们是Web世界的好公民，所以还要提供一个备用方案——在<noscript>标签中请求会阻塞渲染的样式表。

你可能发现了，这个过程很复杂，而且容易出错，就像第1章的案例一样，骑士资本公司因为人为错误而损失了五亿美元。对我们来说，如果什么地方出错了，后果可能不会那么严重，但仍然十分有必要自动执行这个过程，因为每次修改样式或标记后要做的事太多!

下面看一下如何使用grunt-critical包让Grunt自动执行这个过程。

让Grunt做这些繁复的操作

使用grunt-critical包完成这个操作非常简单，而且这个包还提供了大量配置选项。下列代码是针对简单使用场景的配置，从页面中提取至关重要的CSS，构建完成后再把这些样式嵌入<style>标签。critical任务所做的工作会更进一步，推迟请求样式，避免阻塞渲染，还会添加<noscript>标签，为禁用JavaScript功能的用户提供备用方案。

```
critical: {
  example: {
    options: {
      base: './',
      css: [
        'page.css'
      ]
    },
    src: 'views/page.html',
    dest: 'build/page.html'
  }
}
```

你对上述代码中的选项可能已经很熟悉了，这些都是指定文件路径的选项。base选项指明确定资源的绝对路径时使用的根目录，例如/page.css。设定好让Grunt代你执行内嵌样式的操作后，记得要部署更新后的HTML文件，不能再使用构建之前的版本了。

在转换话题介绍自动部署之前，我们要先说明每次部署前测试发布版本的重要性，以避免一些潜在危机。

4.1.4 部署前要测试

在部署之前，甚至是在我们即将探讨的预部署操作之前，需要测试发布版本。如果你要进行部署，那么测试发布版本是很重要的，因为我们要确保应用的表现和预期的一样，或者至少和我们编写的测试的预期表现一样。

本书第二部分会深入介绍应用的测试，详细探讨两种测试类型：单元测试和集成测试。（但测试类型有很多，不止这两种。）

- 单元测试：把应用中的各组件隔离开单独测试，确保组件各自能正常运行。
- 集成测试（也叫端到端测试）：测试已经进行过单元测试的多个组件之间的交互，确保多个组件之间能恰当地交互。

我们现在不会介绍测试实践和示例，这是第8章要讲的内容。记住，部署前要测试应用，减少把有缺陷的版本部署到主机环境的风险，尤其是生产环境。下面再介绍几个任务，这些任务在测试发布版本之后和部署之前执行。

4.2 预部署操作

准备好用于发布的版本，并且测试过之后，接下来就可以部署了。但在部署前，我建议你执行几个重要的预部署任务。

图4-2是部署流程的概览，也包含部署准备就绪之前的一些操作。这幅图还展示了如何逐步把更新部署到不同的环境，尽量确保能很好地预测应用的表现。

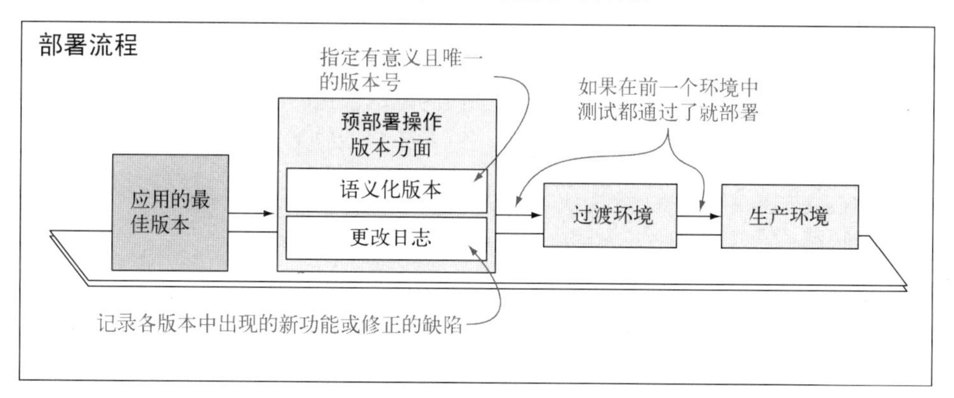

图4-2 发布前为应用设定版本号和逐步部署转出。在过渡环境中由QA团队测试能确保部署到生产环境之前应用是稳定的

预部署操作

语义化版本：为应用指定有意义的版本号。语义化版本的格式类似于MAJOR.MINOR.PATCH-BUILD。这个标准在管理依赖时能避免歧义。如果你想管控主机环境（例如生产环境）中当前部署的是什么代码，就要为应用指定版本号。这样做可以在出问题时回滚到旧版。版本号很容易设定，而且如果部署的应用没有版本号，你可能会付出极大的代价，因此根本不用考虑，必须要为应用设定版本号。

更改日志：更改日志列出的是项目开发历史过程中的各项改动，按改动出现的版本组织（这也是设定版本的重要原因之一），而且进一步划分为三个部分：缺陷修正、重大更改和新功能。按照约定，git代码仓库中的更改日志经常放在项目的根目录中，并且命名为CHANGELOG.txt，或者使用其他你想用的扩展名（例如md，这表示Markdown，[①]是一种能把文本转换成HTML的工具）。

稍后我们会详细说明如何让更改日志始终保持在最新状态，不过在此之前我们先来探讨语义化版本的细节。

4.2.1　语义化版本

如果你使用的是Node，那么可能已经熟悉了语义化版本这个术语。npm中的所有包都使用语义化版本，[②]因为这个规范的功能很强，能解析不同Node模块的依赖。我们开发的每个Node应用中都有一个package.json文件，这个文件中有一个语义化版本号，因此在部署前我们就使用这个版本号标记发布版本。

我所说的设定版本是指，更新包的版本号，并在VCS中创建一个标签（指在版本历史中可以引用的一个时刻）。为发布版本编号时可以使用任何方案，重点是不能覆盖之前的版本，也就是两个发布版本不能使用相同的版本号。为了保证版本号的唯一性，我习惯使用Grunt在每次构建（不管使用哪个构建模式）后自动提升构建版本号，而且部署后我还会提升补丁版本号。主版本号要手动更新，因为这可能意味着引入了重大变化。次版本号也一样，因为次版本号变更通常说明引入了新功能。

在Grunt中可以使用grunt-bump包提升版本号。这个包易于配置，会为你创建标签，甚至还会把更改后的版本号写入package.json文件。以下代码是这个包的配置示例。

```
bump: {
  options: {
    commit: true,
    createTag: true,
    push: true
  }
}
```

① Markdown是HTML的纯文本表示形式，易于阅读、编写和转换成HTML。2004年Markdown发布时，最早对其进行介绍的文章地址是http://bevacqua.io/bf/markdown。

② 关于语义化版本的更多信息请访问http://bevacqua.io/bf/semver。

事实上，这是grunt-bump包提供的默认配置。默认配置很合理，我们根本不用修改。这个任务会提升在package.json文件中找到的版本号，使用相关消息把这个文件提交到版本控制系统中，然后在git仓库中创建一个标签，最后再把这些改动推送到origin对应的远程仓库。如果把上述三个选项都关闭，这个任务只会更新包的版本号。ch04/03_version-bump文件夹中的示例演示的就是这种行为。

版本号排好后，我们还要修改更改日志，列出自前一版发布后所发生的变化。下面详细说明这个操作。

4.2.2 使用更改日志

感兴趣的产品（尤其是游戏这种特别习惯提供更改日志的产品）发布新版时，你或许习惯阅读更改日志，不过你自己维护过更改日志吗？这没你想的那么难。

更改日志可以作为内部文档使用，用来记录开发过程中的改动，即使项目不提供给消费者，它也可以作为项目的有效补充。

如果有某种透明政策，或者不想让用户摸不着头脑，那么就一定要维护更改日志。不一定每次构建发布版本时都要更新更改日志，因为有可能你是为了调试才构建发布版本的。在测试前不能更新更改日志，因为如果测试失败了，那么更改日志就和前一次可用于发布的版本不一致了。因此，构建了所有测试都能通过的版本后才能更新更改日志，只有此时开始的更新才能反映出自上次部署以来发生的变化。

统一管理变动往往很难，因为你可能忘了自上次发布以来改动了什么，而且你可能不想查看git的历史版本，找出哪些改动值得放入更改日志。类似地，每次作了修改之后都手动更新也很繁琐，而且如果你正沉浸在代码编写之中，可能会忘记做这件事。更新更改日志更好的方式可能是使用grunt-conventional-changelog包，让它帮你维护。有了这个包，你只需在提交消息的开头使用约定好的单词就行：fix表示缺陷修正，feat表示引入了新功能，BREAKING表示破坏了向后兼容性。而且，在这个包自动解析和更新更改日志之后，你还可以手动编辑。

这个包安装好后就能使用，无需再配置。以下提交消息示例：

```
git commit -m "fix: buffer overflows, closes #17"
git commit -m "feat: reticulate splines for geodesic cape, closes #23"
git commit -m "feat: added product detail view"
git commit -m "BREAKING: removed POST /api/v1/users/:id/kill endpoint"
```

4.2.3 提升版本号时提交更改日志

bump-only和bump-commit两个任务可以不提交任何改动就提升版本号，然后再更新更改日志（稍后就会看到）。最后，我们要执行bump-commit任务，一次签入package.json和CHANGELOG.txt两个文件，然后统一提交。一旦你配置好了bump任务，并让它提交更改日志了，就可以使用下述别名，一次性更新构建版本号和更改日志。本书的配套源码中有一个使用grunt-conventional-changelog包的示例，在ch04/04_conventional-changelog文件夹中。

```
grunt.registerTask('notes', ['bump-only', 'changelog', 'bump-commit']);
```

现在，我们构建好了发布版本，测试都通过，而且也更新了更改日志，接下来就可以把应用部署到主机环境了。过去，部署应用十分普遍的做法是，手动把构建好的包上传到生产服务器。但如今，这种做法已经过时了，部署工具和托管应用的平台都获得了很大改进。

下面我们就来详细介绍如何使用Heroku。Heroku是一个PaaS提供商，它让我们在命令行中就能轻易部署应用。

4.3　部署到 Heroku

设定一个部署流程可以像做寿司一样难，也可以像点外卖一样简单，这完全取决于你想对部署有多少控制权。一方面，我们可以使用亚马逊的基础设施即服务（Infrastructure as a Service，简称IaaS）平台这样的服务，对主机环境拥有完全的控制权。你可以选择自己喜欢的操作系统，选择希望使用的处理能力，随意配置，在平台中安装软件，然后完全包办系统运维方面繁重的操作，例如防范应用受到攻击、设置代理、选择能保证在线时间的部署策略，以及从头开始配置几乎所有东西等。

而另一些服务则不需要我们做任何事，这些方案经常由诸如GoDaddy等域名注册商提供。使用这种服务时，我们一般只需选择一个主题，提供一些包含静态内容的页面即可，其他工作都已经为我们准备好了。

写这本书时，我本想借此机会说明如何把应用部署到亚马逊的平台中，但我认为这样太偏离本书主题了。不过，本节末尾我会提到一种让你自己探索如何部署到亚马逊的平台中的方式。

我选择使用Heroku（不过也有类似的替代服务，例如DigitalOcean），这个平台用起来没有在亚马逊的Web服务（Amazon Web Services，简称AWS）中设置实例那么难，但也没有使用网站生成工具那么简单。Heroku简化了相关操作，直接在命令行中就能配置并把应用部署到他们平台中的主机环境。Heroku是一个PaaS提供商，能托管任何语言编写的应用，就算缺乏服务器管理知识也能部署。本节会一步步说明如何把一个简单的应用部署到Heroku。

写作本书时，Heroku提供了一个免费托管应用的套餐。我们就使用这个套餐。本书附带的源码中也有部署说明。①

(1) 访问https://id.heroku.com/signup/devcenter，输入你的电子邮件地址。

(2) 接下来需要安装Heroku Toolbelt，这是一系列命令行程序，用于管理托管在Heroku中的应用。这个工具的网址是https://toolbelt.heroku.com。然后按照说明（也在这个页面中），执行`heroku login`命令。

(3) 然后创建Procfile文件，描述运行应用的操作系统进程。

Heroku中Procfile文件的作用见下文注释。注意，这个过程还有几步没完成，我们稍后会继续讲解。

① 网上有部署到Heroku的示例，地址是http://bevacqua.io/bf/heroku。

Procfile文件 Procfile是个文本文件，放在应用的根目录中，作用是列出应用使用的进程类型。进程类型是一个命令声明，在启动对应类型的进程实例（在Heroku使用的行话中，实例叫“dyno”）时执行。在Procfile文件中可以声明不同的进程类型，例如多种类型的进程、单个进程（例如时钟进程），或使用Twitter流API的服务。

长话短说，对大多数设计良好的Node应用而言，Procfile文件的内容类似下列代码：

```
web: node app.js
```

对Node应用来说，我们只需要做这么多，这就是使用Heroku部署应用的特色。app.js文件的内容可以很简短，像以下JavaScript代码片段这样（在ch04/05_heroku-deployments文件夹中）：

```
var http = require('http');
var app = http.createServer(handler);

app.listen(process.env.PORT || 3000);

function handler (req, res) {
  res.writeHead(200, { 'Content-Type': 'text/plain' });
  res.end('It\'s alive!');
}
```

注意，我们使用的是`process.env.PORT || 3000`，因为在Heroku中可以通过环境变量`PORT`设置监听的端口。

我们在本地开发环境中使用的是端口`3000`。接下来还有几步要做：

处在项目的根目录时，在终端里执行下述命令，初始化一个git仓库：

```
git init
git add .
git commit -m "init"
```

然后执行`heroku create`命令，在Heroku中创建一个应用。这个命令只需执行一次。

此时，你的终端看起来应该和图4-3类似。

图4-3 使用Heroku提供的CLI创建一个应用

每次部署时，只需把代码推送到`heroku`远程仓库，执行的命令是：`git push heroku master`。执行这个命令后会触发一次部署，终端里显示的内容和图4-4类似。

如果想在浏览器中查看应用，可以执行以下命令：

```
heroku open
```

关于Heroku和其他PaaS提供商，需注意一件事：我们只能部署构建得到的结果，别无他法。

仓库中不能包含构建的中间产物，因为这样可能会导致不良后果，例如作了某些修改之后忘记重新构建。我们也不能太省事，直接在他们的平台上构建。应该在本地或集成平台中完成构建，不能在应用服务器中构建，因为这样做会影响应用的性能。

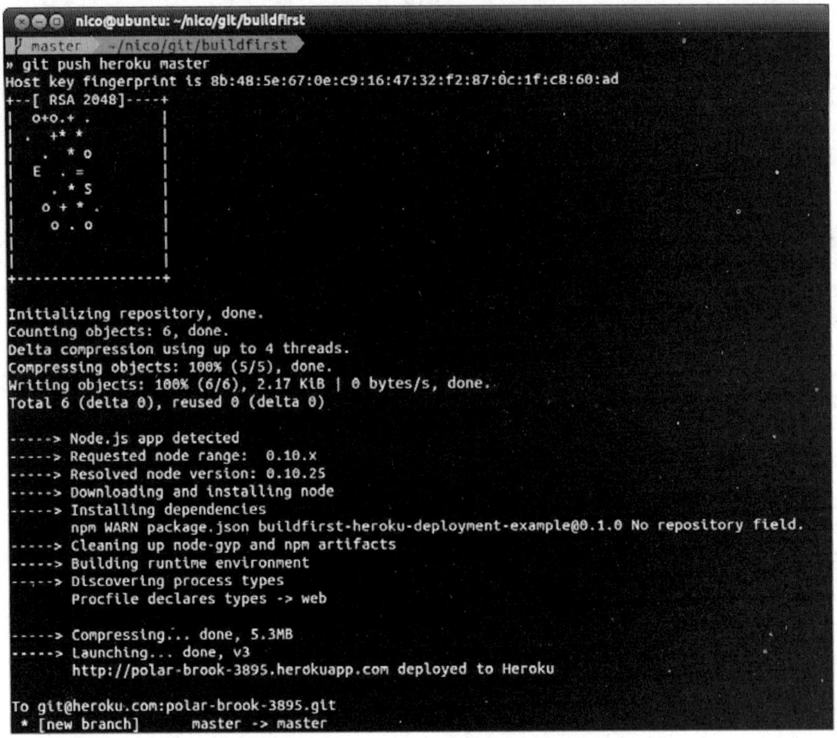

```
nico@ubuntu: ~/nico/git/buildfirst
 master  ~/nico/git/buildfirst
» git push heroku master
Host key fingerprint is 8b:48:5e:67:0e:c9:16:47:32:f2:87:0c:1f:c8:60:ad
+--[ RSA 2048]----+
|  o+o.+ .        |
| .  +* *         |
|   .  * o        |
|  E  . =         |
|    . * S        |
|   o + * .       |
|    o . o        |
|                 |
|                 |
+-----------------+

Initializing repository, done.
Counting objects: 6, done.
Delta compression using up to 4 threads.
Compressing objects: 100% (5/5), done.
Writing objects: 100% (6/6), 2.17 KiB | 0 bytes/s, done.
Total 6 (delta 0), reused 0 (delta 0)

-----> Node.js app detected
-----> Requested node range:  0.10.x
-----> Resolved node version: 0.10.25
-----> Downloading and installing node
-----> Installing dependencies
       npm WARN package.json buildfirst-heroku-deployment-example@0.1.0 No repository field.
-----> Cleaning up node-gyp and npm artifacts
-----> Building runtime environment
-----> Discovering process types
       Procfile declares types -> web

-----> Compressing... done, 5.3MB
-----> Launching... done, v3
       http://polar-brook-3895.herokuapp.com deployed to Heroku

To git@heroku.com:polar-brook-3895.git
 * [new branch]      master -> master
```

图4-4　部署到Heroku——只需执行git push命令

4.3.1　在Heroku的服务器中构建

我们不应该把构建结果放到版本控制系统中，因为这是源文件的输出。我们应该在部署前构建，把构建结果和其他代码一起部署。大多数PaaS提供商并没有提供太多其他方式。像Heroku这样的平台会从我们推送的git仓库中获取要部署的内容，但我们不想把构建的中间产物放在版本控制系统中，这就出现问题了。解决方法是，把Heroku当成持续集成平台（4.4节会详细介绍），让Heroku在它的服务器上构建我们的应用。

Heroku通常不会为Node项目安装devDependencies中声明的依赖，因为Heroku执行的命令是npm install --production，所以我们要使用定制的构建包（buildpack）解决这个问题。构建包是你使用的语言和Heroku平台之间的接口，由一系列shell脚本组成。使用定制的启用了Grunt的构建包创建应用很简单，执行下列命令即可，其中thing是Heroku为你的应用分配的名称。

```
heroku create thing --buildpack https://github.com/mbuchetics/heroku-
    buildpack-nodejs-grunt.git
```

使用这个定制的构建包创建应用后，可以像往常一样推送代码，推送后会触发Heroku在它的服务器中进行构建。最后还有一件事要做，即设置一个heroku任务：

```
grunt.registerTask('heroku', ['jshint']);
```

如果构建失败，Heroku会终止部署，而且构建失败不会影响到之前部署的应用。本书的配套源码中有详细的说明，在ch04/06_heroku-grunt文件夹中，其中有对整个过程的演示。

下面我们来看一下如何在一个Heroku应用中搭建多个环境。

4.3.2 管理多个环境

如果想在Heroku中搭建多个环境，[①]例如过渡环境和生产环境，可以使用不同的git远程仓库名。在CLI中创建heroku之外的远程仓库名，方法如下：

```
heroku create --remote staging
```


现在我们不能执行git push heroku master命令了，而要执行git push staging master命令。类似地，设置环境变量时不能执行heroku config:set FOO=bar命令，而要明确告诉heroku使用特定的远程仓库，如heroku config:set FOO=bar --remote staging。记住，环境的配置是针对特定环境的，就应该这样设置，因此一般来说，不同的环境不能共用第三方服务的API密钥、数据库凭据或任何认证数据。

现在我们直接在命令行中就可以配置和部署到特定的环境了。下面该学习持续集成了，这是一种提升代码整体质量的措施。如果你想知道如何把应用部署到AWS平台，可以查看本书配套源码中的简略指南（在ch04/07_aws-deployments文件夹中）。[②]

4.4 持续集成

Martin Fowler是最著名的持续集成（Continuous Integration，简称CI）支持者之一。Fowler用来描述CI的原话如下所示。[③]

持续集成 是一种软件开发实践。在这个实践中，团队成员频繁地进行集成，通常每个成员每天都会做集成工作，从而每天整个项目会有多次集成。每次集成后都会通过自动化构建（包括测试）来尽快发现集成过程中的错误。许多团队都发现这种方法大大地减少了集成问题，而且能快速开发出衔接性很好的软件。

---

① Heroku对如何管理多个环境提供了一些建议，请访问http://bevacqua.io/bf/heroku-environments查看。

② 这个示例演示了部署到AWS的过程，地址是http://bevacqua.io/bf/aws。

③ Fowler写的这篇介绍持续集成的文章，全文地址是http://bevacqua.io/bf/integration。

此外，他还建议我们在尽可能接近生产环境的环境中运行测试组件。这个建议暗指，最好在云端测试应用，跟托管应用一样。CI平台，例如Travis-CI，提供了诸如构建错误通知等的多个功能，还允许我们访问完整的构建日志，这些日志记录了构建过程（包含测试）中的一切细节。

既然提到了Travis-CI，下面就来看看如何通过远程方式把构建添加到这个平台的队列中。我们每次把代码提交到仓库后都让它构建一次。Travis-CI的构建服务器一次会处理队列中的一个构建，运行我们的构建过程，并告诉我们构建结果。

4.4.1　使用Travis托管的CI

持续集成意味着在远程服务器（尽量和生产环境一致）中运行测试，希望捕获可能会在生产环境中出现的问题。Travis-CI是一个CI平台（Circle-CI也是），正确配置后，它会通过远程方式反馈构建的结果。如果构建成功，不会有任何提醒。如果构建失败，你会收到一封通知邮件，告诉你构建出错了。如果之后推送的代码解决了这个问题，你又会收到一封通知邮件，告诉你构建问题修复了。除此之外，在Travis的网站中能查看完整的构建日志，这些日志在排查为什么构建失败时特别有用。图4-5是Travis发送的一封通知邮件。

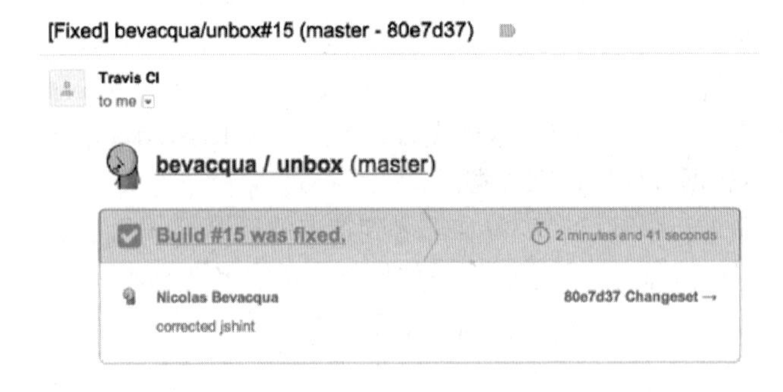

图4-5　Travis发送的通知邮件，告诉你构建问题修复了

如今，CI的设置非常简单。首先，在项目的根目录中创建一个.travis.yml文件。你需要在这个文件中声明使用的是什么语言，在这里是node_js，测试构建时使用的运行时版本，以及在运行集成测试之前、过程中和之后执行的一些脚本。下列代码展示了这个文件可能包含的内容：

```
language: node_js

node_js:
  - "0.10"

before_install:
  - npm install -g grunt-cli  script:   - grunt ci --verbose --stack
```

配置Travis和Grunt

在运行测试之前，要使用npm安装Grunt的命令行界面grunt-cli。在运行集成测试的服务器中需要这个CLI，原因和在开发环境中需要它一样，因为有了它才能执行Grunt任务。我们可以在before_install部分来安装这个CLI。

接下来我们只需设置一个ci任务就行了。这个任务可以运行jshint，减少句法错误。实际上我们在本地已经这样做了，前面我们制定的持续开发流程会在每次修改代码后运行jshint。除了使用jshint检查代码之外，我们还应该让ci任务运行单元测试和集成测试。

CI真正的价值是，它在远程服务器中构建整个应用，并在代码基中运行测试（还会使用lint程序检查代码），确保没有依赖未签入版本控制系统的文件，也没有依赖可能在本地安装了但远程服务器中不能使用的依赖。

你可能想亲自尝试一下这个示例，我也建议你试一下，因为这对热衷于部署的人来说是很好的练习。你可以参照本书配套源码中的详细说明来做，[①]这个示例在ch04/08_ci-by-example文件夹中。完成之后，你可能还想学习持续部署。这个实践可能适合放到你的工作流程中，也可能不适合，但不管怎样，都应该充分了解它。

4.4.2 持续部署

Travis平台支持持续部署到Heroku。[②]持续部署其实就是每次把代码推送到版本控制系统后，触发CI服务器构建（上一节集成Travis CI服务时已经做了这一步），如果构建成功，CI服务器会代表你把应用部署到指定的发布环境。

根据我的经验，持续部署是把双刃剑。如果一切顺利，持续部署能为我们带来福音，减少繁琐的部署操作。此时，通过构建和集成测试足以证明应用可以部署到生产环境。不过，你要确信编写了足够的测试，能够捕获一切错误。更好的方式或许是持续部署到过渡环境，而不直接部署到生产环境。在过渡环境中确认没有问题之后，再部署到生产环境。这个工作流程如图4-6所示。

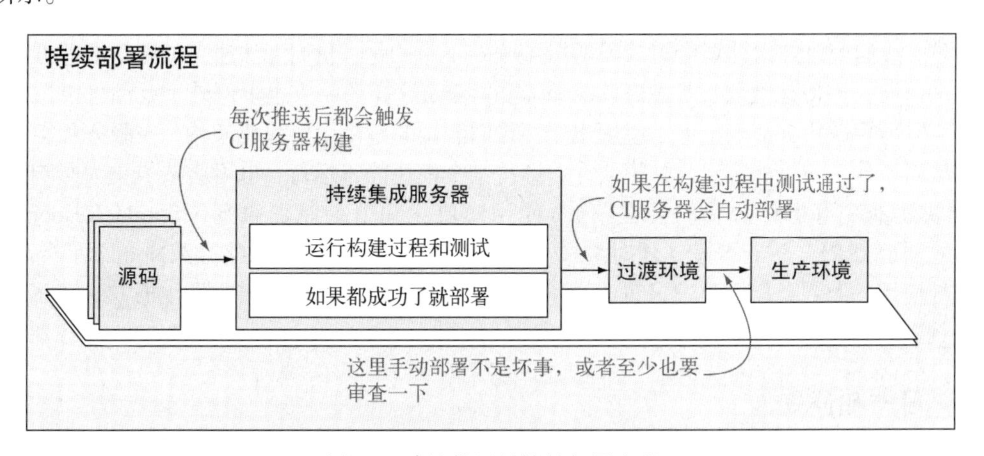

图4-6 建议使用的持续部署流程

① 网上有完整注释的代码示例，地址是http://bevacqua.io/bf/travis。

② Travis文档中介绍持续部署到Heroku的文章地址是http://docs.travis-ci.com/user/deployment/heroku/。

如果想持续部署到Heroku，还要做一些工作。我们需要一个Heroku提供的API密钥，而且要加密这个密钥，然后再把加密数据写入.travis.yml文件。我已经说出了我对直接部署到生产环境的担忧，到底做不做由你自己决定。如果你选择做的话，请访问http://bevacqua.io/bf/travis-heroku查看说明。

这一章大部分篇幅都在说部署，让我们对部署有了深入了解。下面我们转换话题，介绍一下在生产环境中监控应用的整体状态，尤其是单次请求的状态。我们还会探讨记录日志、调试和追查问题的方式。

4.5　监控和诊断

在生产环境监控应用就像拥有忠实的客户一样重要。如果你不重视应用的正常运行时间，客户就不会重视你。也就是说，我们承担不起不监控生产服务器的后果。监控是指保存访问日志（谁访问了什么、访问的时间、从哪里来）和错误日志（什么出错了），以及设置警报系统——这或许是最重要的，以便在出现预期中的问题时及时收到通知。"预期中"并不是我的笔误，我们应该预期会出问题，并时刻准备好去处理问题。你的企业可能无法像Netflix建议的那样，命令一个猴子军团四处闲逛，[①]随机关闭实例和服务，确保服务器能持续可靠地容错，例如硬件故障，而不影响使用服务的最终用户。不过Netflix的建议（如下所示）仍然可以应用于几乎所有的软件开发工作中。

摘自Netflix的博客　如果我们不一直测试从故障中恢复的能力，在紧要关头，例如遭遇突发故障时，可能会乱了阵脚。

不过，我们应该如何计划应对故障的措施呢？不幸的是，我们无法避免故障。谁都可能会遭遇宕机的情况，即使是微软、谷歌、Facebook和Twitter这样的巨头也不例外。我们可以做好充足的计划，但不管做什么都阻止不了应用出错。我们能做的是使用模块化架构，在服务和实例宕机时做好应对工作。如果能实现这种模块化，即使某个模块停止运行，也不会造成重大影响，因为其他模块还能完好运作。我们会在第5章使用模块化和单一职责原则（Single Responsibility Principle，简称SRP）进行开发，届时会详细说明模块化设计，还会简略介绍Node.js平台。

监控应用的第一条规则是记录日志，还要设置通知系统，以在出错时发出通知。下面来看遵从这条规则的一种合理方式。

4.5.1　日志和通知

我相信在前端开发中你经常会使用`console.log`审查变量，而且甚至把这当成一种调试机制，用它找出代码执行的路径，协助你确定缺陷所在。在服务器端，我们可以使用标准输出流和

① Chaos Monkey（混世魔猴）是Netflix推出的一个制造混乱的服务，详情请访问http://bevacqua.io/bf/netflix。

标准输入流，这两个标准流会把结果输出到终端窗口里。这两个通道（stdout和stderr，稍后详细说明）在开发中很有用，不过在主机环境中，如果无法捕获传给它们的数据，就几乎没什么用。

Heroku提供了一种机制，能捕获你使用的进程中的标准输出，让我们访问标准输出。而且，Heroku还提供了扩展这一行为的插件。Heroku的插件提供了很多我们迫切需要的配套服务，例如数据库、电子邮件收发系统、缓存和监控功能等。大多数日志相关的插件都能设置过滤和通知功能。不过，我不建议使用Heroku的日志功能，因为它只能在这个平台上使用，十分不利于迁移到其他PaaS提供商。自己处理日志并不难，稍后我们会看到这样做的优点。

使用winston处理日志

我不太喜欢使用Heroku提供的日志工具，因为这个工具把代码基和他们的基础设施绑到一起了。如果我们对记录日志的需求仅仅是写入标准输出，那么更通用更可靠的方式应该是使用一种支持多种通道的记录器，而不是写入stdout。通道决定着如何处理你要记录的信息，可以写入文件、数据库记录、发送电子邮件或发送推送通知到手机。在支持多种通道的记录器中，一次可以使用多个通道，不过用来记录的API都一样，增删通道不会影响编写记录代码的方式。

Node有多个常用的日志库，我选择的是winston，因为这个库有记录器所需的各种功能：日志级别、上下文、多种通道、简单的API和社区支持。而且，这个库易于扩展，别人已经编写了你可能需要的几乎每种通道。

默认情况下，winston使用的通道是Console，这和直接使用stdout一样。不过，我们可以设置让它使用其他通道，例如记录到数据库中，或者记录到某个日志管理服务中。日志管理服务非常灵活，我们无需修改自己的应用，只需在服务提供的平台中设置，就能在出现重大事件时收到通知。

winston这种处理日志的方式和所在平台无关，我们的代码不用依赖主机平台提供的功能去捕获标准输出。使用winston之前，我们要安装同名包：

```
npm install --save winston
```

使用--save还是--save-dev

这里我们要使用--save标记，而不是--save-dev，因为winston和我们至今使用的各个Grunt包不同，它不是只在构建过程中使用的包。执行npm命令时指定--save标记，会把相应的包添加到package.json文件的dependencies属性中。

安装好winston后，直接把之前使用console的地方换成logger就行了：

```
var logger = require('winston');

logger.info('east coast clear as day');
logger.error('west coast not looking so hot.');
```

你可能习惯了把console当成全局变量使用。根据我的经验，在这种情况下使用全局变量没什么问题，而且这是我允许自己使用全局变量的两种情况之一（另一种情况是使用nconf，我在

第3章已经提到了)。我喜欢在一个文件中统一声明所有全局变量(就算只有两个全局变量),这样当我调用不在模块中或不是Node原生的变量时,我可以迅速浏览这个文件,弄清是怎么回事。这个文件可以命名为globals.js,示例内容如下:

```
var nconf = require('nconf');

global.conf = nconf.get.bind(nconf);
global.logger = require('./logger.js');
```

我还建议在一个单独的文件中定义记录器使用的通道。除了默认的Console通道,我们还可以使用File通道。下列代码是前面的代码片段中引用的logger.js文件的内容:

```
var logger = require('winston');
var api = module.exports = {};
var levels = ['debug', 'info', 'warn', 'error'];

levels.forEach(function(level){
    api[level] = logger[level].bind(logger);
});

logger.add(logger.transports.File, { filename: 'persistent.log' });
```

现在,调用logger.debug时,既会把调试消息输出到终端,也会写入一个文件。虽然这两个通道较为便利,但其他通道提供了更好的灵活性和可靠性,本书的配套源码中介绍了以下几个通道:winston-mail,发生状况时发送电子邮件(日志级别授权发送邮件时);winston-pushover,直接把通知发送到手机;winston-mongodb,这是传统的通道之一,会向数据库中写入记录。

看过这些示例代码清单后,你会更加清楚按照我建议的方式如何配置、记录日志和声明全局变量。如果你极其反对使用全局变量,也不要惊慌,其中有一个示例没使用全局变量。我使用全局变量的原因只有一个:不用在每个模块中使用require导入同一个模块,这样更方便。

学习了如何处理日志后,我们还得谈谈如何调试Node应用。

4.5.2　调试Node应用

追查缺陷时你可能会尽力尝试各种方法,不过根据我的经验,最好的调试方式是增强日志,这是我们前一节介绍日志的原因之一。虽然这么说,调试Node应用还有更多的方式。我们可以在Chrome DevTools中使用node-inspector,[①]可以使用IDE(例如WebStorm)提供的各种功能,可以使用我们已经熟知的console.log,也可以直接使用V8(运行Node的JavaScript引擎)自带的调试器。[②]

追查的缺陷类型不同,使用的工具也有所不同。例如,如果追查的是内存泄露,可能会使用memwatch这样的包,在可能发生内存泄露时触发一些事件。我们更常遇到的情况是确认舍入误差或查明调用API有什么问题,此时可以添加一些日志记录(临时使用console.log,或使用更稳定的logger.debug),或者使用node-inspector包。

---

① node-inspector的开源仓库在GitHub中,地址是http://bevacqua.io/bf/node-inspector。

② 请阅读Node.js API文档中对调试的说明,地址是http://bevacqua.io/bf/node-debugger。

使用Node检查器

`node-inspector`包挂在V8自带的调试器上，不过，我们可以使用Chrome中功能全面的调试工具代替Node提供的基于终端的调试器。使用这个包之前，要先进行全局安装：

```
npm install -g node-inspector
```

若想在Node进程中启用调试功能，启动进程时要把`--debug`标记传给`node`命令，如下所示：

```
node --debug app.js
```

除此之外，还可以在运行中的进程中启用调试功能。为此，我们要找出进程ID（即PID）。可以使用`pgrep`命令找出PID，如下所示：

```
pgrep node
```

上述命令的输出是运行中的Node进程的PID。例如，它可能是下面这个值：

```
89297
```

向这个进程发送`USR1`信号就能启用调试功能，方法是使用`kill -s`命令（注意，我使用的PID是前一个命令得到的结果）：

```
kill -s USR1 89297
```

如果一切正常，Node会通过标准输出通知你调试器正在监听哪个端口：

```
Hit SIGUSR1 - starting debugger agent.
debugger listening on port 5858
```

现在，我们要执行`node-inspector`命令，然后打开Chrome，再输入检查器提供的地址：

```
node-inspector
```

如果一切顺利，会看到类似图4-7所示的界面。现在，Chrome浏览器中有一个成熟的调试器可用了，用法（几乎）完全和客户端JavaScript应用的调试器一样。在这个调试器中可以监视表达式、设置断点、单步执行代码和查看调用堆栈，除此之外还有很多有用的功能。

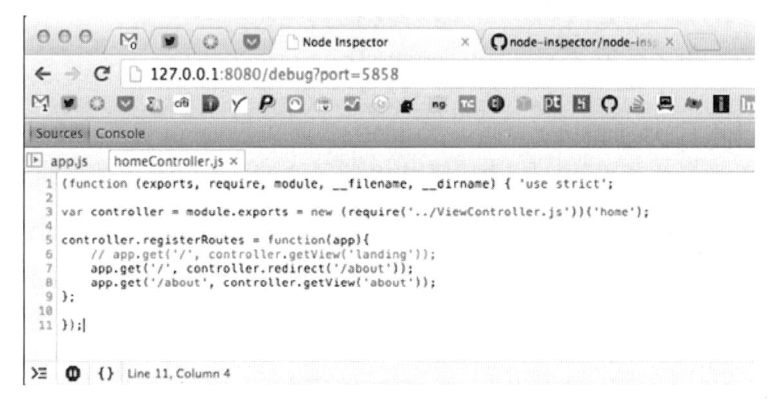

图4-7 使用Node检查器在Chrome中调试Node.js代码

比调试高级的是性能分析，其作用是找出代码中潜在的问题，例如内存泄露，这会导致消耗的内存急剧增多，使服务器宕机。

4.5.3 分析性能

分析性能的方式有多种，具体使用哪种取决于我们要作具体分析（查出内存泄露的原因！）还是一般性分析（如何发现内存消耗的峰值？）。我们可以使用一个第三方服务，减轻自己作分析的负担。

Nodetime这个服务只需几秒就能设置好，它能分析服务器负载、可用内存、CPU使用率等。我们可以访问http://bevacqua.io/bf/nodetime-register，使用电子邮件地址注册一个账号。注册后，Nodetime会提供一个API密钥。我们要使用这个密钥设置nodetime包，使用下面几行JavaScript代码配置：

```
require('nodetime').profile({
  accountKey: 'your_account_key',
  appName: 'your_application_name'
});
```

就这么简单。现在我们能看到性能指标了，还能对CPU的负载情况截图，类似于图4-8所示。

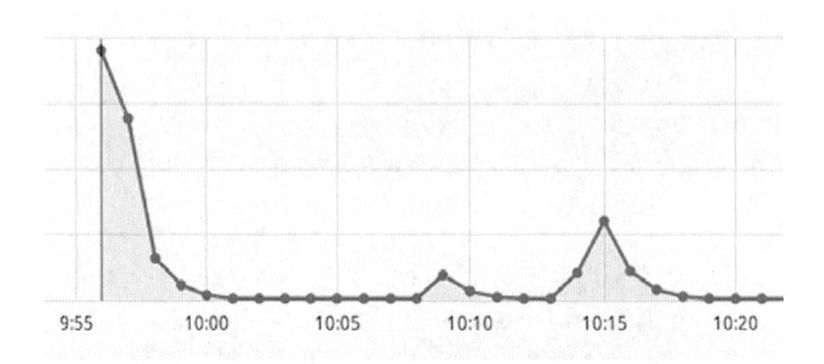

图4-8　Nodetime记录的服务器负载随时间的变化

最后，我们来分析一个在Node应用中可用的进程缩放技术——cluster。

4.5.4 运行时间和进程管理

在发布环境尤其是生产环境中，我们不能让进程出问题，异常退出。我们可以使用Node原生API中的cluster模块减少进程出问题的风险。这个模块可以让应用运行在多个进程中，共同分担负载，而且必要时还会创建新进程。cluster模块利用多核处理器的优势和Node的单线程模式，让我们可以轻易派生大量进程，运行同一个应用。这样可以让应用的容错能力更好，因为我们能派生新进程了。例如，只需几行代码我们就能配置cluster模块，让它在一个工作进程（worker）停止运行后派生一个新的工作进程，有效取代旧进程：

```
var cluster = require('cluster');

// 工作进程停止运行后触发执行
cluster.on('exit', function () {
  console.log('workers are expendable, bring me another vassal!');
  cluster.fork(); // 派生一个新的工作进程
});
```

但这并不意味着无需关心进程内发生的事，因为派生新进程的代价很高——不仅会影响服务器的负载（一定时间内的请求数），还会影响进程的启动时间（从派生到能处理HTTP请求之间等待的时间）。cluster模块为我们提供的是一种易于理解的响应处理方式，即使有工作进程停止运行了，也会有其他进程接着处理。

第3章我们介绍过nodemon，它在忙碌的开发过程中发现有文件变动后会重新加载应用。现在我们要使用pm2了，这个工具和nodemon的作用类似，只不过它适合在发布环境中使用。

搭建集群

cluster模块很难配置，而且现在还是实验性API，所以未来可能会变。但不可否认，cluster模块能带来的好处也是十分吸引人的。使用pm2模块，无需编写任何代码就能在应用中使用完全配置好的cluster功能，非常方便。pm2是实用的命令行工具，安装时需要指定-g标记：

```
npm install -g pm2
```

安装之后，我们就可以通过它运行应用了，pm2会负责设置cluster模块。以下命令可以直接代替node app：

```
pm2 start app.js -i 2
```

主要的区别在于，你的应用会使用cluster模块创建两个工作进程（因为指定了-i 2）。这两个工作进程会处理发给应用的请求，如果其中一个崩溃了，就会派生一个新进程出来，继续处理请求。pm2还有个额外的好处，就是能热重载代码，即无需宕机就能把运行中的应用换成新部署的代码。本书的配套源码中有相应的示例，在ch04/11_cluster-by-pm2文件夹中。还有一个示例直接使用cluster模块，在ch04/10_a-node-cluster文件夹中。

在一台电脑中搭建集群能立即收效，而且价格低廉，不过你还应该考虑在多台服务器上搭建集群，减少因服务器宕机导致网站下线的几率。

4.6 总结

本章所讲的知识总结起来有以下几点。

- 熟悉了发布流程中的优化措施，例如压缩图像和缓存静态资源。
- 了解了在部署前测试发布版本、提升包的版本号和更新更改日志的重要性。
- 介绍了部署到Heroku的步骤，还提到了grunt-ec2包，这是众多可选部署方法中的一个。
- 学会持续集成是件好事，因为我们知道了验证构建过程和所发布代码基质量的重要性。
- 可以持续部署，但知道这么做导致的影响后，就会小心行事了。
- 简单介绍了日志、调试、管理和监控发布环境，这些是在生产环境中排除应用故障的基础。

对监控和调试的介绍都是为进一步分析架构设计、代码质量、可维护性和可测试性打基础的，这些是本书第二部分要重点讲解的内容。第5章会介绍模块化和依赖管理，实现JavaScript代码模块化的不同方式，以及ES6（期待已久的ECMAScript标准更新）中的部分特性。第6章会揭示合理组织Node应用的基础——异步代码的不同方式，还会说明如何安全使用异步代码处理异常。第7章会帮你有效地建模、编写和重构代码，还会分析一些简单的代码示例。第8章专门介绍测试原则和自动化相关的技术和示例。第9章教你如何设计REST API接口，还会说明如何在客户端使用这些接口。

读完第二部分后，你会对如何使用JavaScript代码设计有条理的应用架构有更深刻的理解。结合第一部分所学的关于构建过程和工作流程方面的知识，我们就能使用构建优先原则设计JavaScript应用了，从而达成本书的最终目标。

Part 2 第二部分

管理复杂度

本书第二部分比第一部分更强调互动性，有更多实用的代码示例。我们会探讨降低应用设计复杂度的不同方式，例如模块化、异步编程模式、测试组件、保持代码简洁的方式和API设计原则。

第5章详细探讨JavaScript的模块化。我们先从基础知识开始，学习封装、闭包和JavaScript语言一些怪异的行为；然后介绍编写模块化代码的不同方式，例如CommonJS、AMD和ES6模块；还会介绍不同的包管理器，并就它们提供的功能作比较。

第6章教你如何编写异步代码，会分析大量遵循不同的风格和约定的实用的代码示例。我们会系统学习Promise对象、控制流库async、ES6生成器和基于事件的编程方式。

第7章的目的是开阔你对JavaScript的眼界，教你使用MVC架构。我们会重新审视jQuery，学习如何编写更好的模块化代码。然后，我们会使用MVC框架Backbone.js，进一步优化你的前端构建。Backbone.js甚至还可以在服务器端渲染视图，我们也会在Node.js平台上这样做。

第8章教你如何使用Grunt任务自动运行测试、编写测试以及检查应用在浏览器中的表现；如何使用Chrome和无界面的浏览器PhantomJS运行这些测试。你不仅会学习单元测试，还会学习外观测试和性能测试。

第9章专门介绍REST API的设计原则。我们会学习设计API服务时应该遵循的最佳实践，奠定好基础，还会学习如何设计分层架构，让API更完美。最后，我们会学习如何按照REST式设计原则定下的约定轻松地使用API。

第5章

理解模块化和依赖管理

本章内容

- 封装代码中的信息
- 理解JavaScript中的模块化
- 实现依赖注入
- 使用包管理器
- 尝试ECMAScript 6的新特性

至此，构建优先原则的速成课结束了，从现在开始你会发现Grunt任务的数量变少了，但肯定还要继续改善构建过程。与之前不同的是，你会看到更多的示例，用来讨论开发应用时如何权衡编写JavaScript代码的不同方式。本章集中探讨模块化设计，说明如何把关注点分离到不同的模块中，降低应用代码的复杂度。这样得到的模块，代码量少，相互之间有联系，能把一件事做好，而且易于测试。第6、7和8章分别介绍异步代码流的复杂度管理、客户端JavaScript模式和实践，以及不同种类的测试。

第二部分的内容可归结为：分离关注点和提升应用设计的质量。为了增强分离关注点的能力，我会教你关于模块化、共享渲染和JavaScript异步开发的所有知识。除此之外，我们还要测试JavaScript代码——这是第8章的主要内容。虽然这是一本针对JavaScript的书，但也一定要理解REST API的设计原则，增强应用堆栈不同部分之间的交流——这正是第9章的主要内容。

图5-1展示了本书第二部分各方面的内容之间的联系。

应用一般都会依赖外部库（例如jQuery、Underscore或AngularJS），这些库应该使用包管理器处理和更新，而不是手动下载。类似地，应用本身也可以分解成多个相互交互的小部分，这是本章要讲的另一个主要内容。

你会学习封装代码的技能，把代码视作自成一体的组件；学习如何设计优秀的接口，如何准确安排接口；还会学习如何隐藏数据，只开放用户需要的那部分。我会用一定的篇幅说明难以理解的概念，例如决定变量从属的作用域，以及一定要理解的`this`关键字和用来隐藏信息的闭包。

之后我们会介绍如何解析依赖，避免手动维护一组有序的`script`标签。随后介绍管理包的方式，也就是如何安装和升级第三方库和框架。最后，我们会介绍即将发布的ECMAScript 6规范，这个规范中有一些用于构建模块化应用的实用的新技巧。

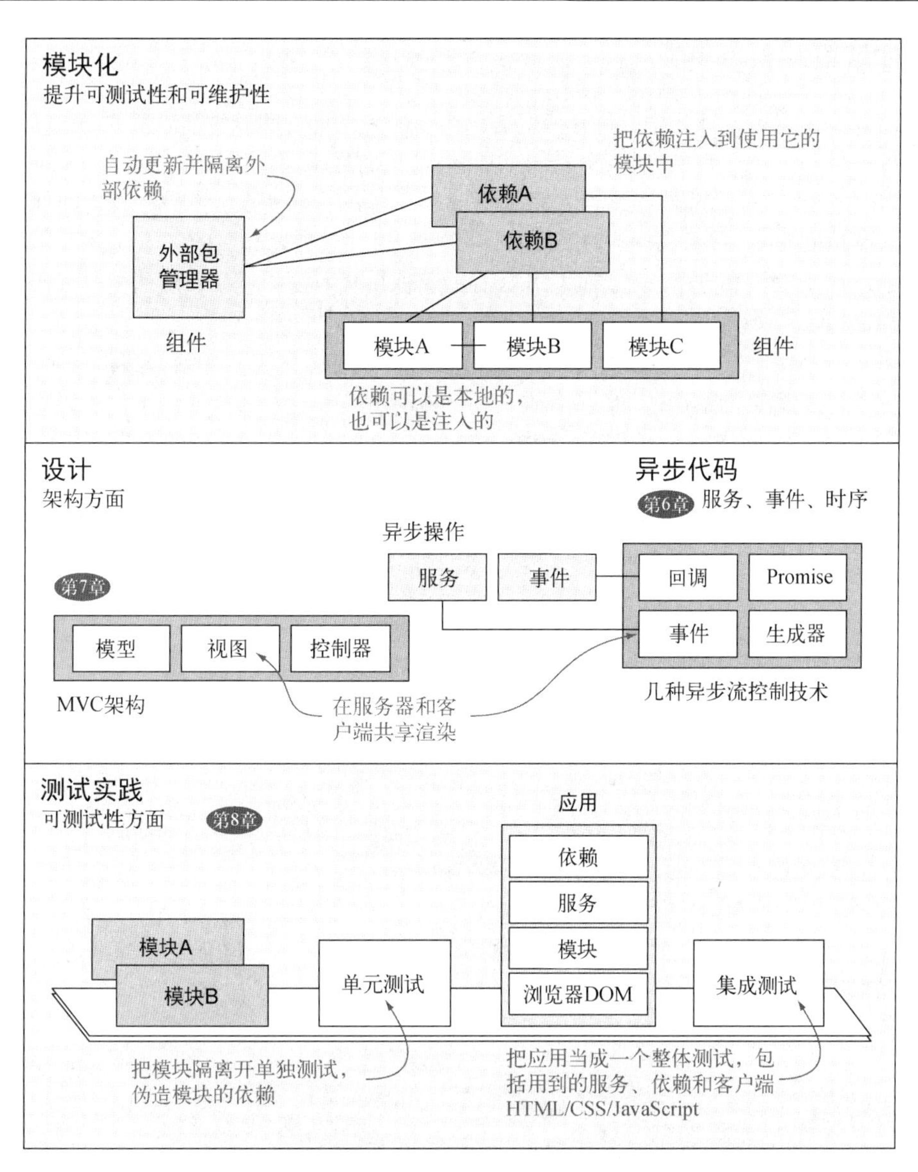

图5-1 模块化、好的架构和测试是设计可维护的应用的基础

5.1 封装代码

封装是为了让功能自成一体，隐藏实现细节，不让使用代码的人看到。任何代码，不管是一个函数还是整个模块，都应该明确定义自己的职责，隐藏实现细节，提供简明的API以满足使用者的需求。功能自成一体的代码要比有多个职责的代码易于理解和修改。

5.1.1　理解单一职责原则

众所周知，在Node.js社区中，包有特定的作用。这一点是受Unix哲学启发的，为的是让程序简洁且自成一体。Node.js包的结构都一样，可用性高，而且不会提供过多的功能，因此npm包管理器才会如此强大。为了做到这一点，多数情况下，包的作者都会遵循单一职责原则（Single Responsibility Principle，简称SRP）：只让包做一件事，并把它做好。SRP不仅适用于作为一个整体的包，也适用于模块和方法这些层面。SRP有助于保持代码简单明了，从而提高代码的可读性和可维护性。

我们来看一个使用案例。假如我们要开发一个组件，把输入的字符串转换成带连字符的形式。在Web应用（例如博客平台）中生成具有语义的链接时就需要这样做。这个组件可以用来把博客文章的标题，例如“Some Piece Of Text”，转换成“some-piece-of-text”。这个过程叫*创建别名*（slug）。

假设我们首先编写出下列代码（在本书配套源码的ch05/01_single-responsibility-principle文件夹中）。这段代码的处理过程分两步：首先把所有不是字母数字的字符转换成单个连字符，然后移除位于头部和尾部的连字符。这和我们的需求是一致的，不多也不少。

代码清单5.1　把文本转换成别名

```
function getSlug (text) {
    var separator = /[^a-z0-9]+/ig;
    var drop = /^-|-$/g;
    return text
        .replace(separator, '-')
        .replace(drop, '')
        .toLowerCase();
}
var slug = getSlug('Some Piece Of Text');
// <- 'some-piece-of-text'
```

第一个表达式`/[^a-z0-9]+/ig`是用来找出一个或多个不是字母数字的字符序列，例如空白、连字符和感叹号。这些字符会被替换成连字符。第二个表达式在字符串的首尾查找连字符。使用这两个表达式可以构建出在URL中能安全使用的博客文章标题。

理解正则表达式

不知道正则表达式也能理解这个示例，但我还是建议你学习一些基础知识。正则表达式用于在字符串中查找模式，也可以把匹配这些模式的地方替换成其他值。几乎所有主流语言都支持这种表达式。

`/[^a-z0-9]+/ig`这种表达式看起来可能会让人困惑，但写起来并不难。如果你对正则表达式感兴趣，可以阅读我的博客中的一篇文章。[①]

在前面的示例中，`separator`变量的值是一个简单的正则表达式，用来匹配不是字母也不是

① 我的博客中这篇文章的地址是http://bevacqua.io/bf/regex。

数字的字符序列。例如，在'Cats, Dogs and Zebras!'字符串中，这个正则表达式会匹配第一个逗号和空格，'and'两侧的空格和末尾的'!'。第二个正则表达式匹配字符串两端的连字符，让得到的别名开头和结尾都是单词。之所以这样做，是因为前一步把所有不是字母数字的字符都转换成连字符了。这两步足以在组件中实现合适的创建别名功能了。

假设我们需要实现一个功能，即在别名中添加发布日期对应的时间戳。我们很容易想到的做法是，在这个创建别名的函数中添加一个可选的参数。这样做是可以的，但又不太合理，因为这样API用起来更容易让人困惑，而且难以重构（在不影响其他组件的前提下修改这个函数的代码，第8章讨论测试时会详细说明），甚至文档也难写。更合理的做法是遵循SRP原则开发组件，使用组合模式。组合模式的目的就一个：依次调用多个函数，而不把功能混在一个函数中。所以，我们应该先创建别名，然后再把时间戳添加到别名中，如下列代码片段所示：

```
function stamp (date) {
    return date.valueOf();
}
var article = {
  title: 'Some Piece Of Text',
  date: new Date()
};
var slug = getSlug(article.title);
var time = stamp(article.date);
var url = '/' + time + '/' + slug;
// <- '/1385757733922/some-piece-of-text'
```

假设现在你的搜索引擎优化（Search Engine Optimization，简称SEO）专家顾问过来了，说不能把无关的单词放在URL别名中，以便在搜索结果中有更好的表现。你可能想直接在getSlug函数中实现，但这样做是不对的，原因有如下两点：

- 创建别名的功能本身会难以测试，因为有些逻辑完全和创建别名无关；
- 随着时间的推移，去除无关单词的代码会变得更复杂，而且仍在getSlug函数中。

如果你做事谨慎，就会专门编写一个函数实现这位专家的要求，如下列代码片段所示：

```
function filter (text) {
    return text.replace(keywords, '');
}
var keywords = /\bsome|the|by|for|of\b/ig; // 匹配无用词
var filtered = filter(article.title);
var slug = getSlug(filtered);
var time = stamp(article.date);
var url = '/' + time + '/' + slug;
// <- '/1385757733922/piece-text'
```

这样看起来就相当简洁了！明确每个函数的职责，扩展功能就变得简单了。这个示例还透露了重用的可能性。应用中可能有多处需要使用这位SEO专家建议的过滤功能，这样做就可以从创建别名的模块中轻易把这个函数提取出来，因为它不依赖其他函数。同样，这三个函数也都易于测试。现在，我们可以得出一个结论，保持代码简明扼要，而且实现的功能完全和函数名一致，是可维护、可测试代码的基本要素。第8章会进一步介绍单元测试。

使用模块化方式分拆功能很重要，但还不够。通常，组件中有一些方法，但不会公开其中的变量，为此我们要在公开的接口中隐藏这些信息。下面我们要讨论隐藏信息的重要性。

5.1.2　信息隐藏和接口

在开发应用的过程中，代码的数量和复杂度都会不断增长。最终，代码基可能会变成一团乱麻，不过我们可以编写更简单的代码，让代码的执行流程更易于理解，避免出现这种状况。有一种方法能逐渐降低复杂度，即隐藏不必要的信息，不在接口中开放。这样就只有有关的信息才会开放，未开放的则是对使用者来说无关紧要的信息，通常被称为实现细节。我们不想开放的信息包括计算结果时使用的状态变量，或提供给随机数生成器的种子数。每个层面都要隐藏信息，每个模块中的每个函数都应该把对使用者无关的信息隐藏起来。做到这一点，就帮了共事的开发者和未来的自己一个忙：他们（和你自己）在弄清某个方法或模块的作用时不用过多地进行猜测了。

作为示例，下列代码清单演示了如何构建一个对象，并计算简单的平均值。这个清单（在本书配套源码的ch05/02_information-hiding文件夹中）使用了一个构造函数，而且扩充了原型，为Average对象添加了add方法和calc方法。

代码清单5.2　计算平均值

```
function Average () {
    this.sum = 0;
    this.count = 0;
}

Average.prototype.add = function (value) {
    this.sum += value;
    this.count++;
};

Average.prototype.calc = function () {
    return this.sum / this.count;
};
```

然后，我们只需创建一个Average对象，向其中添加值，然后再计算平均值。这种实现方式有个问题，即你可能不想让人直接访问私有数据，例如Average.count。或许你想使用我们即将介绍的技术隐藏这些值，不让使用这个API的人使用。不过，更简单的方式或许是完全不用这个对象，把它改成一个函数。我们可以使用.reduce方法（这是ES5新提供的方法，在Array原型中）实现一个累加器，把数组中的元素加在一起，然后再计算平均值：

```
function average (values) {
    var sum = values.reduce(function (accumulator, value) {
        return accumulator + value;
    }, 0);

    return sum / values.length;
}
```

这个函数的优点是完全符合我们的要求。它的参数是一个数组，返回结果为各元素的平均值，正如其名所示。而且，和前面使用原型实现的方式相比，它没有保存任何状态变量，有效隐藏了内部运作信息。我们称之为*纯函数*：其返回结果只取决于传入的参数，与不在参数中的状态变量、服务或对象都没关系。纯函数还有一个特性：除了返回值之外没有任何副作用。这两个特性结合在一起，让纯函数成为一种很好的接口——自成一体，而且易于测试。因为纯函数没有副作用，也没有外部依赖，所以你可以放心重构，只要不改变输入和输出之间的关系就行。

功能型工厂函数

除此之外，我们还可以使用*功能型工厂函数*（functional factory）实现。执行这种函数后会得到另一个函数，使用得到的这个函数就可以做我们想做的事。在工厂函数中声明的任何变量都只能在这个函数和内部的函数中使用——读了下一节你会更好地理解这一点。通过下列代码你会更好地理解工厂函数：

```
function averageFactory () {
    var sum = 0;
    var count = 0;
    return function (value) {
        sum += value;
        count++;
        return sum / count;
    };
}
```

`sum`和`count`两个变量只能在`averageFactory`函数返回的函数实例中访问，而且各个实例只能访问自身上下文中声明的变量，不能访问其他实例的上下文。`averageFactory`函数可以理解成一个饼切，切出的饼干（函数）接受一个值，然后返回（目前为止得到的）累加值的平均数。下列示例说明了如何使用这个工厂函数：

```
var avg = averageFactory();
// <- function
avg(1);
// <- 1
avg(3);
// <- 2
```

使用饼切切饼干时不会影响已经切好的饼干，类似地，创建多个实例也不会影响已经创建的实例。这种编程方式和前面使用原型的方式类似，不过现在除了实现主体，其他地方都不能访问`sum`和`count`变量。使用者无法访问这些变量，实际上就是把它们当作API的实现细节了。实现细节不仅会带来干扰，还有可能导致安全隐患，因为我们不想让外部世界修改组件的内部状态。

*变量作用域*定义在什么地方能访问变量，且`this`关键字为函数的调用者提供上下文。理解这两点之后才能构建出可靠的结构，有效隐藏信息。把变量放在恰当的作用域中，就能把信息隐藏起来，不让接口的使用者知道。

5.1.3 作用域和this关键字

毫无疑问，Douglas Crockford写的*JavaScript: The Good Parts*[1]（O'Reilly Media，2008年出版）

---

① *JavaScript: The Good Parts*在亚马逊有售，地址是http://bevacqua.io/bf/goodparts。

是本经典的书。在这本书中，Crockford说明了JavaScript语言很多怪异的表现，而且建议我们避免使用"糟糕的特性"，例如with块、eval语句和会强制转换类型的相等性运算符（==和!=）。如果你没读过这本书，我建议你尽早读一下。Crockford说，new和this两个关键字难以理解，建议彻底不用。但我建议你至少理解这两个关键字。我会介绍this表示什么、如何处理它，以及为其赋值。在任何JavaScript代码中，上下文都由当前函数的作用域和this组成。

如果用过服务器端语言，例如Java或C#，你就会理解什么是作用域。作用域是存放变量的袋子，遇到左花括号时打开，遇到右花括号时关闭。在JavaScript中，作用域位于函数层面（这叫词法作用域），而不是代码块层面。

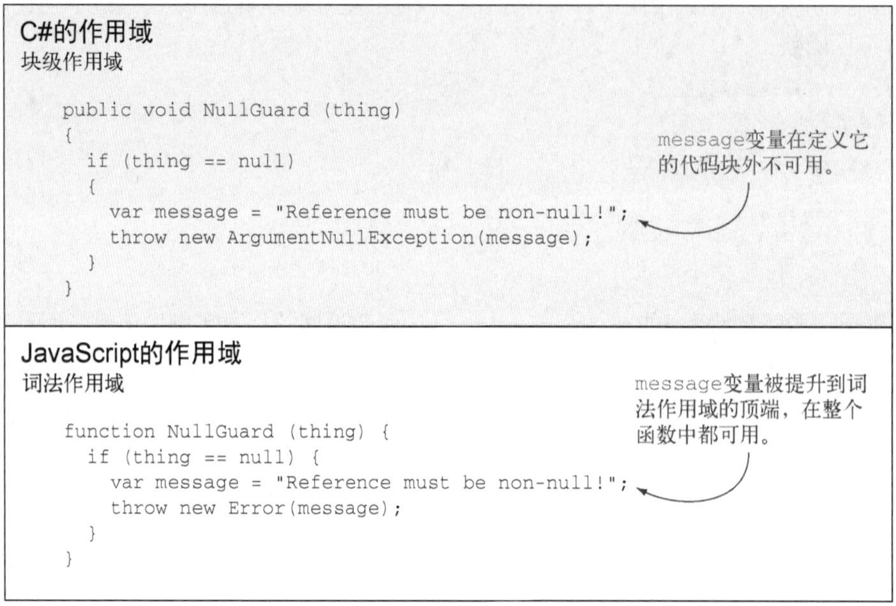

C#的作用域

块级作用域

```
public void NullGuard (thing)
{
  if (thing == null)
  {
    var message = "Reference must be non-null!";
    throw new ArgumentNullException(message);
  }
}
```

message变量在定义它的代码块外不可用。

JavaScript的作用域

词法作用域

```
function NullGuard (thing) {
  if (thing == null) {
    var message = "Reference must be non-null!";
    throw new Error(message);
  }
}
```

message变量被提升到词法作用域的顶端，在整个函数中都可用。

图5-2　作用域在不同语言中的差异

图5-2通过对比C#和JavaScript解释了词法作用域和块级作用域之间的区别。C#使用块级作用域，Java、Perl、C和C++等语言也是；JavaScript则使用词法作用域，R语言也是。

这幅图中的两个示例都使用了message变量。在第一个示例中，message只在if语句块中可用，而在第二个示例中，因为用的是词法作用域，message在整个函数中都可用。稍后我们会看到，这种行为既有好处也有坏处。

1. JavaScript中的变量作用域

理解作用域的处理方式有利于理解模块模式。我们在5.2节会解释模块，这是一种将代码基组件化的方式。在JavaScript中，函数是一等公民，处理方式和任何对象都一样。嵌套的函数有各自的作用域，而且内部函数能访问父级作用域乃至全局作用域。请看下述代码中的getCounter函数：

```
function getCounter () {
    var counter = 0;
    return function () {
        return counter++;
    };
}
```

在这个示例中，counter变量绑定在getCounter函数的上下文中。返回的函数能访问counter，因为它在父级作用域中。不过，在getCounter函数之外无法访问counter变量，因为访问这个变量的通道关闭了，只有授权的getCounter函数的后代能处理。如果在两个作用域中都加上console.log(this)，会看到返回的都是全局作用域中的Window对象实例。这是真正的“糟糕的特性”。默认情况下，this关键字引用的是全局变量，如下列代码清单所示：

代码清单5.3 理解this关键字

```
function scoping () {
    console.log(this);

    return function () {
        console.log(this);
    };
}
scoping()();
// <- Window
// <- Window
```


this关键字的处理方式有多种。把上下文赋值给this最常见的方式是在对象上调用方法。例如，'Hello'.toLowerCase()中的'Hello'就是调用这个方法时this的上下文。

2. 获取调用位置

把函数当成对象的属性直接调用时，该对象将被this引用。如果方法是对象的原型，例如Object.prototype.toString，则this引用的也是调用方法的对象。注意，这种行为很不可靠。如果直接引用方法并调用，那么this引用的不再是父级对象，而是变成了全局对象。为了说明这种行为，我再给出一个代码清单示例。

代码清单5.4 this关键字的作用域

```
var parent = {
    method: function () {
        console.log(this);
    }
};
parent.method();
// <- parent
var parentless = parent.method;
parentless();
// <- Window
```

如果在父级对象上调用方法，this引用的是这个父级对象。

如果没有父级对象，就回落到默认上下文。

在严格模式中，this的默认值是undefined，而不是Window。如果没使用严格模式，this引用的始终是一个对象：如果调用者是对象引用，则this引用的是这个对象；如果调用者是基本类型的值，例如布尔值、字符串或数值，则this引用的是这些值对应的包装对象；如果调用者是undefined或null，抑或直接引用方法，或者调用.apply、.call或.bind方法，那么this引用的是全局变量（在严格模式中引用的是undefined）。在严格模式中，通过this向函数传值时，this引用的值不会打包成对象。稍后我们会介绍严格模式的其他作用。

调用函数时，除了立即执行函数之外，还可以使用不同的方式为this赋值。这种操作并非完全无法控制。事实上，使用.bind方法创建的函数始终会为this赋值。执行函数还有其他方式，例如可以调用.apply方法或.call方法，也可以使用new运算符。以下代码列出了这几个方法的用法，便于速查：

```
Array.prototype.slice.call([9, 5, 7], 1, 2)
// <- [5]

String.prototype.split.apply('13.12.02', ['.'])// <- ['13', '12', '02']

var data = [1, 2];
var add = Array.prototype.push.bind(data, 3);

add(); // 实际上和data.push(3)的作用一样
add(4); // 实际上和data.push(3, 4)的作用一样

console.log(data);
// <- [1, 2, 3, 3, 4]
```

在JavaScript中，变量的作用域按照下述顺序确定。

- 作用域上下文变量：this和arguments。
- 函数的具名参数：function (these、variable和names)。
- 函数表达式：function something () {}。
- 本地作用域中的变量：var foo。

如果你没有在JavaScript解释器中试验这些代码，一定要看一下代码示例（在ch05/03_context-scoping文件夹中）。这些示例在本书的配套源码中都有，而且还有一些行内注释，便于理解。下面讨论严格模式的含义。

5.1.4　严格模式

严格模式启用后，会修改代码运行方式的语义，不再允许声明变量时不使用var关键字，还会禁止使用其他类似的容易出错的做法。在某种程度上，这相当于是对lint程序的补充。[1]严格模式可以在单个函数中启用，也可以在整个脚本中启用。

对客户端代码来说，推荐在单个函数中启用。若想启用严格模式，需要在文件或函数的顶部加上'use strict';语句：

① Mozilla开发者网络（Mozilla Developer Network）对严格模式作了详细说明，地址是http://bevacqua.io/bf/strict。

```
function () {
    'use strict';
    // 从此处开始使用严格模式
}
```

启用严格模式后，this的默认值是undefined，而不是全局变量。而且，严格模式对差错没那么宽容，会提醒出错，而不是自动纠正。严格模式作出的限制还包括禁止使用with语句和八进制计数法，以及不许使用eval和arguments等关键字。

```
'use strict';
foo = 'bar' // ReferenceError foo is not defined
```

在严格模式中，JavaScript引擎遇到下述操作时也会抛出异常：为只读属性赋值，删除不能删除的属性，使用重复的属性键实例化对象，或使用重复的参数名声明函数。这种不容忍有助于捕获因编程不仔细而导致的问题。

关于作用域，最后我还要说一个怪异的行为，这种行为通常称为作用域提升（hoisting）。如果想编写复杂的但易于理解的JavaScript应用，一定要理解这个行为。

5.1.5 提升变量的作用域

理解了作用域、this的工作方式和作用域提升后，你就能回答JavaScript相关工作面试中提出的大多数问题。我们已经讲了前两点，可是作用域提升到底是什么呢？在JavaScript中，作用域提升的意思是，声明的变量会移到作用域的开头。这可以用来解释某些情况下你遇到的怪异行为。

5

对函数来说，提升的是整个表达式。也就是说，除了声明函数的表达式之外，函数主体的作用域也提升了。如果说阅读*JavaScript: The Good Parts*只让我学到了一个技能，那一定是作用域提升。我掌握了作用域提升的原理，这改变了我编写代码的方式。

因为有了作用域提升，在声明函数前才能调用函数。不过，把函数赋值给变量却没有这种效果，因为调用函数时不会执行赋值操作。下列代码是一个示例，本书的配套源码中有更多示例，在ch05/04_hoisting文件夹中。

```
var value = 2;

test();

function test () {
  console.log(typeof value);
  console.log(value);
  var value = 3;
}
```

你可能期望这个函数会先打印'number'，然后再打印2或3。请自己试着执行一下。为什么打印的是'undefined'和undefined呢？这就是作用域提升的作用。如果我们调整代码的顺序，先提升作用域，然后再调用函数，理解起来会容易些，如下列代码清单所示。

代码清单5.5　提升作用域

```
var value;

function test () {
  var value;
  console.log(typeof value);
  console.log(value);
  value = 3;
}

value = 2;
test();
```

虽然我们在test函数末尾为value赋值，但value被提升到作用域的顶端了，这也是为什么test函数没有抛出TypeError异常，提醒undefined不是函数的原因。记住，如果使用变量形式声明test函数，写成下列代码清单这样，会抛出这个异常，因为虽然var test的作用域得到提升了，但赋值语句没得到提升。

代码清单5.6　提升var test的作用域

```
var value;
var test;

value = 2;
test();

test = function () {
  var value;
  console.log(typeof value);
  console.log(value);
  value = 3;
};
```

代码清单5.6中的代码不会按预期的运行，因为调用函数时，test还未定义。我们一定要掌握什么会提升，什么不会提升。如果养成了习惯，编写代码时假定变量声明和函数已经提升到了作用域的顶端，遇到的问题就会少一些。至此，你应该对作用域和this关键字有了深入了解，下面我们来介绍JavaScript中的闭包和模块化模式。

5.2　JavaScript 模块

到目前为止，我们已经介绍了单一职责原则和数据隐藏，也学习了如何在JavaScript中应用这些知识。我们也很好地理解了变量的作用域和提升行为。下面介绍闭包，闭包能创建新的作用域，防止变量泄露信息。

5.2.1　闭包和模块模式

函数也叫闭包，这是为了特别强调函数会创建新作用域。立即调用的函数表达式（Immediately-

Invoked Function Expression，简称IIFE）指立即会执行的函数。如果只需要闭包，就可以使用IIFE。以下代码是一个IIFE示例：

```
(function () {
  // 新作用域
})();
```

注意，这个函数要放在一对括号中。这对括号不仅告诉解释器我们声明了一个匿名函数，还表明我们要把它当成一个值使用。这种表达式还可以赋值给变量，以便通过变量引用函数的返回值。这种写法通常被称为模块模式，如下列代码所示（在本书配套源码的ch05/05_closures文件夹中）：

```
var api = (function () {
    var local = 0; // 私有变量，在本地作用域中
    var publicInterface = {
        counter: function () {
            return ++local;
        }
    };
    return publicInterface;
})();
api.counter();
// <- 1
```

以上代码还有一种写法，即完全不依赖闭包之外的代码，而是把需要使用的变量导入其中。在这种写法中，如果想提供公开的API，就导入全局对象。我比较喜欢使用这种方式，因为一切代码都完美地包含在闭包中，可以使用JSHint找出因未声明的变量导致的问题。如果不使用闭包和JSHint，一不小心，变量就跑到全局作用域中了。下列代码演示了这种写法：

```
(function (window) {
    var privateThing;

    function privateMethod () {
    }

    window.api = {
        // 公开接口
    };
})(window);
```

下面我们来介绍原型的模块化。这也是IIFE表达式的补充方式，但不使用闭包，而是扩大原型。使用原型能提升性能，因为很多对象都共用一个原型，把函数添加到原型中能为继承这一原型的所有对象提供功能。

5.2.2 原型的模块化

在某些场合中，或许恰好适合使用原型。原型可以理解为JavaScript声明类的方式，不过这是一个完全不同的模型，因为原型只是链接，不能覆盖属性，只能把整个属性都替换掉（手动覆盖）。总之，不要把原型当成类，否则会为代码的维护带来问题。创建模块的多个实例时，原型最有用。

例如，所有JavaScript字符串都共用String原型。处理DOM节点时适合使用原型。有时，我会在闭包中声明原型的模块，然后在闭包里原型的外部维护私有状态。下列代码清单中的代码是虚构的，不过本书的配套源码中有完整可用的示例（在ch05/06_prototypal-modularity文件夹中），更好地说明了这个模式。

代码清单5.7　演示原型的虚构代码

```
var lastId = 0;
var data = {};

function Lib () {
    this.id = ++lastId;
    data[this.id] = {
        thing: 'secret'
    };
}

Lib.prototype.getPrivateThing = function () {
    return data[this.id].thing;
};
```

这是保护数据、不让使用者访问的一种方式。有时候不必私有化数据，而且让使用者处理实例的数据说不定是件好事。我们应该把所有代码放在一个闭包中，以防泄露私有数据。我认为JavaScript中的闭包在处理DOM时最有用（我们在第7章会探讨这个话题），因为处理DOM时，通常要同时处理多个对象。此时使用原型能提升性能，因为不用在每个实例中重复定义处理DOM的方法能节省资源。

至此，我们对作用域、作用域提升和闭包的工作方式有了更深入的理解，下面来介绍模块之间的交互方式。首先，我们来介绍CommonJS模块。CommonJS既能使用合理的方式组织代码，又能处理依赖注入（Dependency Injection，简称DI）。

5.2.3　CommonJS模块

CommonJS（以下简称CJS）是Node.js（除此之外还有其他的框架）采用的规范，用来编写模块化的JavaScript文件。一个文件就是一个模块，如果把值赋给module.exports，这个值就是这个模块的公开接口。使用模块时，要调用require方法将其导入，这个方法的参数是使用方和模块之间的相对路径。

下面是个简单的示例，在本书配套源码的ch05/07_commonjs-modules文件夹中：

```
// 这个文件的路径是'./lib/simple.js'
module.exports = 'this is a really simple module';

// 这个文件的路径是'./app.js'
var simple = require('./lib/simple.js');

console.log(simple);
// <- 'this is a really simple module'
```

这种模块最大的优点之一是，变量没有暴露在全局作用域中，而且不用把代码放在闭包里。就算是在最顶层的作用域中声明的变量（例如前面代码片段中的`simple`变量），其作用域也只在变量所在的模块中。如果想开放什么，需要将其赋值给`module.exports`，明确表明意图。

读到这里，你可能觉得我介绍CJS有些跑题了，因为与CoffeeScript和TypeScript一样，浏览器原生并不支持CJS。稍后我们会介绍如何使用Browserify把CJS模块编译成浏览器能处理的形式。与浏览器原来的处理方式相比，使用CJS有以下好处：

- 没有全局变量，认知负荷少；
- 开放API和使用模块的过程都很简单；
- 模拟依赖的功能让测试模块变得更容易；
- 得益于Browserify，能使用npm中的包；
- 便于测试的模块化；
- 如果使用Node.js的话，便于在客户端和服务器之间共用代码。

5.4节会详细介绍包管理方案（npm、Bower和Component）。在此之前，我们要先介绍管理依赖的方式，说明如何处理应用使用的各个组件，以及如何使用不同的库管理这些组件。

5.3 管理依赖

这里我们要讨论两种依赖的管理方式：内部依赖和外部依赖。我所说的内部依赖，是指组成程序的各个部分。通常，内部依赖和实际的文件是一一对应的，不过一个文件中也可能有多个模块。我说的模块是指具有单一职责的代码，可以是服务、工厂方法、模型或控制器等。而外部依赖是指不受应用本身支配的代码。你可能拥有包，或者包就是你开发的，但不管怎样，包中的代码完全在其他仓库中。

下文中我会介绍什么是依赖图，然后介绍管理依赖的不同方式，例如使用模块加载器RequireJS时的注意事项、CommonJS提供的便利，以及AngularJS（谷歌开发的MVC框架）解析依赖并保持模块化和可测试性的绝妙方式。

5.3.1 依赖图

编写依赖其他代码的模块最常使用的方式是在模块中创建所依赖对象的实例。为了演示这种方式，请允许我使用一小段Java代码，这段代码很容易理解。下列代码清单展示的是`UserService`类，用于处理领域逻辑层对数据的请求。这个类能使用任何`IUserRepository`类的实现，从MySQL数据库或Redis存储等仓库中读取数据。这个代码清单在本书配套源码的ch05/08_dependency-graphs文件夹中。

代码清单5.8 在模块中创建对象

```
public class UserService {
    private IUserRepository _userRepository;
```

```
    public UserService () {
        _userRepository = new UserMySqlRepository();
    }

    public User getUserById (int id) {
        return _userRepository.getById(id);
    }
}
```

但这样写不能很好地实现我们的需求。如果服务可以使用任何符合接口规范的仓库，为什么要像这样硬编码UserMySqlRepository呢？硬编码依赖会让模块更难测试，因为不仅要测试接口，还要测试具体的实现。更好的方式是通过构造方法传入依赖，如下列代码清单所示。巧合的是，这种方式也更容易测试。这种模式通常被称为*依赖注入*，其实就是把对象的实例赋值给变量。

代码清单5.9　使用依赖注入模式

```
public class UserService {
    private IUserRepository _userRepository;

    public UserService (IUserRepository userRepository) {
       if (userRepository == null) {
           throw new IllegalArgumentException();
       }
       _userRepository = userRepository;
    }

    public User getUserById (int id) {
        return _userRepository.getById(id);
    }
}
```

这样，我们就可以按照预定的方式构建服务了，因为使用任何符合IUserRepository接口规范的仓库都无需知道具体的实现方式。编写这样一个UserService类看起来没什么，不过一旦考虑到依赖，以及依赖的依赖时，事情就复杂了。依赖之间的关系叫作*依赖树*。下列代码片段很可能无法引起你的注意：

```
String connectionString = "SOME_CONNECTION_STRING";
SqlConnectionString connString = new SqlConnectionString(connectionString);
SqlDbConnection conn = new SqlDbConnection(connString);
IUserRepository repo = new UserMySqlRepository(conn);
UserService service = new UserService(repo);
```

这段代码展示了控制反转（Inversion of Control，简称IoC）模式，[①]这个术语有点书面化，但实际定义的概念很简单。IoC是指不使用对象实例化或引用依赖，而是通过构造方法或公开的属性把依赖赋值给对象。图5-3说明了使用IoC模式的好处。

与图中上半部分使用传统的依赖管理方式编写的代码相比，下半部分使用IoC模式的代码更易于测试、耦合度更低，因此更易于维护。

① Martine Fowler写过一篇介绍控制反转和依赖注入的文章，地址是http://bevacqua.io/bf/ioc。

IoC框架用于解析依赖，解决处理依赖过程中的各种问题。这些框架的基本目的是避免使用new关键字，全都交给IoC容器处理。IoC容器知道如何实例化服务和仓库等任何模块。本书不会详述如何配置常用的IoC容器，但若想深入学习，需要对这个问题有个整体的认识。

对可测试性来说，IoC重要吗？

说到底，不硬编码依赖的重要性体现在单元测试中，因为测试时能轻易模拟依赖，第8章对此会作介绍。

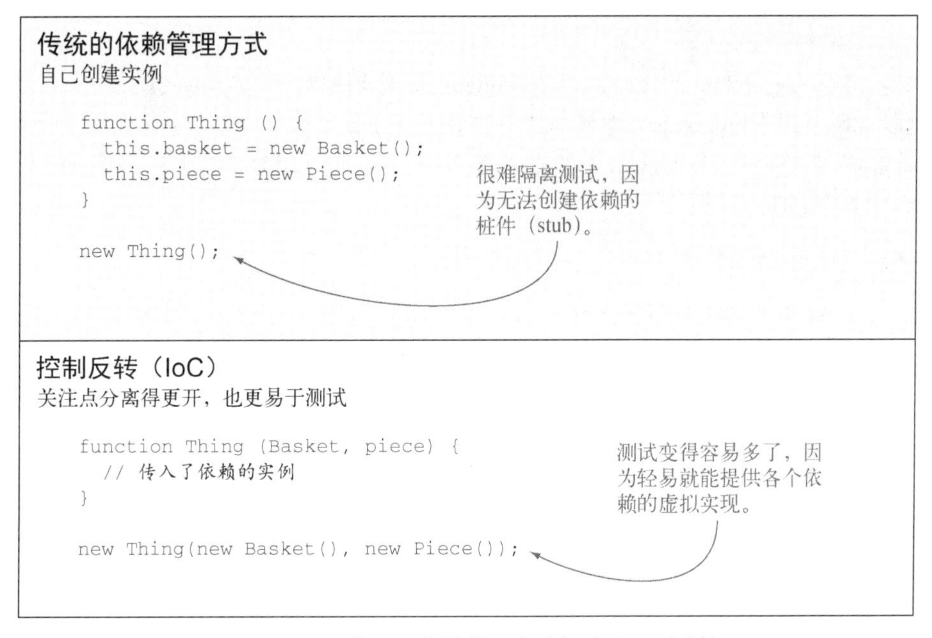

图5-3 IoC比传统的依赖管理方式提升了可测试性

单元测试的目的是判断接口是否能按预期工作，无论具体的实现方式是什么。驭件（mock）是实现接口的桩件，不过它只会通过最少的代码实现接口规范，除此之外什么也不做。例如，模拟的用户代码仓库可以始终返回同一个硬编码的User对象。这种做法在单元测试中很有用，因为我们只想单独测试UserService类，而无需了解内部细节，也不用知道依赖的实现方式。

至此，我们已讲了很多有关Java的内容。但这些和本书有什么关系呢？实际上，如果想写出易于测试的代码，一定要理解这些能提升可测试性的原则。你可能不认同测试驱动开发理念，但你不能否认的是，如果编写代码时不考虑可测试性，写出的代码会更难于测试。对客户端JavaScript代码来说，复杂度又上了一个层次，因为要处理网络。如果没有按照第2章介绍的方式把代码打包到一起，就不能立即使用模块。

接下来，我要介绍RequireJS。这是一个异步模块加载器，与杂乱无章的传统方式相比，这种方式更好。

5.3.2 介绍RequireJS

RequireJS是一个JavaScript异步模块加载器（Asynchronous Module Loader，简称AMD），用于定义模块，指定依赖。下列代码是使用RequireJS的一个示例，展示了一个依赖于其他模块的模块：

```
require(['lib/text'], function(text) {
    var result = text('foo bar');
    console.log(result);
    // <- 'FOO BAR'
});
```

按约定，`lib/text`对应的文件路径是./lib/text.js，这是相对于这个JavaScript文件所在的目录而言。这段代码会请求lib/text.js文件解释其中的代码。加载完所有依赖后，会调用这个模块中的函数，通过参数把依赖传入这个模块的函数中。这个过程和5.3.1节中的Java代码很像。`'lib/text'`模块的定义如下所示：

```
define([], function () {
    return function (input) {
        return input.toUpperCase();
    };
});
```

接下来，我们来分析RequireJS和其他依赖管理方式相比有什么优缺点。

RequireJS的优点和缺点

`'lib/text'`模块的定义使用了一个空数组，因为它没有依赖。返回的函数是`'lib/text'`模块提供的公开接口。RequireJS有以下几个优点。

- 自动解析依赖图。不用再花时间排序`script`标签了！
- 支持异步加载模块。
- 在开发过程中无需编译。
- 易于单元测试，因此只需加载需要测试的模块。
- 强制使用闭包，因为模块定义在一个函数中。

这些优点确实存在，而且可谓是锦上添花，但RequireJS也有缺点。如果依赖的包没按照AMD规定的方式编写，就只能加上编译这一步，打包所有代码。如果不把模块打包在一起，RequireJS会一个一个请求全部依赖，这样做在生产环境中速度太慢了。AMD的多数优点都得益于不需要编译，因此这个备受赞誉的依赖图解析工具有以下缺点。

- 如果打包代码，就无法使用异步加载功能。
- 开发包的人要遵守AMD规范。
- AMD的包装代码搅乱了代码。
- 在生产环境中需要编译。
- 发布环境中的代码和本地开发环境不一致。

第4章我们提到了Grunt。如果不想发布一堆没有优化的代码，那就在构建过程中让Grunt编译AMD模块，这样就不用异步获取这些模块了。

若想让Grunt使用RequireJS优化工具`r.js`编译AMD模块，[1]可以使用`grunt-contrib-requirejs`包。这个包可以把选项传给`r.js`。下列代码清单是相应的任务配置。我们设置了每个Grunt目标都会用到的默认值，然后调整了`debug`目标的选项。这样做是为了遵守DRY原则，避免重复编写相同的配置。

代码清单5.10　使用Grunt编译模块

```
requirejs: {
  options: {
    name: 'app',
    baseUrl: 'js/amd',
    out: 'build/js/app.min.js'
  },
  debug: {
    options: {
      preserveLicenseComments: false,
      generateSourceMaps: true,
      optimize: 'none'
    }
  },
  release: {}
}
```

在调试模式中会生成一个源码映射文件，[2]这个文件的作用是帮助浏览器把执行的代码映射到编译前的代码。这个文件在调试时很有用，因为我们看到的堆栈跟踪指向的是源码，而不是编译后的结果。`release`目标没有进一步配置，只是使用前面提供的默认值。看一下本书配套源码中这个示例的目录结构，如图5-4所示，可以更形象地理解这些配置的作用。

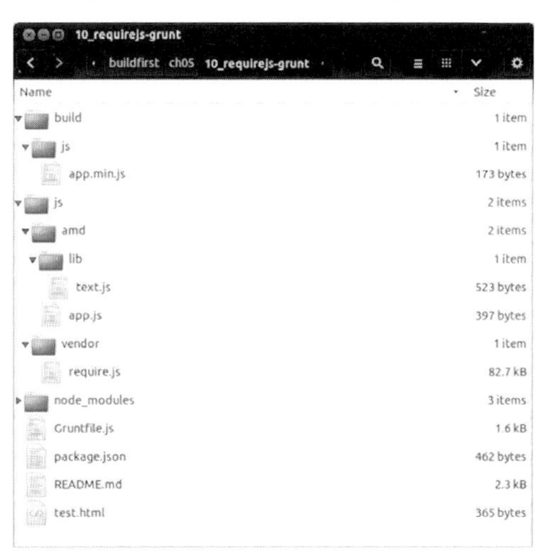

图5-4　在Grunt构建过程中使用RequireJS得到的典型目录结构

① 本书的配套源码中有关于如何编译RequireJS模块的示例，地址是http://bevacqua.io/bf/requirejs。

② 关于源码映射的更多信息，请阅读HTML5Rocks网站中介绍这个概念的文章，地址是http://bevacqua.io/bf/ sourcemap。

注解　本书的配套源码中有一个说明如何在Grunt中集成RequireJS的示例，在ch05/10_requirejs-grunt文件夹中。这个示例详细说明了RequireJS构建任务中各选项的作用。

不用按照特定的顺序添加script标签是个很好的功能，其实现方式有很多种。如果你完全不买AMD的账，或者对其他方式好奇，请继续往下读。下一节会说明如何在浏览器中使用CommonJS模块。

5.3.3　Browserify：在浏览器中使用CJS模块

5.2.3节说明了Node.js包使用的模块系统CJS的好处。得益于Browserify，我们在浏览器中也能使用CJS模块。虽然观点各异，但CJS经常被作为AMD的替代方式而使用。因为我们始终遵守构建优先原则，所以编译CJS模块、让它们能在浏览器中使用并不是难事，只需在构建过程中再添加一步即可。

除了5.2.3节提到的优势，例如不会意外创建全局变量，和AMD相比，CJS更简洁，不会搅乱代码，定义模块时也无需使用样板代码。越来越多的人支持使用CJS编写模块，因此npm中的所有包默认都支持使用CJS定义的方式使用。2013年，npm中包的数量呈数量级增长（10倍），截至本书成书之际，已经注册了超过十万个包。

Browserify会递归分析应用中的所有`require()`调用，然后打包这些文件。我们在一个`<script>`标签中引入打包好的文件就能在浏览器中使用了。和你预想的一样，有很多Grunt插件能把CJS模块编译成Browserify包，其中一个插件就是`grunt-browserify`。这个插件的配置方式和第2章介绍的插件类似，我们要提供CJS模块入口文件的文件名，以及输出文件的文件名：

```
browserify: {
  debug: {
    files: { 'build/js/app.js': 'js/app.js' },
    options: { debug: true }
  },
  release: {
    files: { 'build/js/app.js': 'js/app.js' }
  }
}
```

我认为使用这种方式最大的顾虑不是Browserify，而是要学习`require`和CJS模块的模块化方式。幸好，在第一部分配置Grunt任务时，我们已经使用了CJS模块，对CJS有了一定了解，也有一些代码示例可以参考。本书的配套源码中有一个完整可用的示例，在ch05/11_browserify-cjs文件夹中，说明了如何使用`grunt-browserify`编译CJS模块。最后，我们要分析AngularJS解析依赖的方式，介绍管理依赖的第三种（也是最后一种）方式。

5.3.4　Angular管理依赖的方式

Angular是谷歌开发的客户端模型-视图-控制器（Model-View-Controller，简称MVC）框架。

第7章会介绍另一个流行的JavaScript MVC框架——Backbone。这一节我们来看一下Angular解析依赖的方式。[①]

1. 在Angular中使用依赖注入

Angular提供了一个相当细致的依赖注入方案，所以我们不会深入讲解细节。幸运的是，这个方案抽象得很好，使用起来很简单。我用过很多不同的依赖注入框架，其中Angular的实现方式是最自然的：与Java和RequireJS一样，你甚至感觉不到是在使用依赖注入。下面看个实例，这个示例在本书配套源码的ch05/12_angularjs-dependencies文件夹中。把模块声明写在单独的文件中十分便利，如下所示：

```
angular.module('buildfirst', []);
```

随后每一个不同的模块，例如服务或控制器，都注册为这个你事先声明过的模块的扩展。注意，我们传给angular.module函数的是一个空数组，所以上述模块不依赖任何其他模块。

```
var app = angular.module('buildfirst');

app.factory('textService', [
  function () {
    return function (input) {
      return input.toUpperCase();
    };
  }
]);
```

注册控制器也很简单。在下列示例中，我们要使用创建好的textService服务。这和RequireJS的处理方式类似，因为我们要使用为服务起的名称：

```
var app = angular.module('buildfirst');
app.controller('testController', [
  'textService',
  function (text) {
    var result = text('foo bar');
    console.log(result);
    // <- 'FOO BAR'
  }
]);
```

下面简单比较一下Angular和RequireJS。

2. 比较Angular和RequireJS

与RequireJS不同，Angular不是作为模块加载器而运作的，它关注的是依赖图。我们使用的每个文件都要使用一个script标签引入，而AMD则能自动引入。

在Angular应用中你会看到一个有趣的现象：引入脚本的顺序不是那么重要。只要在第一位引入Angular，第二位引入声明模块的脚本，后面的脚本可以使用任何顺序引入，Angular会为你处理各脚本的顺序。在众多脚本标签中，最顶端要像下面这样写，这也是要在单独的文件中声明

① Angular的文档详细说明了依赖注入在Angular中的运作方式，地址是http://bevacqua.io/bf/angular-di。

模块的原因：

```
<script src='js/vendor/angular.js'></script>
<script src='js/app.js'></script>
```

其余的脚本，也就是app模块（或者你起的其他名称）中的脚本，可以使用任何顺序加载，只要在声明模块的脚本之后即可：

```
<!--
    其实可以使用任何顺序!
-->
<script src='js/app/testController.js'></script>
<script src='js/app/textService.js'></script>
```

下面简单总结一下JavaScript模块系统的现状。

3. 使用Grunt打包Angular组件

顺便说一下，配置构建任务时可以直接把Angular和声明模块的文件放在前面，然后再通配其他文件。下列代码展示了如何配置某个构建任务（例如grunt-contrib-concat或grunt-contrib-uglify包）的files属性：

```
files: [
    'src/public/js/vendor/angular.js',
    'src/public/js/app.js',
    'src/public/js/app/**/*.js'
]
```

你或许不想投入时间学习AngularJS这样功能全面的框架，也不想为了使用依赖解析功能而引入整个框架。在结束本节之前，我想说，管理依赖没有绝对正确的方式，因此我才介绍了这三种方式：

- RequireJS模块，使用AMD定义；
- CommonJS模块，然后使用Browserify编译；
- AngularJS，自动解析依赖图。

如果你的项目用的是Angular，就无需使用AMD或CJS，因为Angular提供了足够好的模块化结构。如果不使用Angular，我或许会选择CommonJS，主要是因为它有丰富的npm包可以使用。

下一节介绍几个其他的包管理器，还会教你如何像npm一样，在客户端项目中使用这些管理器。

5.4　理解包管理

包管理器的缺点之一是常常使用特定的结构组织依赖。例如，npm把安装的包保存在node_modules文件夹中，Bower把包保存在bower_components文件夹中。构建优先原则的一大优势是，不管包管理器如何组织依赖都没关系，我们在构建过程中只需添加这些文件的引用就行，根本不用管包在什么位置。这是使用构建优先原则的一个重要原因。

本节介绍两个流行的前端包管理器：Bower和Component。我们会讨论它们各自作出的妥协，还会把它们和npm作比较。

5.4.1 Bower简介

尽管npm是很棒的包管理器，但它无法满足包管理方面的所有需求。npm中几乎所有包都是CJS模块，因为CJS在Node生态系统中根深蒂固。虽然我选择使用Browserify，以便在前端使用CJS规范编写模块，但Browserify也不一定适合所有项目。

Bower是Web项目的包管理器，由Twitter开发。它对内容不作限定，图片、样式表或JavaScript代码都可以放进包里。现在我们应该已经习惯了npm管理包和版本号的方式，即使用package.json清单文件。Bower则使用bower.json清单文件，和package.json文件的格式类似。Bower通过`npm`安装：

```
npm install -g bower
```

使用`bower`安装包很快也很简单，我们只需指定包的名称或Git远程代码仓库的地址。在项目中，首先要执行`bower init`命令。Bower会问你几个问题（可以直接按回车键，使用默认值即可），随即创建bower.json清单文件，如图5-5所示。

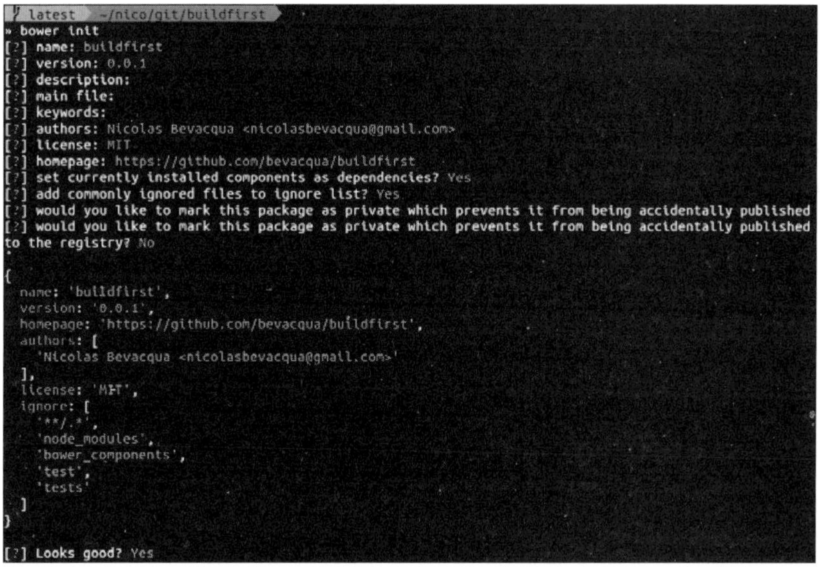

```
latest  ~/nico/git/buildfirst
» bower init
[?] name: buildfirst
[?] version: 0.0.1
[?] description:
[?] main file:
[?] keywords:
[?] authors: Nicolas Bevacqua <nicolasbevacqua@gmail.com>
[?] license: MIT
[?] homepage: https://github.com/bevacqua/buildfirst
[?] set currently installed components as dependencies? Yes
[?] add commonly ignored files to ignore list? Yes
[?] would you like to mark this package as private which prevents it from being accidentally published
[?] would you like to mark this package as private which prevents it from being accidentally published
to the registry? No

{
  name: 'buildfirst',
  version: '0.0.1',
  homepage: 'https://github.com/bevacqua/buildfirst',
  authors: [
    'Nicolas Bevacqua <nicolasbevacqua@gmail.com>'
  ],
  license: 'MIT',
  ignore: [
    '**/.*',
    'node_modules',
    'bower_components',
    'test',
    'tests'
  ]
}

[?] Looks good? Yes
```

图5-5 执行`bower init`命令，创建bower.json清单文件

创建好清单文件后，安装包就简单了。下述示例安装的是Lo-Dash。这个实用库和Underscore类似，不过活跃度更高。执行以下命令后会下载相应的脚本，然后将其存储在bower_components目录中，如图5-6所示。

```
bower install --save lodash
```

就这么简单！现在，相关的脚本应该保存到bower_components/lodash目录中了。如果想把这个依赖加入构建过程，只需把相应的文件添加到构建模式的配置中。和之前一样，本书的配套源码中有相应示例，在ch05/13_bower-packages文件夹中。

```
latest± ~/nico/git/buildfirst
» bower install --save angular
bower cached        git://github.com/angular/bower-angular.git#1.2.5
bower validate      1.2.5 against git://github.com/angular/bower-angular.git#~1.2.5
bower cached        git://github.com/angular/bower-angular.git#1.2.5
bower validate      1.2.5 against git://github.com/angular/bower-angular.git#*
bower new           version for git://github.com/angular/bower-angular.git#~1.2.5
bower resolve       git://github.com/angular/bower-angular.git#~1.2.5
bower download      https://github.com/angular/bower-angular/archive/v1.2.6-build.2000+sha.73c6671.tar.gz
bower extract       angular#~1.2.5 archive.tar.gz
bower resolved      git://github.com/angular/bower-angular.git#1.2.6-build.2000+sha.73c6671
bower install       angular#1.2.6-build.2000+sha.73c6671

angular#1.2.6-build.2000+sha.73c6671 bower_components/angular
```

图5-6　执行bower install --save命令安装依赖，并将其添加到清单文件中

Bower可算是第二大包管理器，有近两万个包，排在npm之后。npm有超过十万个包。另一个包管理器Component则只有近三千个包。不过，Component用于管理客户端应用使用的包，而且提供的管理方式更模块化，也更全面。下面介绍Component。

5.4.2　大型库，小组件

像jQuery这样的巨型库，会提供你所需要的一切功能，而且还会包含你不需要的功能。例如，你可能不需要jQuery提供的动画或AJAX功能。对这种要求来说，使用自定义的构建任务剔除jQuery中的部分功能是很难的，也没必要自动执行这个操作。如果真这样做了，效果可能事倍功半，和jQuery“事半功倍”（write less, do more）的口号相悖。

Component这个工具正是为只做一件事并将其做好的小组件准备的。多个开源项目的开发者TJ Holowaychuk，[①]就不建议使用一个大型库满足所有需求，而是鼓励使用多个小组件，通过模块化的方式，恰好满足自己的需求，也不至于让应用变得臃肿。

按照惯例，使用Component之前要从npm中安装CLI工具：

```
npm install -g component
```

安装组件前，我们要创建一个包含有效的JSON对象的内容最简单的文件。创建方式如下：

```
echo "{}" > component.json
```

Component安装组件（例如Lo-Dash）的方式和Bower类似。二者之间主要的区别是，Component没有Bower那样专门登记包的注册处，而是使用GitHub作为默认的注册处。如以下命令所示，指定GitHub的用户名和代码仓库名就能安装对应的组件：

```
component install lodash/lodash
```

和其他包管理器不同，Component总是会更新清单文件，添加安装的包。而且，我们必须在清单文件的scripts属性中指定入口点：

```
"scripts": ["js/app/app.js"]
```

Component还有一个不同于其他包管理器之处，即它额外提供了一个构建任务。这个任务的作用是打包安装的所有组件，拼接成一个build.js文件。如果组件使用CommonJS式的require调

① Holowaychuk的博客中有介绍Component的文章，地址是http://bevacqua.io/bf/component。

用，Component会提供必需的require函数。

```
component build
```

我建议你看一下本书配套源码中的两个示例，以便更好地理解如何使用Component。第一个示例在ch05/14_adopting-component文件夹中，这是本节所讲内容的完整可用的示例。

第二个示例在ch05/15_automate-component-build文件夹中，说明如何使用grunt-component-build包在Grunt任务中自动执行这个构建步骤。如果你把自己编写的代码也视为组件，这个构建步骤就尤为重要。

最后我来总结一下前面介绍的各种模块系统，以作为你选择包管理器或模块系统时的参考。

5.4.3 选择合适的模块系统

Component的处理方式有其合理的地方——模块化代码，把一件事做好；不过也有一些小缺陷，例如在执行component install命令后还有一个不必要的构建步骤。Component应该像npm一样，只执行component install命令就把使用组件所需的一切都构建好。Component的配置也很神秘，很难找到文档。这个工具的名称也是个巨大的缺点，搜索“Component”会出现一大堆不相关的结果，因此很难找到需要的文档。

如果你不接受CJS提出的概念，可以使用Bower，这必然要比自己动手下载代码再放到合适的目录中要好，也不用自己动手升级。Bower适合用来下载包，但对模块化没有什么帮助，这是Bower的不足之处。

如果你接受CJS是目前为止最简单的模块格式的观点，那么Browserify是可用的最佳选择。Browserify不内嵌包管理器是件好事，因为我们不用管要使用的模块在哪个源中，npm、Bower和GitHub等处的模块都能使用。

Browserify提供的机制既能把别人的代码转换成CJS格式，也能把我们自己开发的应用导出为CJS格式的单个文件。我们在5.3.3节说过，Browserify能生成源码映射，在开发过程中辅助调试。借助Browserify，我们能使用任何原本为Node开发的CJS模块。

最后，AMD模块或许适合跟Bower一起使用，因为彼此没有干扰。这样做的好处是不用学习CJS处理模块的方式，但实际上要学的也没多少。

在介绍ECMAScript 6对JavaScript语言作出的改动之前，还有一个话题要讨论——循环依赖，也就是先有鸡还是先有蛋的问题。

5.4.4 学习循环依赖

就像前文所述，循环依赖是一个先有鸡还是先有蛋的问题，处理起来很棘手，很多模块系统干脆不支持。本节的目的是明确回答以下问题。

- 有必要使用循环依赖吗？
- 有什么模式能避免使用循环依赖？
- 前面介绍的依赖管理方式是如何处理循环依赖的？

如果组件相互依赖，那就代表有代码异味（code smell），可能暗示着代码有深层次的问题。处理循环依赖最好的方式是，彻底避免循环依赖。有几个模式能避免使用循环依赖。例如，如果两个组件有交互，可能表明它们需要通过一个共用的服务通信，这样做更容易找出受影响的组件，为其编写代码。第7章介绍使用Backbone开发客户端应用时会说明几种方式，避免这种先有鸡还是先有蛋的问题。

使用服务作为中间人是解决循环依赖问题的多种方式之一。chicken模块可能依赖egg模块，直接和egg模块通信，但如果egg模块想和chicken模块通信，就应该使用chicken模块提供的回调。不过，更简单的方式是分别创建两个模块的实例，让一个chicken实例和一个egg实例相互依赖，而不让模块之间相互依赖，从而避开这个问题。

我们还要注意，不同的系统会使用不同的方式处理循环依赖。如果试图在Angular中解决循环依赖，会抛出异常，因为Angular没有提供任何模块层次的循环依赖处理机制。我们可以使用Angular提供的依赖解析器应对这个问题：依赖chicken模块的egg模块使用的依赖解析出来之后，使用chicken模块时就能获取egg模块。

对AMD模块来说，如果你定义了这样一个循环依赖，即chicken模块依赖egg模块，egg模块依赖chicken模块，那么调用egg模块中的函数时，chicken实例的值是undefined。如果模块使用require方法定义的话，egg模块可以获取chicken模块。

CommonJS处理循环依赖的方式是，调用require方法时中止解析模块。如果chicken模块依赖egg模块，会停止解释chicken模块；如果egg模块依赖chicken模块，在调用require方法之前，只会部分解释chicken模块，调用require方法之后再继续解释剩下的代码。ch05/16_circular-dependencies文件夹中的示例说明了这一点。

最重要的是，我们要把循环依赖当成瘟疫，离它越远越好。循环依赖会让程序变得更复杂，而且各种模块系统没有统一的处理方式。我们可以使用更有条理的方式编写代码，避免出现循环依赖。

本章最后要介绍即将发布的ECMAScript 6对JavaScript语言所作的一些修改，以及这些改动对模块化组件设计的影响。

5.5 ECMAScript 6 新功能简介

你可能知道，ECMAScript（简称ES）是定义JavaScript代码行为的规范。ES6，项目代号Harmony，[①]是这个规范期待已久的下一个版本，即将发布。ES6发布后，我们会从对JavaScript语言所作的众多改进中受益。本节会介绍其中的部分改进。写作本书时，Google Chrome的边缘版本Chrome Canary和Firefox Nightly版本已经支持了Harmony中的部分新功能。在Node中，启动node进程时可以使用--harmony标记启用ES6中新的语言特性。

① 由于对于下一个ECMAScript版本应该包括哪些功能，各方分歧太大，争论过于激烈，因此才把这个版本的项目代号命名为Harmony（和谐）。——译者注

请注意，ES6中的功能实验性很强，随时会变化。这个规范尚未定案，因此对本节讨论的内容要留点神。我稍后会介绍即将发布的这一版语言规范中新的概念和句法。现在，提议加入ES6的功能应该不会变了，不过具体的句法可能会有调整。

谷歌开发了一个有趣的项目Traceur，致力于推广ES6。Traceur能把ES6编译成ES3（普遍使用的版本），因此我们可以使用ES6的新功能编写代码，然后以ES3的形式执行。虽然Traceur没有支持Harmony的全部功能，不过却是现有编译器中功能最完善的。

5.5.1 在Grunt任务中使用Traceur

得益于`grunt-traceur`包，我们可以在Grunt任务中使用Traceur。我们可以使用下述配置设置Traceur。这样配置后，Traceur会分别编译每个文件，然后把结果保存在build目录中。

```
traceur: {
  build: {
    src: 'js/**/*.js',
    dest: 'build/'
  }
}
```

借助这个任务，我们可以编译后文中一些使用ES6编写的示例。当然，本书的配套源码中有一个使用这个Grunt任务的可用示例，还有一些不同的代码片段，说明能使用Harmony做什么，这些代码都在ch05/17_harmony-traceur文件夹中，你最好是浏览一下。第6章和第7章还有一些代码使用了ES6，以便让你更好地理解即将可用的新功能。

现在我们知道一些启用ES6新功能的方式了，下面来看看Harmony处理模块的方式。

5.5.2 Harmony中的模块

本章我们学习了多种不同的模块系统和模块化设计模式。AMD和CJS都对Harmony的模块设计产生了影响，为的是让这两个系统的支持者都能方便使用它们。Harmony中的模块有单独的作用域，使用`export`关键字导出公开API中的成员，然后可以使用`import`关键字分别导入各个成员。我们还可以明确使用`module`声明来拼接文件。

下面是一个使用这些机制的示例。我使用的是写作本书时可用的最新句法，[①]这些句法是由TC39在2013年3月的一次会议中制定的。TC39是一个技术专家委员会，负责推进JavaScript语言的发展。如果我是你，我不会太关注细节，而只会关注总体思想。

首先，我们要定义一个基本的模块，导出一个变量和函数：

```
// math.js

export var pi = 3.141592;

export function circumference (radius) {
```

① 对ES6中模块的介绍，请访问http://bevacqua.io/bf/es6-modules，阅读相关文章。

5

```
  return  2 * pi * radius;
}
```

若想使用导出的成员，要在import语句中将其导入，如下列代码片段所示。import语句可以选择导入模块导出的一个成员、多个成员或所有成员。下列语句把导出的circumference函数导入到当前模块中：

```
import { circumference } from "math";
```

如果想导入多个成员，要在成员之间加上逗号：

```
import { circumference, pi } from "math";
```

如果想导入模块导出的所有成员，并将其赋值给一个对象，而不是直接导入到当前上下文中，要使用as句法：

```
import "math" as math;
```

如果想显式定义模块，而不是隐式定义，可以使用以下所示的字面形式。显式定义的模块，在发布过程中可以把多个脚本打包成一个文件。

```
module "math" {
    export // etc...
};
```

如果你对ES6中的模块系统感兴趣，可以阅读我博客中的一篇文章。[①]这篇文章包含我们目前所学的ES6知识，还阐明了ES6模块系统的扩展性。一定要记住，ES6的句法还在变化。讲解第6章之前，我还要介绍ES6中一个关于模块化的功能——let关键字。

5.5.3　创建块级作用域的let关键字

在ES6中，let关键字可以代替var语句。我们在5.1.3节说过，var声明的变量在函数作用域中。而let声明的变量在块级作用域中，类似于传统编程语言中的作用域规则。声明变量时，作用域提升是个重要的特性，而let关键字能规避某些情况下函数作用域的局限性。

例如，下列代码片段演示的就是一个典型的情况：根据条件判断要不要为变量赋值。因为变量会提升到作用域的顶端，所以不适合在if语句中声明变量。如果在if语句中声明变量，以后若想在else分支中使用同名变量就会遇到问题。

```
function processImage (image, generateThumbnail) {
    var thumbnailService;
    if (generateThumbnail) {
        thumbnailService = getThumbnailService();
        thumbnailService.generate(image);
    }

    return process(image);
}
```

① 对ES6中模块的介绍，请访问http://bevacqua.io/bf/es6-modules，阅读该文章。

在if语句中使用let关键字则不会出现这个问题，我们不用担心变量会溢出这个代码块之外，也不用把变量的声明语句和赋值语句分开：

```
function processImage (image, generateThumbnail) {
    if (generateThumbnail) {
        let thumbnailService = getThumbnailService();
        thumbnailService.generate(image);
    }

    return process(image);
}
```

在这种情况中，两种写法的区别不大，但是对当前的JavaScript实现来说，使用var声明变量会在函数作用域的顶端放置很多变量，而这些变量可能只会在一个代码路径中使用，因此这是一种代码异味。使用let关键字把变量放在所属的块级作用域中，能轻易避免出现这种代码异味。

5.6　总结

至此，我们介绍完了作用域和模块系统等知识，归结起来有以下几点。

- 了解了让代码自成一体、明确代码的作用，以及隐藏信息，能极大地改进接口设计。
- 对作用域、this关键字和作用域提升有了更深入的了解，这在无形中有助于设计更符合JavaScript范式的代码。
- 学习了闭包和模块模式，并知道了模块系统的工作方式。
- 比较了CommonJS、RequireJS和Angular加载模块的方式，以及它们处理循环依赖的方式。
- 学习了可测试性的重要性（第8章会进一步说明），以及控制反转模式是如何提升代码可测试性的。
- 讨论了如何借助Browserify在浏览器中使用npm包，如何使用Bower下载依赖，以及如何使用Component编写符合Unix原理的模块化代码。
- 介绍了即将发布的ES6中的新功能，例如模块系统和let关键字，还学习了如何使用Traceur编译器玩转ES6。

第6章会介绍编写JavaScript异步代码的方式。你会学习如何避开常见误区，还会通过示例学习如何有效调试这类函数。我们会介绍多种编写异步函数的模式，例如回调、事件、Promise对象，以及即将发布的Harmony中的生成器API。

第6章 理解JavaScript中的异步流程控制方法

本章内容

- 理解并跳出回调之坑
- 在JavaScript中使用Promise对象
- 使用异步控制流程
- 学习基于事件的编程方式
- 使用Harmony（ECMAScript 6）中的生成器函数

第5章强调了使用模块化方式构建组件的重要性，介绍了很多关于作用域、作用域提升和闭包的知识，这些是有效理解JavaScript异步代码的基础。如果对JavaScript中的异步开发方式没有充分的理解，很难写出易于阅读、重构和维护的高质量代码。

JavaScript开发新手经常遇到的问题之一是“回调之坑”，即把函数嵌套在函数中，导致代码难以调试，甚至无法理解。本章的目的是阐明如何在JavaScript中进行异步编程。

异步执行就是不立即执行代码，而是等到未来的某个时刻再执行。这种代码不是同步的，因为没有连续执行。虽然JavaScript是单线程的，但用户触发的事件，例如点击、超时或AJAX响应，仍能创建新的代码执行路径。本章会介绍多种处理异步流程的方式，并且会统一各种方式的编程风格，让异步流程能容错，且处理起来无痛苦。和第5章类似，本章也有很多实用的代码示例，供你参考。

首先来介绍一种最古老的处理模式：通过参数传入回调，未来调用回调时让函数的调用者判断发生了什么。这种模式叫作连续传递风格，是异步回调的基础。

6.1 使用回调

我们经常会在`addEventListener`API中使用回调，把事件监听器绑定到DOM（Document Object Model，文档对象模型）节点上。触发这种事件后，会调用回调函数。在下列简单的示例中，点击文档中的任意位置后，控制台会打印一句话：

```
document.body.addEventListener('click', function () {
  console.log('Clicks are important.');
});
```

不过，点击事件处理起来并不总是这么简单。有时写出的代码会像下列代码清单那样。

代码清单6.1 处理回调的混乱逻辑

```
(function () {
  var loaded;
  function init () {
    document.body.addEventListener('click', function handler () {
      console.log('Clicks are important.');
      handleClick(function handled (data) {
        if (data) {
          return processData(data, function processed (copy) {
            copy.append = true;
            done(copy);
          };
        } else {
          reportError(function reported () {
            console.log('data processing failed.', err);
          });
        }
      });
    });
    function done(data) {
      loaded = true;
      console.log('finished', data);
    }
  }
  init();
})();
```

嵌套回调的过程式代码让代码难以阅读。

这段代码是什么意思呢？我也一头雾水。我们被拖进“回调之坑”了。所谓“回调之坑”，就是指在回调中嵌套和缩排更多的回调，导致代码逻辑不清，难以理解。如果你没理解代码清单6.1中的代码，这是好事，你没必要理解。下面深入探讨这个话题。

6.1.1 跳出回调之坑

我们应该一眼就能理解代码的逻辑，即便是异步代码也应该如此。如果花的时间超过几秒钟，那可能就说明代码有问题。读了第5章我们知道，多一层回调就多一层作用域，而且还要再向内缩进一层，逼着我们买更宽的显示器。总之，嵌套回调让代码更难理解了。

回调之坑不是突然就出现的，而且也是可以避免的。下面我们通过一个示例（在本书配套源码的ch06/01_callback-hell文件夹中）说明代码基是如何慢慢掉进回调之坑的。假设我们要通过AJAX请求获取数据，然后把数据显示给用户，就得使用一个虚构的`http`对象简化AJAX请求的处理。假设还有个`record`变量，引用DOM中的某个元素。

```
record.addEventListener('click', function () {
  var id = record.dataset.id;
  var endpoint = '/api/v1/records/' + id;

  http.get(endpoint, function (res) {
    record.innerHTML = res.data.view;
  });
});
```

这段代码尚且易于理解，但如果GET请求成功后需要更新另一个元素呢？如下列代码清单所示，假设status变量中存储的是一个DOM元素。

代码清单6.2　慢慢掉入回调之坑

```
function attach (node, status, done) {
  node.addEventListener('click', function () {
    var id = node.dataset.id;
    var endpoint = '/api/v1/records/' + id;

    http.get(endpoint, function (res) {
      node.innerHTML = res.data.view;
      reportStatus(res.status, function () {
        done(res);
      });
    });

    function reportStatus (status, then) {
      status.innerHTML = 'Status: ' + status;
      then();
    }
  });
}

attach(record, status, function (res) {
  console.log(res);
});
```

看吧，开始出现问题了。回调嵌套的层级每增加一级，代码的复杂度就会升一级，因为现在我们不仅要维护现有函数的上下文，还要维护内层嵌套回调的上下文。试想一下，在真正的应用中，这种方法的代码行数可能会更多，我们就更难记住所有状态了。

那么如何避免慢慢掉入回调之坑呢？我们只需减少回调嵌套的层级就能降低代码的复杂度。

6.1.2　解开混乱的回调

解开代码中混乱的回调有多种方式。我们可以考虑以下几种解决方案。

- **为匿名函数命名。**以增加可读性，表明函数的作用。为匿名回调命名有两个好处。回调的名称可以表明其作用，有异常时还有助于追查问题，因为此时堆栈跟踪会显示函数的名称，而不是“anonymous function”（匿名函数）。调试时，具名函数更便于识别，能减少让人头痛的问题。

- **去掉不必要的回调。**例如上述示例中报告状态之后的那个回调。如果回调只在函数的末尾执行，而且不是异步执行的，就可以将其去掉。之前回调中的代码可以直接在调用函数后执行。
- **在流程控制代码中使用条件语句时要小心。**条件语句有碍于理解代码，因为代码可能向新的路径上执行，我们要考虑代码可能会执行的所有路径。流程控制也有类似的问题。我们不能从头读到尾，因为接下来要执行的代码并不总是下一行。如果匿名回调中有条件语句，理解代码就更难了，所以我们要避免这么做。6.1节的第一个代码清单很好地演示了这样做的灾难性后果。我们可以把条件语句和流程控制分开，规避这个问题；也可以引用函数，而不引用匿名回调，然后再编写条件语句。

使用上述列表中建议的方法，可以把代码清单6.2改成下列代码清单这样。

代码清单6.3　清理混乱

```
function attach (node, status, done) {
  node.addEventListener('click', function handler () {    // 具名函数更便于调试。
    var id = node.dataset.id;
    var endpoint = '/api/v1/records/' + id;

    http.get(endpoint, function ajax (res) {
      node.innerHTML = res.data.view;
      reportStatus(res.status);
      done(res);
    });

    function reportStatus (code) {    // 既然这个方法是同步的，就没必要使用回调了。
      status.innerHTML = 'Status: ' + code;
    }
  });
}

attach(record, status, function (res) {
  console.log(res);
});
```

效果不错，除此之外我们还能做些什么呢？

- 现在`reportStatus`函数没什么用了，我们可以在唯一用到它的地方直接写入函数中的代码，以减少脑力开销。不重用的方法在调用的地方可以换成方法中的代码，以减少认知负荷。
- 有时，我们还可以反着做。我们可以不在行内声明处理点击事件的回调，而是把相应的代码写入具名函数中，减少`addEventListener`的代码量。通常，这只是个人喜好问题，不过当代码行超过80个字符时可以这么做。

像这样改动后，得到的代码如下列代码清单所示。虽然改动前后代码的功能是一样的，但修改后更易于阅读。为了更好地理解，请将下列代码和代码清单6.2比较一下。

代码清单6.4　声明为单独的函数

```
function attach (node, status, done) {

  function handler () {
    var id = node.dataset.id;
    var endpoint = '/api/v1/records/' + id;

    http.get(endpoint, updateView);
  }

  function updateView (res) {
    node.innerHTML = res.data.view;
    status.innerHTML = 'Status: ' + res.status;
    done(res);
  }

  node.addEventListener('click', handler);
}

attach(record, status, function done (res) {
  console.log(res);
});
```

采取应对措施后，代码的逻辑变清晰了。这里的窍门是，让每个函数尽量短小、专注，正如我们在第5章所说的那样。我们还要为函数起个合适的名称，以明确函数的作用。判断什么时候把不必要的回调写在行内，就像我们对reportStatus函数所做的那样，需要在实践中积累经验。

总之，只要能提升可读性，代码写得长一点也没关系。可读性是编写代码时需要考虑的首要问题，因为我们的大部分时间都在阅读代码。在进入下一个话题之前，我们再看一个示例。

6.1.3　嵌套请求

在Web应用中，Web请求经常要依赖其他AJAX请求，因为后端可能不会在一次AJAX请求中就提供所需的全部数据。例如，我们可能需要获取用户的所有客户，为此，我们必须先得到用户的ID，从而获取用户的电子邮件地址，然后需要获取该用户所在的区域，最后再获取这个区域中该用户的客户。

我们通过下列代码清单（在本书配套源码的ch06/02_requests-upon-requests文件夹中）来看看如何处理这几次AJAX请求。

代码清单6.5　在嵌套回调中处理AJAX请求

```
http.get('/userByEmail', { email: input.email }, function (err, res) {
  if (err) { done(err); return; }

  http.get('/regions', { regionId: res.id }, function (err, res) {
    if (err) { done(err); return; }

    http.get('/clients', { regions: res.regions }, function (err, res) {
```

```
      done(err, res);
    });
  });
});

function done (err, res) {
  if (err) { throw err; }
  console.log(res.clients);
}
```

第9章将要讲到分析REST API服务的设计方式，届时我们会发现，需要这么多步骤才能得到所需的数据，通常表明客户端代码只使用了后台服务器提供的API，而没有为前端提供专门的API。在我说的这种情况中，服务器最好能根据用户的电子邮件地址提供所需的数据，这样就不用在客户端和服务器之间多次往返了。

图6-1对这种客户端和服务器之间多次往返请求数据的方式和使用专为前端设计的API作了比较。从图中可以看出，现存的API可能无法满足前端的需求，而且在浏览器中要先处理输入，然后再交给API处理。更糟的是，可能还要发起多次请求，在客户端和服务器之间多次往返才能得到所需的结果。如果有专门的API处理我们的请求，就能减少向服务器发起的请求数，降低服务器的负载，去掉不必要的往返。

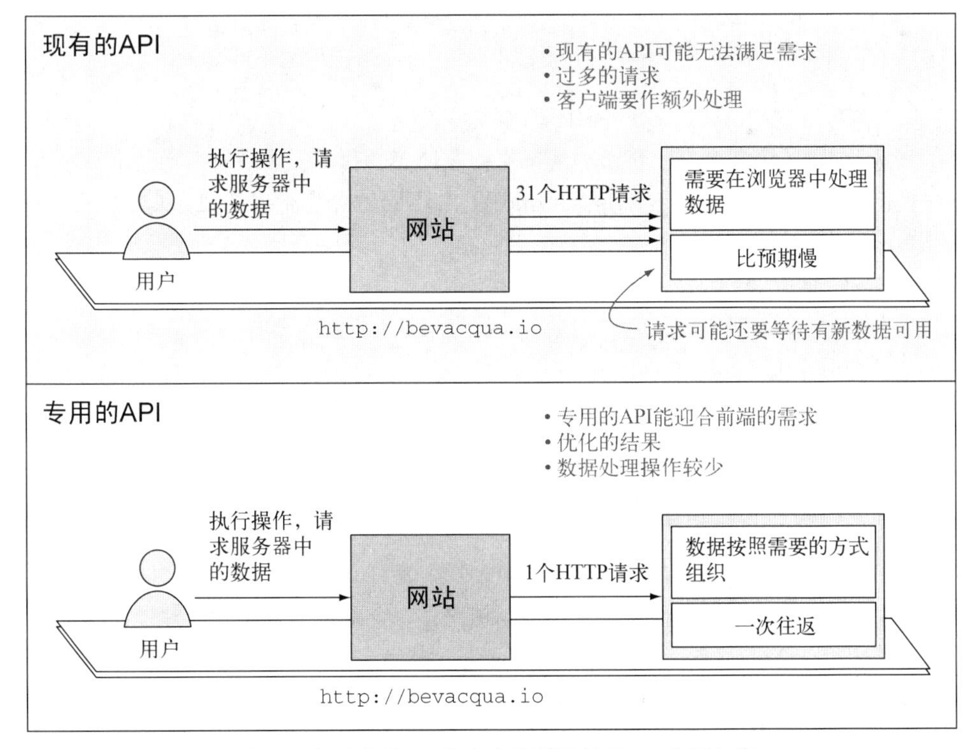

图6-1 在现有的API和专为前端设计的API之间权衡

假如上述代码要放在闭包或事件处理器中，缩进会让人无法忍受：嵌套层级太深了，导致代码特别难理解。如果方法很长，情况就更糟了。现在使用的是匿名函数，重构时我们可以为回调函数起名，再将其提取出来，让代码更易于理解。

下列代码清单是重构后的代码，用来说明如何避免嵌套。

代码清单6.6　不再嵌套

```
function getUser (input) {
  http.get('/userByEmail', { email: input.email }, getRegions);
}

function getRegions (err, res) {
  if (err) { done(err); return; }
  http.get('/regions', { regionId: res.id }, getClients);
}

function getClients (err, res) {
  if (err) { done(err); return; }
  http.get('/clients', { regions: res.regions }, done);
}

function done (err, res) {
  if (err) { throw err; }
  console.log(res.clients);
}
```

在每个回调中都要检查错误。

从上述代码清单我们可以看出，重构后代码容易理解了。代码的逻辑清晰多了，而且都在同一个缩进层级。你可能注意到了，每个方法都有检查错误的代码，这是为了确保下一步不会出问题。在接下来的几节中，我们会介绍JavaScript中几种不同的异步流程处理方式，包括：

- 使用回调库；
- Promise对象；
- 生成器；
- 事件发射器。

我们还会学习每种方式是如何简化错误处理的。现在，我们以这个示例为例，说明如何避免那些检查错误的代码。

6.1.4　处理异步流程中的错误

我们应该时时防范和应对错误，而不是将其忽略，放任自流。话虽如此，但不管使用嵌套的回调还是具名函数，处理错误都很麻烦。不过，相比在每个函数中都添加处理错误的代码，肯定有更好的处理方式。

我们在第5章学到了调用函数的不同方式，例如使用`.apply`、`call`和`.bind`方法。如果我们能使用下列代码避免重复编写检查错误的代码，而且仍能检查错误，但只在一处检查，岂不是更好？

```
flow([getUser, getRegions, getClients], done);
```

在上面的语句中，flow方法的参数中有一个由函数组成的数组，这些函数会按顺序执行，而且每个函数都有一个next参数，在函数执行完毕后调用。如果传给next回调的第一个参数是"真值"（JavaScript方言，指除false、0、''、null和undefined之外的其他值），就立即调用done方法，中断执行flow方法。

next回调的第一个参数是专门用来处理错误的，如果其值为真值，代码就会短路，直接调用done方法。否则，接着调用数组中的下一个函数，并把传给next方法的所有参数都传给这个函数，不过不会传入错误。除此之外，还会传入一个新的next回调函数，以便继续链接剩下的函数。实现这种设想似乎很难。

首先，我们得让flow方法的使用者在这个方法执行完毕后调用next回调，用来控制流程。我们要提供那个回调方法，让它调用数组中的下一个函数，并把调用next回调时使用的参数都传给下一个函数。我们还要传入一个新next回调，调用下一个函数，以此类推。

图6-2说明了我们要实现的flow方法。

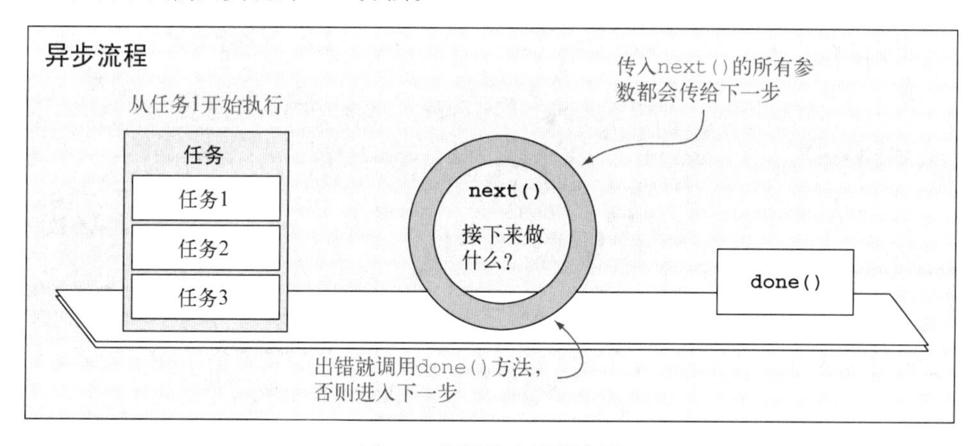

图6-2　理解异步流程方法

在实现flow方法之前，我们先来看一个完整的使用示例。我们之前想做的事情是，找到某个用户的所有客户。现在，我们不用每一步都检查错误了，flow方法会处理好的。下列代码清单展示了如何使用flow方法。

代码清单6.7　使用flow方法

```
flow([getUser, getRegions, getClients], done);   ← flow()方法的参数是一个由各个步骤组成的数组和一个done()回调。

function getUser (next) {
  http.get('/userByEmail', { email: input.email }, next);   ← 各步执行完毕后会调用next()回调，并把可能出现的错误和结果传给这个回调。
}

function getRegions (res, next) {
  http.get('/regions', { regionId: res.id }, next);
}
```

6

```
function getClients (res, next) {
  http.get('/clients', { regions: res.regions }, next);
}

function done (err, res) {
  if (err) { throw err; }
  console.log(res.clients);
}
```

注意，我们只在**done()**回调中检查错误。不管哪一步调用**next()**回调时传入了错误，**done()**回调都会收到那个错误，中断流程。

记住我们刚刚讨论过的这些内容，下面再来看如何实现flow方法。我们添加了一个条件判断语句，确保在任何一步中多次调用next回调都不会产生负面影响，只有第一次调用有效。flow方法的实现如下列代码清单所示。

代码清单6.8　实现异步串行的flow方法

```
function flow (steps, done) {
  function factory () {
    var used;
    return function next () {
      if (used) { return; }
      used = true;
      var step = steps.shift();
      if (step) {
        var args = Array.prototype.slice.call(arguments);
        var err = args.shift();
        if (err) { done(err); return; }
        args.push(factory());
        step.apply(null, args);
      } else {
        done.apply(null, arguments);
      }
    };
  }
  var start = factory();
  start();
}
```

存储一个值，用于判断是否已经调用了回调。

使用工厂函数，让**used**变量在每一步中都是局部变量。

调用一次后，再调用无效。

获取下一步，然后将其从数组中删除。

还有其他步骤吗？

把参数校正成一个数组。

获取表示错误的参数，然后将其从参数中删除。

如果有错误就中断执行后续代码。

向参数列表中添加一个结束回调。

调用这一步，并传入所需的参数。

调用**done**回调，无需处理参数。

创建表示第一步的函数。

执行第一步，无需提供任何参数。

请亲自实验一下，理理思路，如果想不明白，只需记住一点，next()方法的作用仅仅是返回一个只能用一次的函数。如果不想包含那个安全措施，可以在每一步都重复使用同一个函数。不过这样做的话，使用者可能会在一步中调用next回调两次，从而导致编程错误。

如果你只是为了在异步流程中避免掉入回调之坑而处理相关错误，那么维护这样一个flow方法，让它跟上代码的变化，且没有缺陷，是很繁琐的。幸好，聪明人士已经实现了这种处理方式和很多其他异步流程处理模式，开发出了一个名为async的JavaScript库。很多流行的Web框架如Express都内置了这个库。我们会在本章介绍几种不同的流程控制范式，例如回调、Promise对象、事件和生成器。接下来，我们来介绍async库。

6.2 使用 async 库

在Node圈，多数开发者都发现很难不使用控制流程库async。Node平台中的原生模块都遵守同样的模式：函数的最后一个参数是回调，而且回调的第一个参数是错误对象。下面的代码片段就说明了这种模式，它使用Node的文件系统API来异步读取文件的内容：

```
require('fs').readFile('path/to/file', function (err, data) {
  // 处理错误，使用数据
});
```

async库提供了很多异步流程控制方法，和6.1.3节我们构建的flow实用方法很像。flow方法的作用和async.waterfall方法差不多。async库提供了很多这样的方法，如果正确使用，就能简化异步代码。

async库可以从npm、Bower或GitHub中安装。[①]如果访问GitHub，还可以阅读Caolan McMahon（async库的作者）编写的优秀文档。

在接下来几节中，我们会详细介绍异步流程控制库async，讨论可能遇到的问题，以及如何使用async库解决问题，让代码对所有人（包括你自己）都更易于阅读。首先来介绍三个稍微不同的流程控制方法：waterfall、series和parallel。

6.2.1 使用瀑布式、串行还是并行

若想掌握在JavaScript中处理异步流程，最重要的一点是要知道有哪些不同的工具可供使用。本章的目的就是介绍这些工具。其中有个工具使用的是常规的流程控制技术。

- 你要执行的异步任务是否相互之间没有依赖关系？如果是，使用.parallel方法并行执行这些任务。
- 你要执行的任务是否依赖前一个任务？如果是，一个接一个串行执行这些任务，但仍要异步执行。
- 你要执行的任务是否紧密耦合？如果是，使用瀑布式机制，把参数传给下一个任务。前面讨论的层叠HTTP请求就非常适合使用瀑布式。

图6-3进一步比较了这三种方法。

① async库在GitHub中的地址是https://github.com/caolan/async。

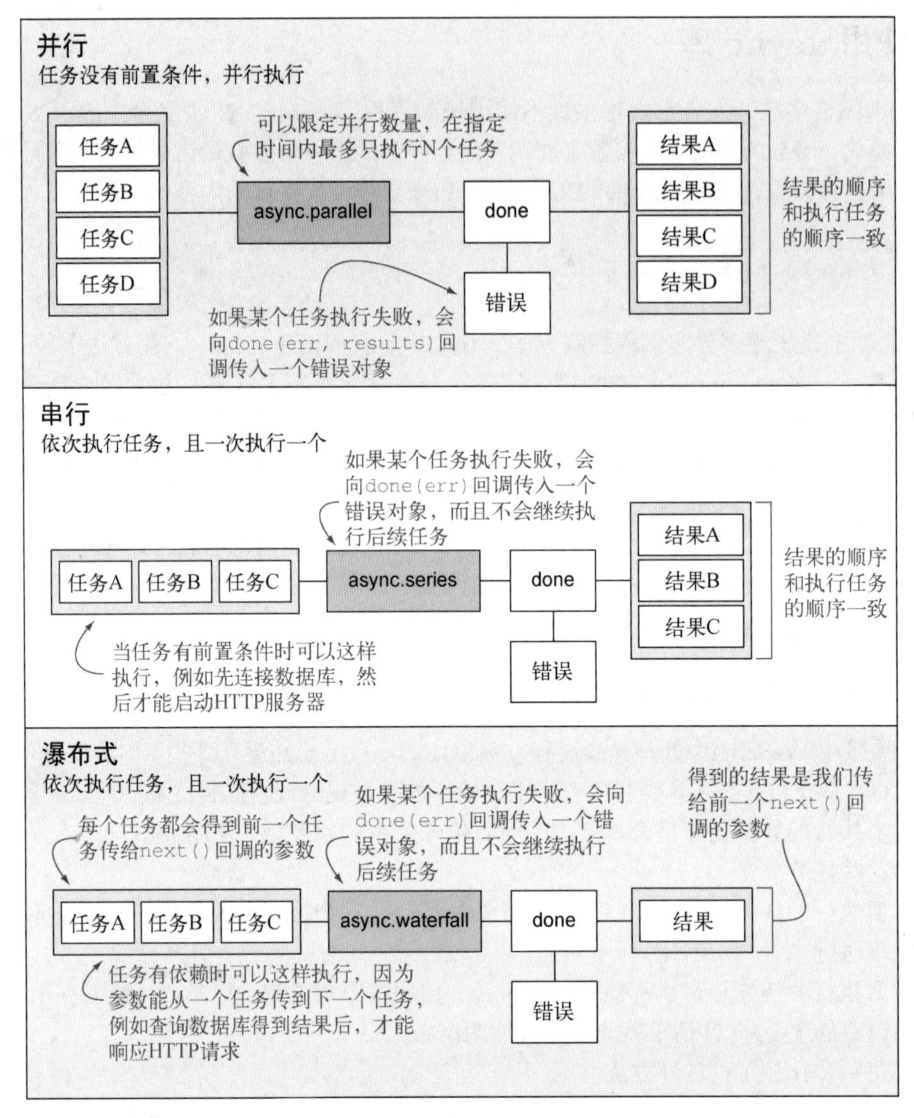

图6-3　比较async库中的并行、串行和瀑布式流程控制方法

从图中可以看出，这三种方法之间存在着细微的差别。下面详细说明每种方法。

1. 并行

如果异步任务之间不相互依赖，但仍要等到所有任务都执行完毕才能进行其他操作，那就最适合并行执行这些任务，例如，在你为了渲染视图而需要获取所需的各部分数据时就要这样执行。我们可以定义一个并行数量，指明最多同时执行多少个任务，而其余的任务要排队等候。

- 一个任务执行完毕后，再从队列中获取另一个任务，直到队列为空。
- 向每个任务传入一个特殊的next回调，在操作结束后调用。

- 传给next回调的第一个参数专门用于处理错误，如果传入了错误对象，就不会执行后续任务（不过已经执行的任务会继续执行直至结束）。
- 传给next回调的第二个参数是前一个任务得到的结果。
- 所有任务执行完毕后，调用done回调。done回调的第一个参数是错误对象（如果有的话），第二个参数是已经执行的所有任务得到的结果（不管执行这些任务用了多长时间）。

2. 串行

依序执行是为了把相关的任务连接在一起，一次执行一个任务，而且不管代码是否在主循环之外异步执行。串行流程可以理解为并行数量为0的并行流程。其实，串行流程的本质就是如此。串行执行会按照相同的方式处理next(err, results)和done(err, results)回调。

3. 瀑布式

瀑布式和依序执行类似，但它还能轻易地把一个任务的参数传给级联中的下一个任务。如果任务必须使用前一个任务的结果才能开始执行，那就最适合使用这种瀑布式方法。瀑布式和串行方式之间的区别是，next回调中表示错误的参数之后可以有任意多个表示结果的参数，例如next(err, result1, result2, result...n)。done回调的表现则完全一样，会把传给最后一个next回调的所有参数都传入其中。

下面详细说明串行和并行两种方式。

4. 串行流程控制

我们在实现flow方法时已经说明了瀑布式。下面看一下和瀑布式有细微差别的串行方式。串行方式按顺序执行各个步骤，和瀑布式一样，一次执行一步，但不会改动每一步执行的函数的参数。每一步执行的函数只有一个参数——next回调，期待的参数签名为(err, data)。你可能会想："这有什么用？"答案是，有时所有函数都只有一个参数，而且把这个参数当作回调是很有用的。下列代码清单演示了async.series方法的工作方式。

6

代码清单6.9 使用async.series方法

```
async.series([
  function createUser (next) {
    http.put('/users', user, next);
  },
  function listUsers (next) {
    http.get('/users/list', next);
  },
  function updateView (next) {
    view.update(next);
  }
], done);

function done (err, results) {
  // 处理错误
  updateProfile(results[0]);
  synchronizeFollowers(results[1]);
}
```

有时需要分别处理每一步得到的结果，就像上述示例那样。遇到这种情况时，使用对象描述任务比使用数组更合理。如果这么做，done回调中的results参数就是一个对象，在这个对象中，属性名是任务的名称，对应的值是执行任务得到的结果。这听起来很复杂，其实不然，我们修改一下前一个代码清单，说明该怎么处理。

代码清单6.10　使用done回调

```
async.series({
  user: function createUser (next) {
    http.put('/users', user, next);
  },
  list: function listUsers (next) {
    http.get('/users/list', next);
  },
  view: function updateView (next) {
    view.update(next);
  }
}, done);

function done (err, results) {
  // 处理错误
  updateProfile(results.user);
  synchronizeFollowers(results.list);
}
```

如果任务只是调用接受参数和next回调的函数，那就可以使用async.apply方法来简化代码，让代码更易于阅读。apply辅助方法的参数是你想调用的函数和传入这个函数的参数，返回结果是一个函数，其参数是next回调，而且返回的这个函数会附加到参数列表的末尾。以下代码片段中的两种写法功能是一样的：

```
function (next) {
  http.put('/users', user, next);
}

async.apply(http.put, '/users', user)
// <- [Function]
```

下列代码使用async.apply方法简化了之前拟定的任务流程：

```
async.series({
  user: async.apply(http.put, '/users', user),
  list: async.apply(http.get, '/users/list'),
  view: async.apply(view.update)
}, done);
```

使用瀑布式不可能做到这种优化。async.apply创建的函数只有一个参数——next回调。在瀑布式中，可以向任务传入任意多个参数。而在串行方式中只会传入一个参数——next回调。

并行流程控制

除了async.series之外，async库还提供了async.parallel方法。并行执行任务和串行执行完全一样，只不过不是一次执行一个任务，而是同时执行所有任务。并行流程执行的速度更快。如果你只想使用异步流程，而没有其他任何需求，那就最适合使用parallel方法。

async库还提供了函数式方法，用于遍历列表、把对象映射到其他值上或排序列表。接下来介绍这些函数式方法，以及async库中一个有趣的任务队列功能。

6.2.2 异步函数式任务

假设我们要遍历一组产品标识符，并通过HTTP请求获取各个产品的对象表示形式。这是使用映射的绝佳场合。映射会使用一个函数修改输入，得到输出。下列代码清单（在本书配套源码的ch06/05_async-functional文件夹中）展示了如何使用async.map方法完成这项操作。

代码清单6.11 使用映射转换输入，得到所需的输出

```
var ids = [23, 33, 118];

async.map(ids, transform, done);

function transform (id, complete) {
  http.get('/products/' + id, complete);
}

function done (err, results) {
  // 处理错误
  // results[0]是ids[0]的响应，
  // results[1]是ids[1]的响应，
  // 以此类推
}
```

调用done时，第一个参数可能是错误对象，如果是，我们需要处理错误；第二个参数是结果数组，元素的顺序和传入async.map方法的数组中的元素顺序一致。async库中有很多方法的表现和map方法类似，这些方法的参数是一个数组和一个函数，在数组中的每个元素上调用这个函数，最后调用done方法把结果传给它。

例如，async.sortBy方法的作用是原地（意思是不会创建副本）排序数组。我们只需把一个表示排序条件的值传给这个函数的done回调即可。async.sortBy方法的用法如下列代码清单所示。

代码清单6.12 排序数组

```
async.sortBy([1, 23, 54], sort, done);

function sort (id, complete) {
  http.get('/products/' + id, function (err, product) {
    complete(err, product ? product.name : null);
  });
}

function done (err, result) {
  // 处理错误
  // 得到的结果是按产品名称排序的产品ID
}
```

map和sortBy方法都是基于each方法实现的，使用的是并行方式；如果使用相应的eachSeries版本，则是串行方式。each方法的作用很简单：遍历数组，并在每个元素上应用一个函数；遍历结束后还可以调用done回调，如果遍历过程出错了，会向这个回调传入一个表示错误的参数。下列代码清单是一个使用async.each方法的示例。

代码清单6.13　使用async.each方法

```
async.each([2, 5, 6], iterator, done);

function iterator (item, done) {
  setTimeout(function  () {
    if (item % 2 === 0) {
      done();
    } else {
      done(new Error('expected divisible by 2'));
    }
  }, 1000 * item);
}

function done (err) {
  // 处理错误
}
```

async库中还有更多这种函数式方法，这些方法的作用都是把数组转换成其他表示方式。对其他函数式方法我们不作介绍，不过我建议你看一下GitHub中的大量文档。[①]

6.2.3　异步任务队列

下面来介绍最后一个方法async.queue。这个方法的作用是创建一个队列对象，这个对象可以串行执行任务，也可以并行执行任务。async.queue方法有两个参数：第一个参数是处理队列中各任务的函数，这个函数也有两个参数，一个是任务对象，一个是在处理完之后调用的回调；第二个参数是并行数量，指明同时执行多少个任务。

如果并行数量是1，则队列就会串行执行，前一个任务执行完毕后才会执行下一个。下列代码清单（在本书配套源码的ch06/06_async-queue文件夹中）创建了一个简单的队列。

代码清单6.14　创建一个简单的队列

```
var q = async.queue(worker, 1);

function worker (id, done) {
  http.get('/users/' + id, function gotResponse (err, user) {
    if (err) { done(err); return; }

    console.log('Fetched user ' + id);
    done();
  });
}
```

① async流程控制库在GitHub中的地址是https://github.com/caolan/async。

要使用这个队列时，可以引用q对象。如果想在队列中添加新作业，可以使用q.push方法。我们要向这个方法传入一个任务对象，这个对象会传给处理队列的函数。在这个示例中，任务使用数值字面量表示，不过也可以使用对象甚至函数表示。我们还要向q.push方法传入一个可选的回调，在作业完成后调用。下面通过代码说明怎么使用q.push方法：

```
var id = 24;
q.push(id, function (err) {
  if (err) {
    console.error('Error processing user 23', err);
  }
});
```

就这么简单。队列的好处是，在不同的时间点可以随时添加更多的任务，而且队列仍能正常使用。而使用parallel或series方法的话，实现的操作是一次性的，后续无法增加任务。关于async流程控制库，最后还要探讨一个话题：制定流程和动态创建任务列表——这两个功能都能提升处理异步流程的灵活性。

6.2.4 制定流程和动态流程

有时，我们需要制定更复杂的流程，其中：

- 任务B依赖任务A；
- 然后再执行任务C；
- 而任务D可以和前面三个任务并行执行。

等到这四个任务执行完毕后，再执行最后一个任务：任务E。

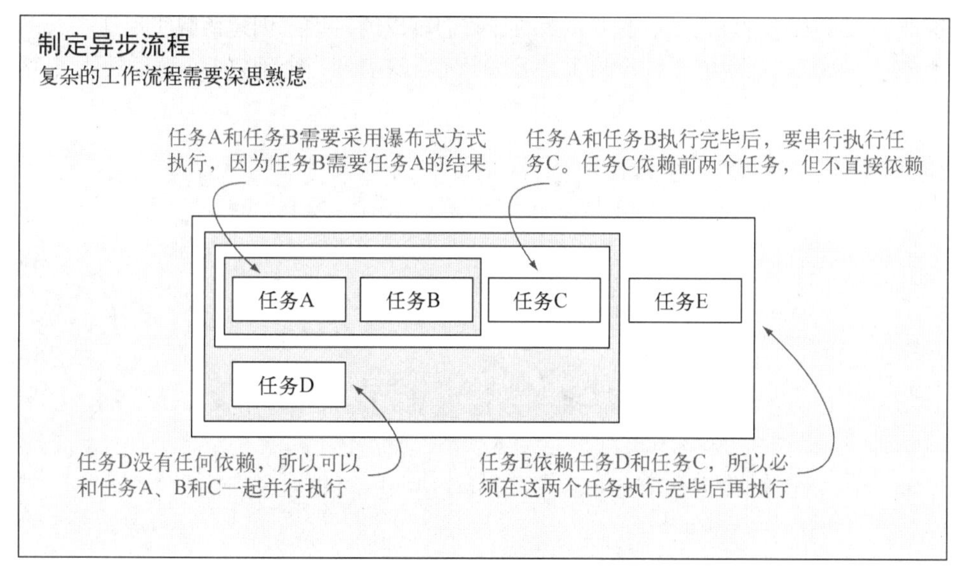

图6-4 剖析一个复杂的异步流程。提示：在脑海中要按照任务的需求区分各个任务

图6-4展示了这个流程。

- 任务A（上公交车）和任务B（付费）需要采用瀑布式方式执行，因为任务B需要任务A的结果。
- 任务A和任务B执行完毕后，要串行执行任务C（到达工作地点）。任务C依赖前两个任务，但不直接依赖。
- 任务D（读书）没有任何依赖，所以可以和任务A、B和C一起并行执行。
- 任务E（工作）依赖任务C和任务D，所以必须在这两个任务执行完毕后再执行。

这个流程听起来、看起来都比实际上复杂得多。其实，如果使用控制流程库的话，例如`async`，我们只需编写一些相互依赖的函数。最终写出的代码可能类似于下列示例中的虚构代码。这里，我使用了6.2.1节介绍的`async.apply`方法，把代码变得简短一点。本书配套源码的ch06/07_async-composition文件夹中有这个示例，而且有完整的文档。

```
async.parallel([
    async.apply(async.series, [
        async.apply(async.waterfall, [getOnBus, payFare]),
        getToWork
    ]),
    readBook
], doWork);
```

像这样制定流程会对编写Node.js应用很有帮助。这个流程涉及多个异步操作，例如查询数据库、读取文件或连接外部API，不过这些操作常常十分复杂，而且会交织在一起。

动态制定流程

把任务添加到对象中动态创建流程，让你无需使用流程控制库就能拟定原本很难组织的任务列表。这是JavaScript这种动态语言独具的特性。我们可以通过动态创建函数实现这一点，下面就来看怎么做。下列代码清单遍历一个列表，把每个元素映射到一个函数上，然后使用各个元素进行查询。

代码清单6.15　映射并查询一个列表

```
var tasks = {};

items.forEach(function queryItem (item) {
    tasks[item.name] = function (done) {
        item.query(function queried (res) {
            done(null, res);
        });
    };
});
function done (err, results) {
  // 结果按元素的名称组织
}
async.series(tasks, done);
```

async库的轻量级替代品

关于在客户端使用async库，有几点需要注意。async库原本是为Node.js社区开发的，因此没有严格测试它在浏览器中的表现。

我自己开发了一个适合在浏览器中使用的版本，contra。我写了大量单元测试，每次发布前都会运行这些测试。开发contra库时，我尽量使用最少的代码实现各种功能。它只有async库的十分之一那么大，特别适合在浏览器中使用。contra库包含async库中的各个方法，而且还提供了实现事件发射器的一种简单方式。我们在6.4节会介绍事件发射器。contra库的代码托管在GitHub中，[1]使用npm和Bower都能安装。

接下来介绍Promise对象。Promise是一种异步编程方式，把函数链接在一起，然后按照约定的方式处理。你用过jQuery的AJAX功能吗？如果用过的话，你就会知道有一种Promise对象叫Deferred对象。Deferred对象的实现方式和ES6中官方的Promise对象稍有不同，不过基本类似。

6.3 使用 Promise 对象

Promise对象是一种很有前途的标准，而且是ECMAScript 6规范草案的一部分。现在，如果想使用Promise对象，可以借助相关的库，例如Q、RSVP.js或when，也可以使用ES6 Promise腻子脚本（polyfill）。[2]腻子脚本是实现期望语言运行时原生支持功能的代码。这里提到的Promise的腻子脚本提供的是对Promise对象的支持，因为Promise对象是ES6原生支持的功能，使用腻子脚本可以在实现前一版ES的平台中使用Promise对象。

本节来介绍ES6中的Promise对象。如果使用了腻子脚本，现在我们就能使用Promise对象。如果没有使用这个腻子脚本，而是其他实现方式，代码的句法可能会稍有不同，但区别也不会太大，因为核心概念都是一样的。

6.3.1 Promise对象基础知识

创建Promise对象时要传入一个回调函数，这个回调有两个参数：fulfill和reject。调用fulfill回调会把Promise对象的状态变成fulfilled；调用reject回调会把状态变成rejected。稍后我们会介绍这种变化有什么作用。下列代码声明了一个简单的Promise对象，其作用不解自明。这个Promise对象的状态有一半的几率是fulfilled，一半的几率是rejected。

```
var promise = new Promise(function logic (fulfill, reject) {
  if (Math.random() < 0.5) {
    fulfill('Good enough.');
  } else {
    reject(new Error('Dice roll failed!'));
  }
});
```

① 我开发的contra库在GitHub中的地址是https://github.com/bevacqua/contra。

② 支持ES6 Promise对象的腻子脚本的地址是http://bevacqua.io/bf/promises。

你可能注意到了，Promise对象没有任何与生俱来的属性，完全是异步执行的，因此可用来处理异步操作。混用同步代码和异步代码时，Promise对象就派得上用场了，因为Promise对象不在乎混不混用。Promise对象的初始状态是`pending`，不管操作是失败还是成功，Promise对象的状态都已确定，无法再改变了。Promise对象可能处于下列三种互斥的状态之一。

- `pending`（待定）：还没变成`fulfilled`或`rejected`状态。
- `fulfilled`（完成）：Promise对象相关的操作成功了。
- `rejected`（拒绝）：Promise对象相关的操作失败了。

1. Promise对象的后续回调

创建Promise对象后，我们可以通过`then(success, failure)`方法为其提供回调。Promise对象的状态确定后，会根据具体的状态确定执行哪个回调。如果Promise对象的状态变成了`fulfilled`，或者已经处于`fulfilled`状态，会调用`success`回调；如果状态变成了`rejected`，或已经处于`rejected`状态，则会调用`failure`回调。

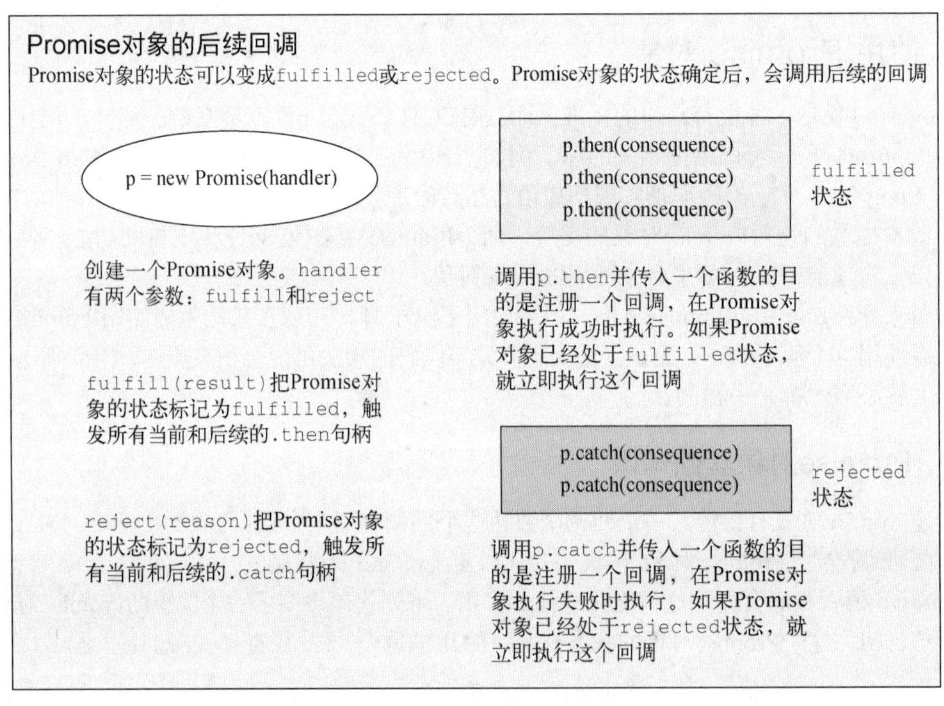

图6-5 Promise对象的后续回调

图6-5说明了Promise对象的状态如何变成`rejected`或`fulfilled`，以及如何在Promise对象执行完毕后调用后续的回调。

图6-5中有几个地方要注意。首先要记住，创建Promise对象时要传入两个回调：`fulfill`和`reject`。这两个回调在Promise对象的状态确定后调用。调用`p.then(success, fail)`时，如果Promise对象的状态是`fulfilled`，会执行`success`；如果Promise对象的状态是`rejected`，

则执行fail。注意，这两个回调都是可选的，我们还可以使用句法糖p.catch(fail)代替p.then(null, fail)。

下列代码清单在前一个示例的基础上使用then调用了后续的回调。这个示例在本书配套源码的ch06/08_promise-basics文件夹中。

代码清单6.16 在Promise对象上调用后续回调

```
var promise = new Promise(function logic (fulfill, reject) {
  if (Math.random() < 0.5) {
    fulfill('Good enough.');
  } else {
    reject(new Error('Dice roll failed!'));
  }
});

promise.then(function success (result) {
  console.log('Succeeded', result);
}, function fail (reason) {
  console.log('Rejected', reason);
});
```

创建Promise对象时，**fulfill**回调用于处理传入的任何值。

类似地，**reject**回调用于拒绝处理操作，传入的参数是一个错误对象。

然后可以使用**.then**方法链接处理成功后执行的回调。

.then方法的第二个参数是可选的，这个参数指定的回调在处理失败时执行。

promise.then方法想调用多少次就可以调用多少次，而且Promise对象的状态确定后会调用正确分支（成功或失败）中的所有回调，而且会按照添加回调的顺序调用。如果有异步代码，例如调用了setTimeout或XMLHttpRequest，在Promise对象执行完毕之前，不会执行依赖Promise对象输出结果的回调，如下列代码清单所示。一旦Promise对象的状态确定了，传给p.then(success, fail)或p.catch(fail)的回调会立即执行，但具体执行哪个回调要视情况而定：只有Promise对象的状态为fulfilled时才会执行success回调，只有Promise对象的状态为rejected时才会执行fail回调。

代码清单6.17 执行Promise对象

```
var promise = new Promise(function logic (fulfill, reject) {
  console.log('Pending...');

  setTimeout(function later () {
    if (Math.random() < 0.5) {
      fulfill('Good enough.');
    } else {
      reject(new Error('Dice roll failed!'));
    }
  }, 1000);
});

promise.then(function success (result) {
  console.log('Succeeded', result);
}, function fail (reason) {
  console.log('Rejected', reason);
});
```

除了在Promise对象上多次调用.then方法创建不同的分支外，还可以把回调链接在一起，在每个回调中修改得到的结果。下面介绍链接的Promise对象。

2. 在链接的Promise对象中转换数据

现在要讲的内容很难理解，所以我们一步步来。链接回调时，前面的回调会把返回结果传给后面的回调。在下列代码清单中，Promise对象创建一个字符串，第一个回调把这个字符串解析成JSON对象，第二个回调打印这个JSON对象中`buildfirst`字段的值，确定是不是`true`。

代码清单6.18　使用数据转换链

```
var promise = new Promise(function logic (fulfill) {
  fulfill('{"buildfirst": true}');
});

promise
  .then(function parse (value) {
    return JSON.parse(value);
  })
  .then(function print (value) {
    console.log(value.buildfirst);
    // <- true
  });
```

在这个示例中，Promise对象始终返回一个JSON字符串。

这个方法把JSON字符串解析成一个对象。

`print`回调的参数是`parse`回调转换后得到的JSON对象。

链接多个回调以转换前面的值是很有用的，但如果链接的是异步回调就没什么用了。那么如何链接Promise对象来处理异步任务呢？请看下一节。

6.3.2　链接Promise对象

回调除了可以返回值之外，还可以返回其他Promise对象。返回Promise对象有个有趣的效果：链中的下一个回调会等到前一个Promise对象执行完毕后再调用。在下一个示例中，我们要请求GitHub的API获取一组用户，然后再获取其中一个用户的一个项目名称。为此我们需要事先创建一个Promise封装器，处理`XMLHttpRequest`对象。`XMLHttpRequest`是浏览器的原生API，用于处理AJAX请求。

1. 一个空的AJAX请求

本书不会详细说明`XMLHttpRequest`的用法，不过下列代码的作用不解自明。下列代码清单展示了如何使用最少的代码发起AJAX请求。

代码清单6.19　发起AJAX请求

```
var xhr = new XMLHttpRequest();
xhr.open('GET', endpoint);
xhr.onload = function loaded () {
  if (xhr.status >= 200 && xhr.status < 300) {
    // 获取响应
  } else {
    // 报告错误
  }
};
xhr.onerror = function errored () {
```

```
    // 报告错误
  };
  xhr.send();
```

我们传入了一个端点（URL），把HTTP方法设为GET，然后异步处理返回的结果。现在是把上述处理AJAX请求的代码改写成Promise对象的绝佳时机。

2. 使用Promise对象处理AJAX请求

其实我们不用作什么修改，只需把处理AJAX请求的代码放到Promise对象中就可以了，然后再根据情况调用resolve或reject回调。下列代码清单是get函数的一种实现方式，这个函数使用Promise对象访问XHR对象。

代码清单6.20 使用Promise对象处理AJAX请求

```
function get (endpoint) {
  function handler (fulfill, reject) {
    var xhr = new XMLHttpRequest();
    xhr.open('GET', endpoint);
    xhr.onload = function loaded () {
      if (xhr.status >= 200 && xhr.status < 300) {
        fulfill(xhr.response);
      } else {
        reject(new Error(xhr.responseText));
      }
    };
    xhr.onerror = function errored () {
      reject(new Error('Network Error'));
    };
    xhr.send();
  }

  return new Promise(handler);
}
```

如果状态码在200~299之间，则使用**fulfill**回调处理响应。

否则使用错误对象拒绝这个Promise对象。

出现网络错误（例如请求超时）时也拒绝。

有了这个get函数，连续调用多个回调就轻而易举了。下列代码使用我们实现的get方法发起一个AJAX请求。注意，我们既通过Promise对象执行了异步操作，又使用then方法执行了同步操作，即转换数据。

```
get('https://api.github.com/users')
  .catch(function errored () {
    console.log('Too bad. That failed.');
  })
  .then(JSON.parse)
  .then(function getRepos (res) {
    var url = 'https://api.github.com/users/' + res[0].login + '/repos';
    return get(url).catch(function errored () {
      console.log('Oops! That one failed.');
    });
  })
  .then(JSON.parse)
  .then(function print (res) {
    console.log(res[0].name);
  });
```

我们也可以把JSON.parse方法写进get函数中，不过这也许是说明如何使用Promise对象同时处理异步和同步操作的好机会。

如果我们想执行类似6.2.1节中async.waterfall能执行的操作，那么这样做就是很可行的，这样前一个任务的结果会传给下一个任务。如果想实现async库提供的其他流程控制方式，应该怎么做呢？请继续往下读。

6.3.3　控制流程

使用Promise对象控制流程大致和使用流程控制库（例如async）一样简单。如果想等到一系列Promise对象执行完毕之后再进行其他操作，就像async.parallel那样，可以把这些Promise对象放到Promise.all方法中，如下列代码清单所示。

代码清单6.21　使用Promise对象实现暂停

```
function delay (t) {
  function wait (fulfill) {
    setTimeout(function delayedPrint () {
      console.log('Resolving after', t);
      fulfill(t);
    }, t);
  }
  return new Promise(wait);
}

Promise
  .all([delay(700), delay(300), delay(500)])
  .then(function complete (results) {
    return delay(Math.min.apply(Math, results));
  });
```

Promise.all会等所有Promise对象的状态都变成fulfilled之后再执行后续回调。

这些Promise对象的结果以数组的形式传给Promise.all回调。

在上述代码中，前面所有的Promise对象的状态都变成表示成功的fulfilled之后才会执行delay(Math.min.apply(Math, results))这个Promise对象。还要注意，传给then(results)的参数是一个数组，其中的元素是前面每个Promise对象的结果。从调用.then方法这一点你可能已推断出，Promise.all(array)返回的是一个Promise对象，而且当array中所有Promise对象的状态都为fulfilled时，返回的Promise对象的状态才是fulfilled。

在执行长时间运行的操作，例如一系列AJAX请求时，Promise.all特别有用，因为如果能同时执行这些操作的话，就无需串行执行了。如果已经知道所有要请求的端点，就无需串行请求，执行并行请求即可。等到所有请求结束后，我们就可以处理这些请求得到的结果了。

使用Promise对象进行函数式编程

若想使用Promise对象执行async.map或async.filter这样的函数式操作，你最好使用Array原型中的本地方法。我们无需在Promise对象中实现所需的操作，因为使用.then方法就可以把结果转换成所需的格式。下列代码清单使用前面定义的delay函数，把超过400毫秒的结果提取出来，并对其排序。

代码清单6.22 使用delay函数排序结果

```
Promise
  .all([delay(700), delay(300), delay(500)])
  .then(function filterTransform (results) {
    return results.filter(function greaterThan (result) {
      return result > 400;
    });
  })
  .then(function sortTransform (results) {
    return results.sort(function ascending (a, b) {
      return a - b;
    });
  })
  .then(function print (results) {
    console.log(results);
    // <- [500, 700]
  });
```

等待所有实现暂停的Promise对象都确定状态

然后使用一个转换回调过滤结果

想转换多少次都行！

链中的每一步都会得到转换后的结果

可以看出，使用Promise对象同时处理同步和异步操作就这么简单，即便涉及函数式操作或AJAX请求，也难不到哪里去。现在我们处理的都是操作成功的情况，但在使用Promise对象时应该怎么恰当处理错误呢？

6.3.4 处理被拒绝的Promise对象

我们在6.3.1节说过，可以向`then(success, failure)`方法传入第二个参数，处理被拒绝的Promise对象。[①]类似地，使用`.catch(failure)`能更清楚地表明意图。这个方法是`.then(undefined, failure)`的别名。

到目前为止，我们都是调用传入Promise构造方法的`reject`回调显式来拒绝Promise对象的，不过这不是唯一的方式。

以下就是一个抛出并处理错误的示例。注意，我在Promise对象中使用的是`throw`语句，不过你应该使用更具语义的`reject`参数。我这样做是为了说明在Promise对象和`then`方法中都能抛出异常。

代码清单6.23 捕获抛出的错误

```
function delay (t) {
  function wait (fulfill, reject) {
    if (t < 1) {
      throw new Error('Delay must be greater than zero.');
    }
    setTimeout(function later () {
      console.log('Resolving after', t);
      fulfill(t);
    }, t);
  }
  return new Promise(wait);
}
```

① 被拒绝的Promise对象，就是状态为`rejected`的Promise对象。——译者注

```
Promise
  .all([delay(0), delay(400)])
  .then(function resolved (result) {
    throw new Error('I dislike the result!');
  })
  .catch(function errored (err) {
    console.log(err.message);
  });
```

如果你运行这个示例，会发现`delay(0)`这个Promise对象抛出的错误导致了成功分支没有执行，因此没有显示`'I dislike the result!'`消息。即便没有`delay(0)`，`then`方法中的成功分支也会抛出错误，阻止执行后续的成功分支。

至此，我们说明了什么是回调之坑以及如何避免掉入其中，介绍了如何使用`async`库控制异步流程，还说明了如何使用Promise对象控制流程。Promise对象包含在即将发布的ES6中，不过借助一些库和腻子脚本已经得到广泛使用了。

接下来我们要讨论事件。这是JavaScript处理异步操作的一种方式。如果你做过JavaScript开发，我相信你一定遇到过这种处理方式。介绍完事件之后，我们会介绍ES6提供的另一种异步流程处理方式——生成器。这是个新功能，其作用相当于惰性处理迭代器，类似于C#等语言对可枚举对象的处理方式。

6.4　理解事件

事件也叫发布—订阅模式或事件发射器模式。在事件发射器模式中，组件发出某些类型的事件，并随带一些参数。有意处理这些事件的组件可以订阅关注的事件，然后处理事件和随带的参数。事件发射器模式的实现方式有多种，而且大多数都涉及某种原型继承方式。不过也可以把必要的方法依附到现有的对象上，我们会在6.4.2节介绍这种方式。

浏览器原生支持事件，实现的原生事件包括AJAX请求获取响应、人类和DOM交互、WebSocket仔细监听即将到达的操作等。事件天生就是异步的，而且遍布于浏览器中，所以我们要恰当地处理。

6.4.1　事件和DOM

事件是Web中最古老的异步模式之一，在JavaScript代码中处理浏览器中的DOM时就要用到事件。下列示例注册了一个事件监听器，每次点击页面都会触发绑定的事件：

```
document.body.addEventListener('click', function handler () {
  console.log('Click responsibly. Do not click and drive!');
});
```

DOM事件通常都由人的行为触发，例如在浏览器窗口中点击、平移、触摸或缩放。如果抽象做得不够好，DOM事件很难测试。在下面这个简单的示例中，我们可以看到使用匿名函数处理点击事件会对测试产生什么影响：

```
document.body.addEventListener('click', function handler () {
  console.log(this.innerHTML);
});
```

这个功能很难测试，因为脱离事件无法访问事件句柄。为了更易于测试，也为了避免测试句柄时模拟点击操作的麻烦（在集成测试中还是要模拟，详见第8章），建议把句柄提取出来，定义成具名函数，或者把主要逻辑移到易于测试的具名函数中。这么做还有利于代码重用，因为能使用相同的方式处理多个事件。下列代码片段展示了如何把处理点击操作的句柄提取出来：

```
function elementClick handler () {
  console.log(this.innerHTML);
}
var element = document.body;
var handler = elementClick.bind(element);

document.body.addEventListener('click', handler);
```

得益于`Function.prototype.bind`，我们才能把那个元素添加到上下文中。人们对绑定上下文的方式有争论，有些建议使用`this`，有些则反对。你应该选择一种自己觉得最舒服的方式，并且坚持使用下去。我们既不能始终把句柄绑定到相关的元素上，也不能一直使用`null`上下文绑定句柄。一致性是代码可读性（和可维护性）最重要的影响因素之一。

接下来我们要自己动手实现事件发射器。我们会把相关的方法依附到对象上，而不使用原型，这样实现起来更简单。下面来看具体应该怎么做。

6.4.2 自己实现事件发射器

事件发射器通常支持多种事件类型，而不是只支持一种。下面我们一步步实现一个用于创建事件发射器的函数，这个函数还能把现有的对象改造成事件发射器。第一步我们要返回一个原封不动的对象，如果没有提供对象则创建一个：

```
function emitter (thing) {
  if (!thing) {
    thing = {};
  }
  return thing;
}
```

为了提供强大的功能，我们需要让这个函数支持多种事件类型。这样做并不太费事，我们只需在一个对象中把事件类型和事件监听器对应起来。同理，每种事件类型对应的值需要是一个数组，才能在每种事件类型上绑定多个事件监听器。下列代码清单（在本书配套源码的ch06/11_event-emitter文件夹中）展示了如何把现有的对象转换成事件发射器。

代码清单6.24 把对象改造成事件发射器

```
function emitter (thing) {
  var events = {};
```

thing参数是我们想改造成事件发射器的对象

```
  if (!thing) {
    thing = {};                          // 如果没有提供对象，就创建一个
  }

  thing.on = function on (type, listener) {     // 把事件监听器依附到现有的或新建的事件类型上
    if (!events[type]) {
      events[type] = [listener];
    } else {
      events[type].push(listener);
    }
  };

  return thing;
}
```

现在，创建发射器后就可以添加事件监听器了，操作方式如下。记住，触发事件时可以把任意数量的参数传给监听器；接下来就可以实现触发事件的方法了。

```
var thing = emitter();

thing.on('change', function changed () {
  console.log('thing changed!');
});
```

显然，这和DOM事件监听器的使用方式一样。接下来我们要做的就是实现触发事件的方法。没有这个方法，我们实现的就称不上是事件发射器。我们要实现一个`emit`方法，触发特定事件类型的监听器，并且传入任意数量的参数，如下列代码清单所示。

代码清单6.25　触发事件监听器

```
thing.emit = function emit (type) {
  var evt = events[type];
  if (!evt) {
    return;
  }
  var args = Array.prototype.slice.call(arguments, 1);
  for (var i = 0; i < evt.length; i++) {
    evt[i].apply(thing, args);
  }
};
```

在上面的代码中，我们要关注的是`Array.prototype.slice.call(arguments, 1)`语句。我们把`arguments`对象传给`Array.prototype.slice`方法，并且指定从索引1开始截取。这个语句有两个作用：首先，它把传入`emit`方法的`arguments`对象校正成真正的数组，然后删除第一个元素，即事件类型，因为调用事件监听器时不需要这个信息。

异步执行监听器

最后我们还要作一项调整，即让监听器异步执行，防止某个监听器出问题后中断执行主循环。这里可以使用try/catch块，但如果不想在事件监听器中处理异常的话，可以把异常交给使用者处理。为了实现异步，我们可以使用`setTimeout`函数，如下列代码清单所示。

代码清单6.26 触发事件

```
thing.emit = function emit (type) {
  var evt = events[type];
  if (!evt) {
    return;
  }
  var args = Array.prototype.slice.call(arguments, 1);
  for (var i = 0; i < evt.length; i++) {
    debounce(evt[i]);
  }
  function debounce (e) {
    setTimeout(function tick () {
      e.apply(thing, args);
    }, 0);
  }
};
```

现在我们可以创建发射器对象，或把现有的对象转换成事件发射器了。注意，因为我们把事件监听器放在了一个超时处理函数中，所以，如果回调抛出错误，其他代码会继续执行，直至结束。这和事件发射器的同步实现方式有所不同，因为在同步方式中，出现错误后会停止执行当前代码路径中的代码。

为了做个有趣的实验，我使用Function.prototype.bind把一组事件绑定到了一个事件发射器上，如下列代码清单所示。我们来看以下代码是如何运作，以及为什么如此运作的。

代码清单6.27 使用事件发射器

```
var beats = emitter();
var handleCalm = beats.emit.bind(beats, 'ripple', 10);

beats.on('ripple', function rippling (i) {
  var cb = beats.emit.bind(beats, 'ripple', --i);
  var timeout =  Math.random() * 150 + 50;
  if (i > 0) {
    setTimeout(cb, timeout);
  } else {
    beats.emit('calm');
  }
});

beats.on('calm', setTimeout.bind(null, handleCalm, 1000));

beats.on('calm', console.log.bind(console, 'Calm...'));
beats.on('ripple', console.log.bind(console, 'Rippley!'));

beats.emit('ripple', 15);
```

显然，这个示例没什么太大的作用。不过有趣的是，其中两个监听器用于控制流程，另两个用于控制输出，而且触发一次就能让事件链一直执行下去。和之前一样，本书的配套源码中有一份完整可用的副本，在ch06/11_event-emitter文件夹中。打开附带的示例后，记得看一下前面几个示例的代码。

6

事件发射器的强大体现在它的灵活性上，我们还可以反过来使用发射器。假设使用事件发射器控制组件时，我们向外提供的是触发功能而不是监听功能，那么我们就可以向这个组件传送任何消息，让这个组件处理；而且与此同时，这个组件还可以触发自身的事件，让其他组件处理。这个过程实际上就是在组件之间通信。

本章还剩最后一个话题要讨论：ES6中的生成器。生成器是ES6中的一种特殊的函数，可以惰性迭代，实现有趣的功能。下面详细说明生成器。

6.5　展望：ES6 生成器

JavaScript生成器是ES6中一个有趣的新功能，在很大程度上是受Python启发的。生成器表示值序列，例如斐波那契数列，而且这个序列是可以迭代的。虽然JavaScript已经提供了迭代数组的功能，但生成器使用的是惰性迭代方式。惰性迭代更好，因为迭代无穷序列生成器时不会出现无限循环或堆栈溢出异常。生成器函数使用星号注明，而且必须使用`yield`关键字返回序列中的元素。

6.5.1　创建第一个生成器

下列代码清单展示了如何创建一个表示斐波那契无穷数列的生成器函数。按照定义，斐波那契数列的前两个数都是1，随后的数分别是前两个数之和。

代码清单6.28　生成斐波那契数列

```
function* fibonacci () {
  var older = 0;
  var old = 1;

  yield 1;

  while (true) {
    yield old + older;
    var next = older + old;
    older = old;
    old = next;
  }
}
```

创建生成器之后，我们可能想使用生成的值，为此，我们需要调用生成器函数，得到一个迭代器。然后调用`iterator.next()`方法，使用迭代器从生成器中获取值，而且调用一次只获取一个值。调用`iterator.next()`方法得到的结果是一个对象。对上例代码清单中的生成器来说，得到的结果可能是`{ value: 1, done: false }`。其中，done属性的值会在迭代完毕后变成`true`。不过在这个示例中，迭代永远不会结束，因为我们使用了无限循环`while (true)`。下列示例演示了如何迭代这个斐波那契无穷数列生成器中的部分值：

```
var iterator = fibonacci();
var i = 10;
var item;
```

```
while (i--) {
  item = iterator.next();
  console.log(item.value);
}
```

运行本节示例最简单的方式是使用ES6 Fiddle（http://es6fiddle.net），这个工具的作用是运行你输入的ES6代码，包括使用生成器的代码。此外，还可以访问https://nodejs.org/dist，下载并安装Node v0.11.10或之后的版本。使用`node --harmony <file>`命令执行脚本便会启用ES6中的功能，例如生成器及相应的`function* ()`结构、`yield`关键字和`for..of`结构。下面介绍`for..of`结构。

1. 使用for..of迭代

使用`for..of`句法能简化迭代生成器的过程。通常情况下，我们要调用`iterator.next()`方法，然后存储或使用`result.value`属性的值，而且还要检查`iterator.done`属性的值，判断迭代是否结束。而`for..of`句法会代你执行这些操作，简化代码。下列代码展示了如何使用`for..of`循环迭代生成器。注意，我们使用的是一个有限生成器，如果使用前面定义的`fibonacci`生成器，得到的将是无限循环，要使用`break`才能退出循环。

```
function* keywords () {
  yield 'buildfirst';
  yield 'javascript';
  yield 'design';
  yield 'architecture';
}

for (keyword of keywords()) {
  console.log(keyword);
}
```

现在你可能会问，处理异步流程时生成器有什么用呢？很快我们就会回答这个问题。在此之前，我们先说明在生成器函数中暂停执行的含义。

2. 在生成器中暂停执行

我们还以第一个生成器为例：

```
function* fibonacci () {
  var older = 1;
  var old = 0;

  while (true) {
    yield old + older;
    older = old;
    old += older;
  }
}
```

这个生成器是怎么运行的呢？它是如何中断无限循环的呢？每次执行`yield`语句时，生成器中的代码就会暂停执行，把控制权交给使用方，而且还会把`yield`语句得到的值传给使用方。这就是iterator.next()方法获取值的方式。下面我们使用一个简单的生成器（有副作用）进一步分析这种行为：

```
function* sentences () {
  yield 'going places';
  console.log('this can wait');
  yield 'yay! done';
}
```

在迭代生成器生成的序列时，每次调用yield后会立即暂停执行生成器中的代码（暂停执行，直到请求序列中的下一个值为止）。这允许你在下次调用iterator.next()方法时可以执行一些有副作用的代码，例如上例中的console.log语句。下列代码片段展示了如何迭代这个生成器：

```
var iterator = sentences();

iterator.next();
// <- 'going places'

iterator.next();
// 输出：'this can wait'
// <- 'yay! done'
```

掌握这些关于生成器的新知识后，我们可以尝试创建操作生成器的迭代器，让异步代码更容易编写。

6.5.2　生成器的异步性

下面我们充分利用生成器暂停执行这个行为，创建一个迭代器，把同步流程和异步流程紧密结合在一起。你可以思考一下，为了实现下列代码（在ch06/13_generator-flow文件夹中）的功能，应该怎么定义flow函数。在这个代码清单中，我们使用yield调用需要异步执行的方法，等到获取所需的全部食物类型之后，再调用flow函数提供的next回调。注意，我们仍然使用了定义回调的习惯，即第一个参数是错误对象或假值。

代码清单6.29　创建利用暂停执行行为的迭代器

```
flow(function* iterator (next) {
  console.log('fetching food types...');
  var types = yield get;
  console.log('waiting around...');
  yield setTimeout(next, 2000);
  console.log(types.join(', '));
});

function get (next) {
  setTimeout(function later () {
    next(null, ['bacon', 'lettuce', 'crispy bacon']);
  }, 1000);
}
```

为了让以上代码清单能使用，我们要创建flow方法，在调用next回调之前，暂停执行yield

语句。这个flow函数的参数是一个生成器，如上述代码清单所示，然后迭代这个生成器。这个生成器应该接受一个next回调，因此可以避免使用匿名函数。除此之外，还可以定义一个参数为next回调的函数，然后迭代器把next回调传给这个函数。使用方要通知迭代器该调用next()方法让暂停中断，从上次暂停的地方继续执行了。

下列代码清单是flow函数的一种实现方式，和目前你所见到的迭代器差不多。不过这个函数还能让参数表示的生成器函数迭代序列。使用生成器实现异步模式的关键是，让生成器不断暂停（使用yield）和继续（调用next）迭代流程。

代码清单6.30 使用生成器控制流程

```
function flow (generator) {
  var iterator = generator(next);

  next();

  function next (err, result) {
    if (err) {
      iterator.throw(err);
    }
    var item = iterator.next(result);
    if (item.done) {
      return;
    }
    if (typeof item.value === 'function') {
      item.value(next);
    }
  }
}
```

手动调用**next()**回调，开始处理流程

使用这个flow函数可以轻易混用同步流程和异步流程，也能在这两种流程之间切换自如。此后我们可以使用普通的JavaScript回调和contra库（async库的轻量级替代品）控制流程了。

6.6 总结

本章讲了很多知识，总结起来有以下几点。

- 说明了什么是回调之坑，讲解了避免掉入坑中的方法：为函数命名，或者自己实现控制流程的方法。
- 学习了如何使用async库实现不同的需求，例如异步串行、异步映射和异步队列。我们还介绍了Promise对象，学习了如何创建Promise对象，如何链接多个Promise对象，以及如何混合搭配异步流程和同步流程。
- 使用一种与实现无关的方式介绍了事件，学习了如何自己实现事件发射器。
- 简单介绍了即将发布的ES6中的生成器，以及如何使用生成器控制异步流程。

第7章将深入讲解客户端编程实践。我们会讨论目前与DOM交互的方式以及如何对其进行改进，还会讨论组件化开发对未来的影响。我们会详细说明使用jQuery的方式，指出这个库无法满足所有需求，然后提供几个可供选择的替代方案。我们还会着手学习一个MVC框架——BackboneJS。

第 7 章

使用模型–视图–控制器模式

本章内容

- 比较纯jQuery和MVC模式
- 学习在JavaScript中使用MVC模式
- 介绍Backbone
- 使用Backbone开发应用
- 在服务器和浏览器中共享视图渲染

至此，我们已讨论了应用开发周边的话题，例如制定构建过程，还说到了代码相关的话题，例如清晰的异步流程和模块化应用设计，不过还没怎么涉及和应用本身有关的话题。本章就来探讨一下这个话题，说明为什么jQuery（一个流行的库，用来简化和DOM的交互）可能无法满足大型应用的设计需求，然后介绍一些增强或完全替代jQuery的工具。我们会使用模型-视图-控制器（Model-View-Controller，简称MVC）设计模式开发一个应用，管理待办事项清单。

和模块化类似，MVC也通过分离关注点来提升软件的质量。MVC把关注点分解成三种模块：模型、视图和控制器。这三部分互相联系，把信息的内部表示（即模型，使用开发者理解的方式表示数据）、表现层（即视图，用来把数据展现给用户）和逻辑（即控制器，用来连接这两种表示相同数据的不同方式，还会验证用户输入的数据，决定把哪个视图展现给用户）分开。

首先，我会告诉你为什么jQuery不能满足大型应用的设计需求，然后会通过Backbone.js库教你如何在JavaScript中使用MVC。我的目标不是让你变成Backbone大师，而是带你走进现代JavaScript应用结构设计的奇妙世界。

7.1 jQuery 力不胜任

jQuery库自出现以来帮助了几乎每一个Web开发者，它在某些方面做得很好，能解决不同版本浏览器的已知缺陷，统一不同浏览器的Web API，还为使用者提供了灵活的API，让得到的结果保持一致，易于使用。

jQuery帮助普及了CSS选择器，让它成为在JavaScript中查询DOM的首选方法。DOM API中原生的`querySelector`方法和jQuery的查询方式类似，都使用CSS选择器搜索DOM元素。不过，仅仅使用jQuery还不够，原因详述如下。

1. 代码的组织方式和jQuery

jQuery没有提供任何组织代码基的方式，这无妨，因为jQuery的作用不在此。虽然jQuery简化了访问原生DOM API的方式，但没有在如何让应用的结构变得更好上下任何功夫。在传统的Web应用中可以只使用jQuery，但开发单页应用时这样做却不合适，因为单页应用的客户端代码基更大，也更复杂。

现在jQuery仍然很流行的另一个原因是，它能很好地兼容其他库。因此，我们没必要使用jQuery做所有事情，相反，可以使用其他增强jQuery功能的库，或者不是为了增强jQuery功能的库。当然也可以只使用jQuery。如果不把jQuery和MVC库或框架结合在一起使用，很难开发出模块化组件，而且随着时间的推移，代码会变得难以维护。

MVC模式把应用的关注点分成视图、模型和控制器三部分，而且各部分之间相互作用、相互合作，组成一个完整的应用。使用MVC，大部分逻辑都自成一体，也就是说，复杂的视图不会把应用变复杂，因此MVC特别适合开发可伸缩的应用。MVC模式在20世纪70年代后期就出现了，但直到2005年，Ruby on Rails才将其引入Web应用领域。2010年，Backbone发布了，把MVC带到了主流的JavaScript客户端应用开发领域。如今，除了Backbone之外还有很多其他使用MVC模式开发Web应用的JavaScript库。

2. 视图模板

首先我们要编写HTML，这叫视图。视图用于定义组件的外观，说明如何在用户界面中显示组件，以及在什么地方显示数据。如果只使用jQuery的话，要自己动手创建组成组件的DOM元素，还要设定相应的HTML属性值和内部的文本。不过，一般我们都会使用模板引擎，把模板字符串（在这里是HTML）和数据提供给引擎，让引擎使用数据填写模板。在模板中可能需要遍历数组，然后为每个元素创建一些HTML元素。这种代码使用纯粹的JavaScript写起来很繁琐，就算使用jQuery也很麻烦。但是，使用模板库的话，就无需担心了，因为模板引擎能帮我们处理。图7-1说明了如何把模板当成可重用的组件使用。

3. 使用控制器

然后我们要实现功能，让视图有数据可以显示——这一部分叫*控制器*。控制器的作用是让沉寂的HTML模板活跃起来。在控制器中我们可以把DOM事件绑定到特定的操作上，还可以在某件事发生时更新视图。使用jQuery能轻松实现这些操作，我们只需把事件添加到DOM中就行了。看似是这样，然而，这只适用于一次性绑定。如果我们想开发一个组件，使用类似前面所示的那种视图，把事件绑定到渲染得到的HTML上，此时应该怎么做呢？

对这种需求来说，我们需要找到一种统一的方式，来创建DOM结构、绑定事件、对变动作出反应并更新DOM。而且这个过程需要单独完成，因为视图是可重用的组件，要在应用中的多个地方使用。说到底，我们就是在自己开发MVC框架。在学习的过程中，这是个不错的练习。其实，我就是这么做才理解了如何在JavaScript中使用MVC模式的。我在自己的一个个人项目（我的博客）中编写了一个MVC引擎，这为我学习其他JavaScript MVC引擎奠定了基础。如果不想自己开发，还可以使用现有的（久经考验的）MVC框架。

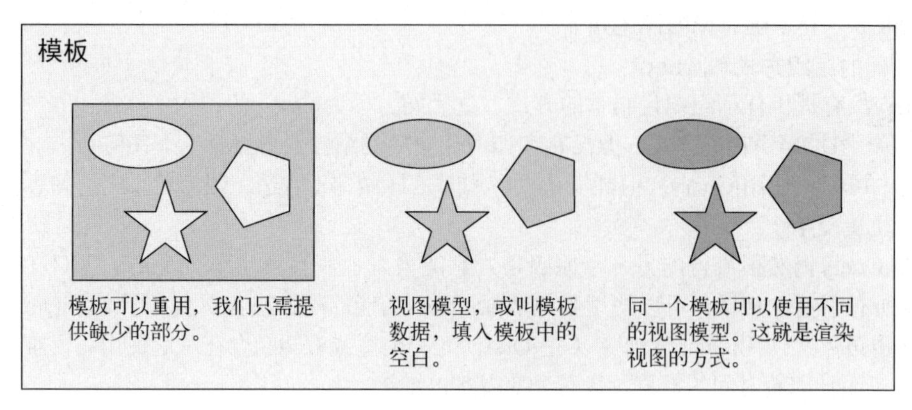

图7-1　不同的数据模型重用相同的模板

下面我们简要说明MVC模式的工作方式，开发复杂的应用时MVC有何作用，以及为什么要使用MVC模式。7.2节会说明如何在JavaScript中应用MVC模式。我们会介绍几个使用MVC模式辅助编写代码的库，然后选中Backbone作为介绍重点。和预想的一样，使用MVC模式时要把应用分成以下几个部分。

- 模型：保存渲染视图所需的信息。
- 视图：负责渲染模型中的数据，让用户和模型交互。
- 控制器：在渲染视图前查询模型，还要管理用户和各组件之间的交互。

图7-2说明了使用MVC模式的标准应用中不同组件之间的交互。

1. 模型

模型定义视图要传达的信息。这些信息可以从服务中获取，而这些服务则会从数据库中获取数据。第9章讨论REST API设计和服务器层时会谈到这个问题。模型中保存的是原始数据，没有任何逻辑，纯粹就是一些相关数据。模型也不知道如何显示数据，这是视图应该关注的，而且只能由视图关注。

2. 视图

视图由两部分组成：模板，指定使用什么结构显示模型中的数据；模型，提供要显示的数据。模型可以在不同的视图中重用，而且通常都会这么做。例如，Article模型既可以在Search视图中使用，也可以在ArticleList视图中使用。把模板和模型结合在一起，得到的是视图，而视图可以用作HTTP请求的响应。

3. 控制器

控制器决定渲染哪个视图，这是控制器的主要作用之一。控制器决定要渲染的视图，并且会准备视图模型，为视图模板提供所有相关的数据，然后让视图引擎使用指定的模型和模板渲染视图。我们可以在控制器中为视图添加其他行为，响应特定的操作，或者重定向到其他视图。

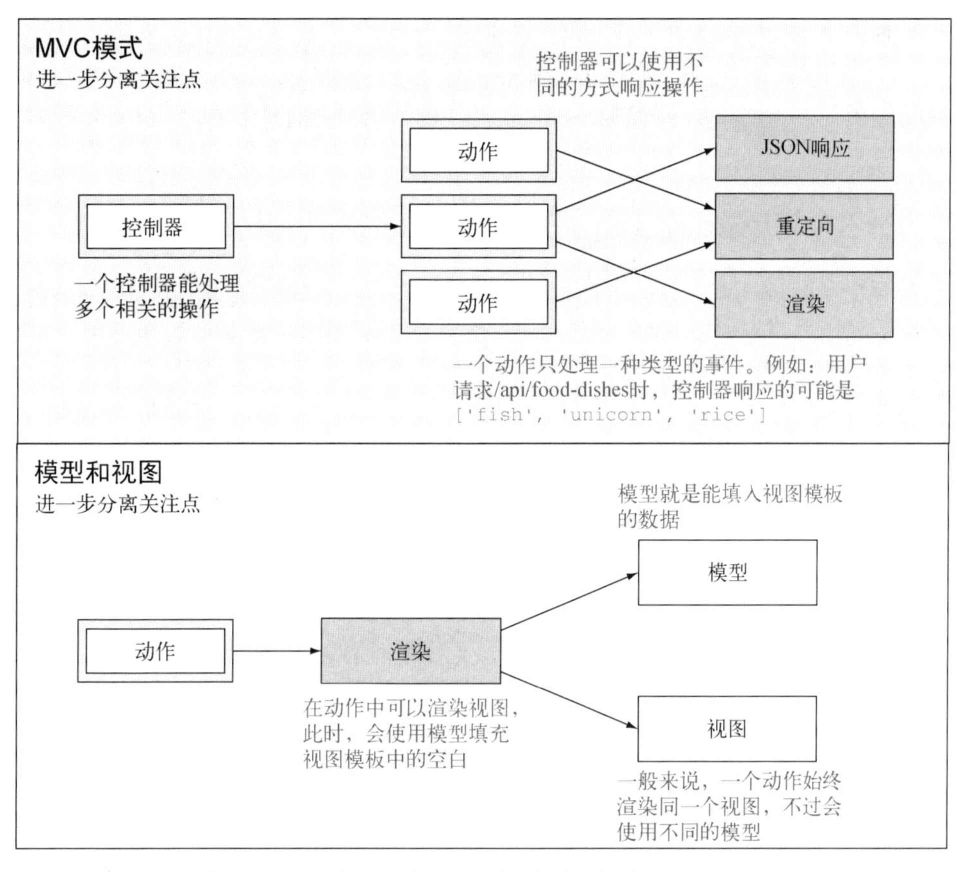

图7-2 MVC模式把关注点分离到控制器、视图和模型中

4. 路由

在Web中使用MVC模式必须有视图路由，不过这个模式的名称中并没有体现出来。在使用MVC模式开发的应用中，视图路由是请求访问的第一个组件。路由使用预先定义好的规则，把URL模式匹配到控制器的动作上。路由规则在代码中定义，根据条件捕获请求：如果请求`/articles/{slug}`，就把这个请求发送给`Articles`控制器，然后调用`getBySlug`动作，并把`slug`参数传给这个动作（`slug`的值从请求的URL中提取）。路由把工作委托给控制器完成，在控制器中会验证请求，判断是要渲染视图、重定向到其他URL还是执行其他类似的操作。路由规则按顺序执行，如果请求的URL不匹配某个模式，就执行下一条规则。

本章剩下的内容深入说明如何在JavaScript中使用MVC模式。

7.2 在 JavaScript 中使用 MVC 模式

MVC模式不是什么新概念，但它在过去的十年中才得到了广泛使用，在客户端Web开发领域的普及尤其明显。以前，这一领域完全不使用任何架构模式。本节我会讲解为什么选择Backbone

作为教学工具，以及为什么否定了其他可选的框架。在7.3节，我会通过Backbone介绍MVC的基础知识。7.4节会分析一个案例，使用Backbone开发一个小型应用，以学习如何使用Backbone开发可伸缩的应用。第9章会进一步挖掘Backbone的功能，利用之前所学的全部知识，开发一个功能丰富的大型应用。

7.2.1　为什么使用Backbone

客户端有很多不同的MVC框架和库，服务器端则更多，在此不详细介绍。我写这本书时最难作出的决定之一是，选择使用哪个MVC框架。很长一段时间里，我在React、Backbone和Angular之间纠结。最终我决定使用Backbone，因为我觉得这是教你相关概念的最好的工具。作出这个选择并不容易，因为我要考虑框架的成熟度，是否易于使用，以及是否为人熟知。Backbone是出现最早的MVC库之一，因此是最成熟的。而且，Backbone也是最受欢迎的MVC库之一。Angular是由谷歌开发的MVC框架，也很成熟——其实比Backbone发布的还早，不过Angular太复杂，学习起来会比较困难。React由Facebook开发，虽然没有Angular那么复杂，但这个项目比较年轻，2013年才发布第一版，而且React不是真正的MVC框架，它只提供了MVC中的视图。

Angular中的一些概念不易理解，我不想在本书中用太多篇幅解说这些概念。如果使用Angular的话，我觉得不是教你如何编写MVC代码，而是教你如何编写Angular代码。最重要的一点是，我希望告诉你如何共享渲染，即在服务器和浏览器中重用相同的逻辑，在前后端使用相同的视图。可是对服务器端和客户端共享渲染来说，Angular不是最好的选择，因为开发Angular时就没考虑到这个需求。我们会在7.5节探讨共享渲染。

理解渐进增强

渐进增强这项技术的目的是为每个访问网站的人提供舒适的体验。这项技术建议我们按重要程度区分内容，然后逐渐增强内容，例如添加额外的功能。使用渐进增强技术的应用，必须完全不依靠客户端JavaScript渲染视图就能显示页面中的全部内容。把这些最容易理解的内容提供给用户之后，可以检测用户的浏览器是否支持某些功能，然后再逐步增强用户体验。提供了基本的用户体验之后，我们还可以使用客户端JavaScript实现单页应用体验。

使用这一原则开发应用有多个好处。因为我们按照重要程度区分了内容，从而访问网站的每个人都能获得最低限度的用户体验。这并不意味着禁用JavaScript的用户能查看网站，而是说在移动网络上浏览信息的人能更快地看到内容。而且，如果请求JavaScript脚本失败了，用户看到的网站至少还是可阅读的。

关于渐进增强的更多信息请阅读我博客中的相关文章，地址是http://ponyfoo.com/articles/tagged/progressive-enhancement。

React比Backbone复杂，而且与Angular和Backbone不同的是，它没有提供真正的MVC方案。React支持的模板功能为编写视图提供了帮助，但如果想把React专门当成MVC引擎使用的话，需要我们自己做很多额外工作。

相比之下，Backbone更易于逐步学习。编写简单的应用时，无需使用Backbone的全部功能。取得进展之后，我们可以添加更多的组件，为Backbone提供额外的功能，例如路由，而且在需要某个功能之前我们根本无需事先了解它。

7.2.2 安装Backbone

第5章我们介绍了使用CommonJS编写客户端代码。写好之后要编译模块，这样浏览器才能解释。下一节会使用Grunt和Browserify制定一个自动编译过程。现在，我们先讨论Backbone。首先，我们需要使用npm安装Backbone。

记住，如果没有package.json文件，要执行`npm init`命令创建。如果遇到问题，请参阅附录A对Node.js的介绍。

```
npm install backbone --save
```

Backbone需要一个处理DOM的库，例如jQuery或Zepto，才能正常使用。我们会在示例中使用jQuery，因为它更为人熟知。如果考虑把应用部署到生产环境，我建议你看一下Zepto，因为它比jQuery小。下面我们来安装jQuery：

```
npm install jquery --save
```

安装好Backbone和jQuery之后，可以开始开发应用了。首先，我们要编写几行代码设置Backbone库。使用Backbone之前，要把类似jQuery的库赋值给`Backbone.$`，因此我们要这么写：

```
var Backbone = require('backbone');
Backbone.$ = require('jquery');
```

Backbone使用jQuery和DOM交互，用于依附或移除事件句柄，以及处理AJAX请求。我们要设置的就这么多。

现在该看看怎么使用Browserify了。我会演示如何设置Grunt，把代码编译成能在浏览器中运行的格式。解决这个问题后，后面几节中的示例就能顺畅运行了。

7.2.3 使用Grunt和Browserify编译Backbone模块

我们在第5章的5.3.3节已经接触了如何使用Browserify编译模块。下列代码清单是那时Gruntfile.js文件中Browserify的配置。

代码清单7.1 Gruntfile.js文件中Browserify的配置

```
{
  browserify: {
    debug: {
      files: { 'build/js/app.js': 'js/app.js' },
      options: {
        debug: true
      }
```

```
      }
    }
  }
```

现在，我们要对这个配置作两处小调整。首先，我们想监视变动，让Grunt重新构建，打包应用，实现第3章介绍的持续快速开发。我们在第3章说过，监视变动可以使用grunt-contrib-watch包，并使用下列代码配置：

```
{
  watch: {
    app: {
      files: 'app/**/*.js',
      tasks: ['browserify']
    }
  }
```

tasks属性的值是files中监视的文件发生变化时要执行的任务。

第二处调整要用到一种转换方式，让Browserify把模块中的源码转换成适合在浏览器中运行的格式。这里我们要使用的转换方式叫brfs，意思是"Browser File System"（浏览器文件系统）。这种转换方式会内联fs.readFileSync方法读取的内容。利用这一特性可以把视图模板和JavaScript代码分开。以下列代码为例：

```
var fs = require('fs');
var template = fs.readFileSync(__dirname + '/template.html', {
  encoding: 'utf8'
});

console.log(template);
```

这段代码无法在浏览器中运行，因为浏览器不能访问服务器文件系统中的文件。为了解决这个问题，我们可以在grunt-browserify包的配置选项中添加brfs转换方式。这种转换方式会读取fs.readFile方法和fs.readFileSync方法的参数中引用的文件，然后把文件的内容内联在打包的应用中，让这些文件中的代码在Node和浏览器中都能使用：

```
options: {
  transform: ['brfs'],
  debug: true
}
```

我们还需要执行下列命令，在本地项目中使用npm安装brfs包：

```
npm install brfs --save-dev
```

好了，现在Grunt会使用Browserify编译CommonJS模块了。接下来我要介绍Backbone的主要概念、各个概念的工作方式，以及何时使用它。

7.3 介绍 Backbone

使用Backbone开发应用时要理解以下几个概念。

- 视图：用于渲染UI、处理用户的交互。
- 模型：可以用来记录、计算和验证属性。
- 集合：是一组有序的模型，用于和列表交互。
- 路由器：用于控制URL、开发单页应用。

你可能注意到了，上述列表没有提到控制器。其实，在Backbone中，视图就扮演着控制器的角色。这是MVC的一个小分支，通常称为模型–视图–视图–模型（Model-View-View-Model，简称MVVM）。图7-3说明了Backbone和传统的MVC框架（如图7-2）之间的区别，还说明了路由在这种架构中的作用。

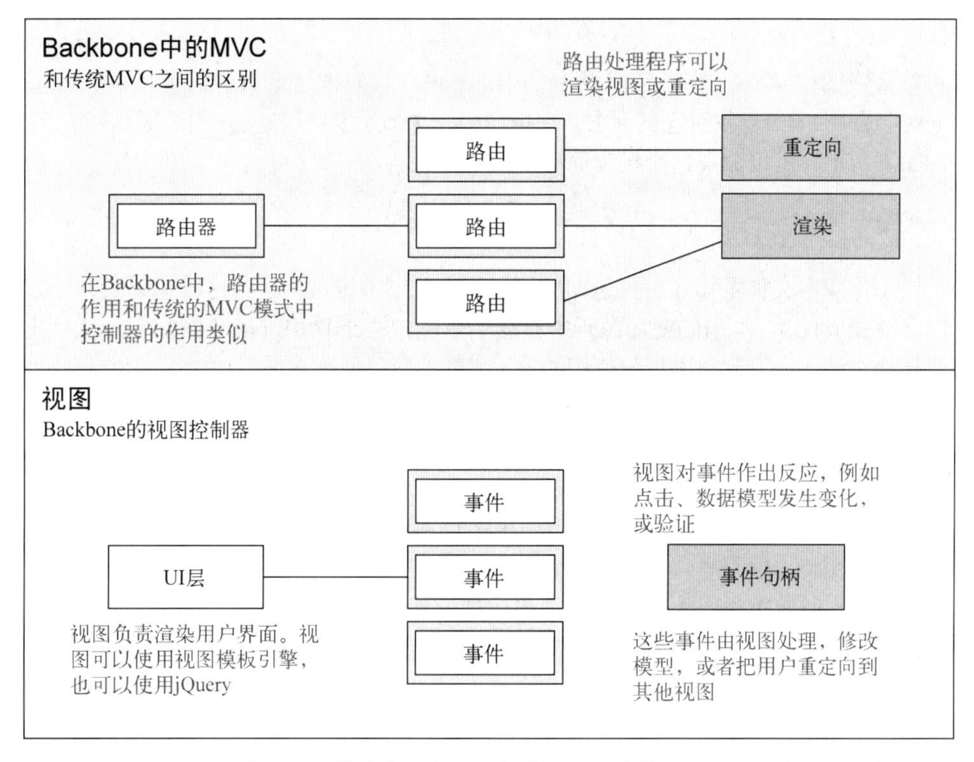

图7-3 Backbone处理MVC模式中面向用户部分（处理事件、验证和渲染UI）的方式

显然，每个概念都有很多要学习的知识。下面我们一个一个讲。

7.3.1 Backbone视图

视图负责渲染UI，而你负责编写视图的渲染逻辑——如何渲染UI完全取决于你。推荐使用jQuery或模板库渲染。

视图始终和元素关联，这么做是为了确定在什么地方渲染。下面我们通过下列代码清单来看一下如何渲染一个简单的视图。我们创建了一个Backbone视图，在指定的元素中显示一个文本，然后实例化这个视图，再渲染这个视图实例。

代码清单7.2　渲染一个简单的视图

```
var SampleView = Backbone.View.extend({
  el: '.view',
  render: function () {
    this.el.innerText = 'foo';
  }
});

var sampleView = new SampleView();

sampleView.render();
```

看到怎么声明`el`属性，并把其值设为`.view`了吗？我们把这个属性的值设为CSS选择器，Backbone就会在DOM中查找对应的元素。在视图中，这个元素可以通过`this.el`访问。在HTML页面中，如下所示，可以渲染这个极为简单的Backbone视图：

```
<div class='view'></div>
<script src='build/bundle.js'></script>
```

`bundle.js`脚本文件是编译后打包的应用，我在7.2.3节说过。运行这段代码后，`.view`元素的文本内容会变成`foo`。本书的配套源码中有这个示例，在ch07/01_backbone-views文件夹中。

视图是静态的，你可能知道如何使用jQuery渲染视图，但这么做工作量大，因为要创建每个元素，设置各元素的属性，还要在代码中构筑一个DOM树。使用模板的话，视图更易于维护，而且还能分离关注点。我们来看怎么使用模板。

使用Mustache模板

Mustache是一个视图模板库，作用是把模板字符串和视图模型渲染成视图。在模板中引用模型中的值，要使用特殊的符号——`{{value}}`，这个符号会被替换成模型中`value`属性的值。

Mustache还支持使用类似的句法迭代数组：把模板中的部分代码放在`{{#collection}}`和`{{/collection}}`之间。迭代集合时可以使用`{{.}}`获取集合中的元素，而且可以直接访问元素的属性。

下面是一个简单的HTML视图模板：

```
<p>Hello {{name}}, your order #{{orderId}} is now shipping. Your order
     includes:</p>
<ul>
  {{#items}}
  <li>{{.}}</li>
  {{/items}}
</ul>
```

为了填充这个模板，我们要使用Mustache，把它传给一个模型。首先，我们要从npm中安装Mustache：

```
npm install mustache --save
```

若想渲染这个模板，只需把模板字符串和视图模型传给Mustache：

```
var Mustache = require('mustache');
Mustache.to_html(template, viewModel);
```

为了在Backbone中使用Mustache渲染视图，我们可以创建一个可重用的模块，如下列代码片段所示。这个模块知道要使用Mustache渲染所有视图，并把视图模板和视图模型传给Mustache。在这段代码中，我们创建了一个基视图，其他视图可以继承这个视图，共用一些基本的功能，例如视图渲染，这样就不用把这个方法复制粘贴到你所创建的每个视图中了：

```
var Backbone = require('backbone');
var Mustache = require('mustache');

module.exports = Backbone.View.extend({
  render: function () {
    this.el.innerHTML = Mustache.to_html(this.template, this.viewModel);
  }
});
```

在前面的示例中，我们编写的是静态视图，可以把应用的所有代码都放在一个模块中。不过从现在开始，我们要稍微模块化一下。使用基视图是很干净利落的做法，不过一个模块中写一个视图也一样重要。在下列代码片段中，我们加载刚才编写的基视图模板，并在这个基视图的基础上扩展。加载Mustache模板使用的是`fs.readFileSync`方法，因为`require`只能用于加载JavaScript和JSON文件。我们没把那个模板放在这个视图模块中，因为最好分离关注点，尤其是涉及不同的语言时更要这么做。而且，视图模板可能会在多个视图中使用。

```
var fs = require('fs');
var base = require('./base.js');
var template = fs.readFileSync(
  __dirname + '/templates/sample.mu', 'utf8'
);

module.exports = base.extend({
  el: '.view',
  template: template
});
```

最后，我们要修改原先那个应用模块，导入这个视图而不是直接声明，并在渲染视图之前声明视图模型。现在，视图会使用Mustache渲染，如下列代码清单所示。

代码清单7.3　使用Mustache渲染视图

```
var SampleView = require('./views/sample.js');
var sampleView = new SampleView();

sampleView.viewModel = {
  name: 'Marian',
  orderId: '1234',
  items: [
    '1 Kite',
```

```
    '2 Manning Books',
    '7 Random Candy',
    '3 Mars Bars'
  ]
};
sampleView.render();
```

本书的配套源码中有这个示例，在ch07/02_backbone-view-templates文件夹中。接下来，我们要创建模型。模型是Backbone应用另一个重要的组成部分。

7.3.2　创建Backbone模型

Backbone模型（也叫数据模型）用于保存应用中的数据，通常是数据库中数据的副本。Backbone模型可以监视变动，还能验证变动。别把Backbone模型和视图模型（例如前面示例中赋值给sampleView.viewModel的数据，也叫模板数据）混淆了，视图模型通常包含多个Backbone数据模型，而且往往使用特定的格式，以便在HTML模板中使用。例如，日期在数据模型中可能以ISO格式存储，但在模板数据中会改成人类可读的字符串格式。视图扩展自Backbone.View，类似地，模型扩展自Backbone.Model，而且还可以进一步和数据交互。模型可以验证用户的输入，拒绝不良数据；可以监视变动，在数据模型有变动时作出反应；而且我们还可以根据模型中的数据计算属性的值。

在模型能做的事情中，最有影响力的或许是监视模型中数据的变动。使用这个功能，数据发生变化时，UI不用做多少事就能对此作出反应。记住，同样的数据可以使用多种不同的方式表示。例如，同样的数据可以表示成列表中的元素、图像或描述信息。数据发生变化时，模型能实时更新各种表示方式。

1. 数据模型和可塑性

我们来看一个示例（在本书配套源码的ch07/03_backbone-models文件夹中）。在这个示例中，我们读取用户的输入，将其当成二进制纯文本，如果是URL的话，则当成锚记链接。首先，我们要创建一个模型，检查用户输入的数据像不像链接。在Backbone中，我们使用get方法获取模型中属性的值。

```
module.exports = Backbone.Model.extend({
  isLink: function () {
    var link = /^https?:\/\/.+/i;
    var raw = this.get('raw');
    return link.test(raw);
  }
});
```

假如有个binary.fromString方法，用于把模型数据转换成二进制字符串，而我们想获取二进制流的前几个字符，那么可以定义一个模型方法来实现这个操作，因为这是数据相关的操作。根据经验，如果方法可以重用，而且只（或主要）依赖模型数据，那么最好定义成模型方法。获取二进制字符串前几个字符的方法可以像下列代码那样实现。如果二进制码超过20个字符，可以将其截断，并在后面加上Unicode省略号，即'\u2026'或'...'。

```
getBinary: function () {
  var raw = this.get('raw');
  var bin = binary.fromString(raw);
  if (bin.length > 20) {
    return bin.substr(0, 20) + '\u2026';
  }
  return bin;
}
```

前面我提到过，我们可以监视模型的变动。下面进一步学习事件。

2. 模型和事件

为了把视图和模型联系在一起，我们需要创建模型的实例。模型最有趣的功能之一是事件。例如，我们可以监视模型的变动，一旦模型发生变化就更新视图。我们可以在视图的initialize属性中创建模型实例，并把监听器绑定到模型实例上，再为模型提供一个初始值，如下列代码片段所示：

```
initialize: function () {
  this.model = new SampleModel();
  this.model.on('change', this.updateView, this);
  this.model.set('raw', 'http://bevacqua.io/buildfirst');
}
```

我们无需从外部发出指令渲染视图，因为只要模型中的数据有变化，视图就会自行渲染。这种机制很容易实现，只要模型中的数据有变化，就会调用updateView方法。借此机会我们可以更新视图模型，使用更新后的值渲染模板。

```
updateView: function () {
  this.viewModel = {
    raw: this.model.get('raw'),
    binary: this.model.getBinary(),
    isLink: this.model.isLink()
  };
  this.render();
}
```

现在，我们要做的就只剩下用用户的输入修改模型。我们可以把键值对添加到视图的events属性中，绑定DOM事件。键值对的键应该使用{event-type} {element-selector}格式，例如click .submit-button；键对应的值是在视图中可用的事件句柄的名称。在下列代码片段中，我实现的事件句柄会在输入的内容发生变化后更新模型：

```
events: {
  'change .input': 'inputChanged'
},
inputChanged: function (e) {
  this.model.set('raw', e.target.value);
}
```

只要触发了change事件，模型中的数据就会更新。模型中的数据发生变化又会触发模型的change事件监听器更新视图模型以及刷新UI。记住，如果通过其他方式修改了模型中的数据，例如把数据发给服务器，也会相应地刷新UI。这就是模型的价值所在。数据变复杂后，使用模型访问数据的好处更多，因为代码无需紧密耦合就能跟踪数据的变化，并对变化作出反应。

这是模型帮助塑造数据的方式之一，能避免在代码中重复实现相同的逻辑。我们在后面的几节会进一步探讨使用模型的好处，例如模型能验证数据。关于数据组织还剩最后一个话题——集合。下一节简单介绍集合，之后再讲解视图路由。

7.3.3　使用Backbone集合组织模型

在Backbone中，集合的作用是把一系列模型聚集在一起，并对这些模型排序。我们可以监听集合中元素的增删，修改集合中的模型后甚至还能收到通知。模型有助于根据其中的属性值计算出数据，而集合关注的是找到特定的模型，并处理CRUD（Create Read Update Delete，创建–读取–更新–删除）等操作。

集合中的元素属于特定模型类型，因此我们可以把普通的对象添加到集合中，这个对象在内部会转换成相应的模型类型。例如，对下列代码片段创建的集合来说，每次把元素添加到集合中都会创建SampleModel实例。这个使用集合的示例在本书配套源码的ch07/04_backbone-collections文件夹中。

```
var SampleModel = require('../models/sample.js');

module.exports = Backbone.Collection.extend({
  model: SampleModel
});
```

与模型和视图类似，集合在使用之前也要先实例化。为了让这个示例简短一些，我们会在视图中创建这个集合的实例，监听插入操作，然后把几个模型添加到这个集合中。toJSON方法的作用是把集合强制转换成普通的JavaScript对象，以便在渲染模板时从模型中获取数据，如下列代码清单所示。

代码清单7.4　获取模型数据

```
initialize: function () {
  var collection = new SampleCollection();
  collection.on('add', this.report);
  collection.add({ name: 'Michael' });
  collection.add({ name: 'Jason' });
  collection.add({ name: 'Marian' });
  collection.add({ name: 'Candy' });
  this.viewModel = {
    title: 'Names',
    people: collection.toJSON()
  };
  this.render();
},
```

```
report: function (model) {
  var name = model.get('name');
  console.log('Someone got added to the collection:', name);
}
```

集合还可以对插入的模型进行验证，这个功能会在7.4节介绍。我们的清单中还有最后一个概念没讲，即Backbone路由器。

7.3.4 添加Backbone路由器

如今，单页应用越来越多。网站只需加载一次，不用在客户端和服务器之间多次往返，都交给客户端代码处理即可。在客户端做路由可以通过修改URL中哈希符号之后的内容实现，也可以使用类似#/users或#/users/13这样的路径。在现代浏览器中，我们无需借助哈希符号，使用历史API就能修改URL，这样得到的链接更简洁，就像从服务器获取的一样。Backbone中的路由器有两个作用：修改URL，为用户提供固定链接，以便访问网站的特定部分；在URL发生变化后执行相应的动作。

图7-4说明了路由器跟踪应用状态的方式。

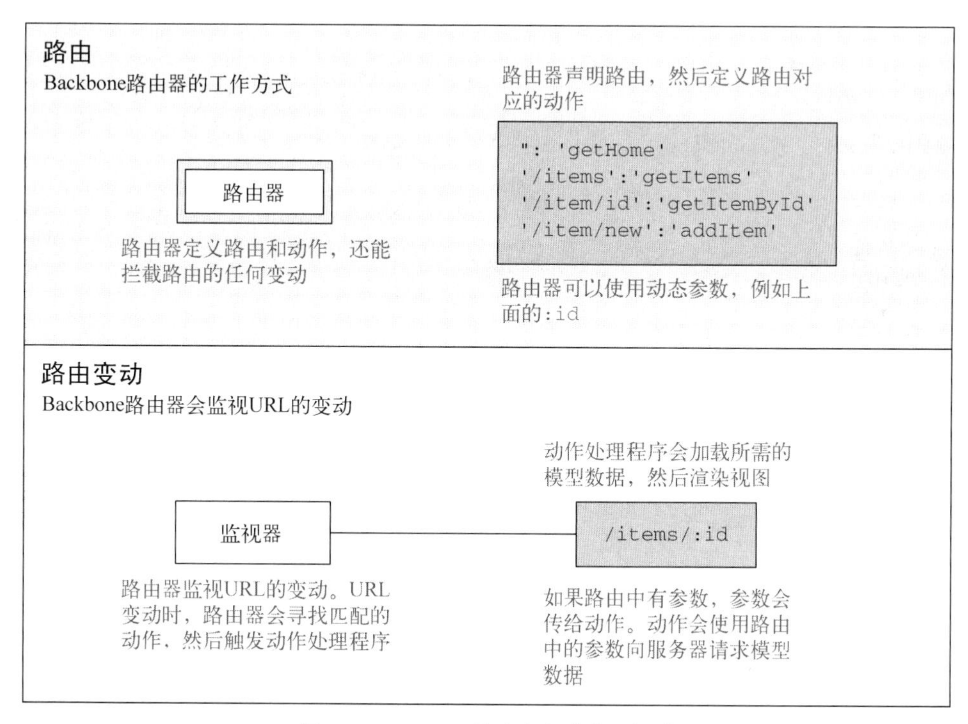

图7-4 Backbone的路由和路由监视器

我们在7.1节提过，路由器是用户访问应用时到达的第一站。传统路由器定义的规则把请求发给特定的控制器动作。但在Backbone中，起中间人作用的控制器不存在，路由器会直接把请求发给视图处理。在Backbone中，视图除了提供视图模板和渲染逻辑之外，还兼具控制器的作用。Backbone路由器会监视location的变动，然后调用相应的动作，为动作提供相关的URL参数。

1. 路由变动

下列代码片段（在本书配套源码的ch07/05_backbone-routing文件夹中）实例化一个视图路由器，然后使用Backbone.history.start方法监视URL的变动。这段代码还会检查当前URL是否匹配定义好的某个路由，如果有匹配的路由就触发那条路由。

```
var ViewRouter = require('./routers/viewRouter.js');
new ViewRouter();

$(function () {
  Backbone.history.start();
});
```

只要线路正常，我们就只需做这么多。下面编写ViewRouter组件。

2. 路由模块

路由器的作用是把每个URL和动作连接起来。开发应用时，我们通常会在动作中准备并渲染视图，或者做些其他事，例如转向其他路由。在下列代码片段中，我们创建了一个包含多个路由的路由器：

```
var Backbone = require('backbone');

module.exports = Backbone.Router.extend({
  routes: {
    '': 'root',
    'items': 'items',
    'items/:id': 'getItemById'
  }
});
```

用户访问应用的根地址时匹配的是第一个路由，会把用户重定向到默认路由。这个路由的定义如下列代码片段所示，把用户重定向到了items路由。这样做是为了确保直接访问根地址时不会产生困惑，而不是访问#items或/items（如果使用历史API的话）。trigger选项告诉navigate方法要更换URL，然后触发那个路由的动作。我们要把root方法添加到传给Backbone.Router.extend方法的对象中：

```
root: function () {
  this.navigate('items', { trigger: true });
}
```

只要所有视图都在相同的视图容器中渲染，在触发的动作中只需实例化视图就行了，如下列代码片段所示：

```
items: function () {
  new ItemView();
}
```

我们要在路由模块的顶部使用require导入这个视图，如下所示：

```
var ItemView = require('../views/item.js');
```

最后，你可能注意到了，在触发getItemById动作的路由中有个具名参数——:id。路由器会在视图中解析匹配items/:id模式的URL，调用动作时会把id作为参数传给动作，以便在渲染视图时使用这个参数：

```
getItemById: function (id) {
  new DetailView(id);
}
```

关于视图路由我们先讲这么多。在7.4节中，我们会在这些概念的基础上开发一个小型应用。接下来，我们要探讨如何利用刚学会的Backbone知识，使用MVC模式开发一个在浏览器中运行的应用。

7.4　案例分析：购物清单

在你合上书去开发自己的应用之前，我想结合目前本章介绍过的全部知识，通过一个完整的示例告诉你如何使用Backbone编写符合MVC模式的应用。

本节一步步说明如何开发一个简单的购物清单应用。在这个应用中，我们可以查看购物清单中的物品，把物品从清单中删除，添加新物品，还能修改要购买的数量。我把整个过程分成了五步，每一步我们都会添加一些功能，再重构现有的功能，以保持代码的整洁。这五步分别是：

- 创建静态视图，列出购物清单中的物品；
- 添加删除按钮，用于删除物品；
- 构建一个表单，把新物品添加到购物清单中；
- 实现行内编辑功能，修改物品的数量；
- 添加视图路由。

这看起来是个有趣的过程。记住，这五步编写的代码在本书的配套源码中都有。

7.4.1　从静态购物清单开始

现在我们从头开始开发这个应用。Gruntfile.js文件的内容从7.2.3节开始一直没变，在开发这个应用的过程中我们不会修改这个文件，因此不用管它。我们从代码清单7.5（在ch07/06_shopping-list文件夹中）中的HTML开始。注意，我们引入了Browserify编译得到的打包文件，让Common.js代码能在浏览器中使用。<div>是这个应用的视图容器。这些HTML保存在app.html文件中。这是个单页应用，只需要一个文件。

代码清单7.5　创建购物清单

```
<!doctype html>
<html>
  <head>
    <title>Shopping List</title>
  </head>
```

```
  <body>
    <h1>Shopping List</h1>
    <div class='view'></div>
    <script src='build/bundle.js'></script>
  </body>
</html>
```

接下来，这个应用需要渲染一个待购物品列表，显示每个物品的名称和数量。下列Mustache模板片段能渲染购物清单中的物品。我们把Mustache模板保存在views/templates目录中。

```
<ul>
  {{#shopping_list}}
  <li>{{quantity}}x {{name}}</li>
  {{/shopping_list}}
</ul>
```

视图要使用视图模型渲染模板。这个功能应该只实现一次，所以要使用基视图。

1. 使用Mustache渲染视图

为了便于在视图中渲染Mustache模板，避免重复，我们可以编写一个基视图，将其保存在views目录中。我们要在基视图中实现每个视图都会用到的功能，让其他视图扩展这个基视图。如果视图需要使用其他方式渲染也可以，覆盖render方法即可。

```
var Backbone = require('backbone');
var Mustache = require('mustache');

module.exports = Backbone.View.extend({
  render: function () {
    this.el.innerHTML = Mustache.to_html(this.template, this.viewModel);
  }
});
```

接下来要创建物品，供list视图使用。

2. 购物清单视图

现在，创建静态的购物清单就足够了，所以在下列代码清单中创建视图模型对象之后就不用管了。注意，实例化视图后会执行initialize方法，所以创建这个视图后它会自我渲染。这个视图使用前面创建的模板，然后把渲染结果放到app.html文件的.view元素中。

代码清单7.6　创建物品清单

```
var fs = require('fs');
var base = require('./base.js');
var template = fs.readFileSync(
  __dirname + '/templates/list.mu', { encoding: 'utf8' }
);

module.exports = base.extend({
  el: '.view',
  template: template,
  viewModel: {
    shopping_list: [
```

```
      { name: 'Banana', quantity: 3 },
      { name: 'Strawberry', quantity: 8 },
      { name: 'Almond', quantity: 34 },
      { name: 'Chocolate Bar', quantity: 1 }
    ]
  },
  initialize: function () {
    this.render();
  }
});
```

最后，我们要实例化应用。如下列代码所示，我们先实例化Backbone，然后创建一个ListView实例。注意，视图会自行渲染，所以只需实例化视图即可。

```
var Backbone = require('backbone');
Backbone.$ = require('jquery');

var ListView = require('./app/views/list.js');
var list = new ListView();
```

我们为这个购物清单应用奠定好了基础。在此之上，我们要进入下一步：添加删除按钮，还要重构，以实现动态的应用，允许使用者修改数据。

7.4.2 添加删除按钮

这一步首先要修改视图模板，添加删除按钮，把物品从购物清单中删除。我们为按钮设定了data-name属性，用于标识要从清单中删除哪个物品。修改后的模板如下列代码片段所示：

```
<ul>
  {{#shopping_list}}
  <li>
    <span>{{quantity}}x {{name}}</span>
    <button class='remove' data-name='{{name}}'>x</button>
  </li>
  {{/shopping_list}}
</ul>
```

在实现删除功能之前，我们要创建一个适当的模型和集合。

1. 使用模型和集合

通过集合我们可以监视清单的变动，例如从清单中删除物品。而模型用于跟踪个体层面的变动，还可以验证数据、做计算，在后面几步中我们会用到这些功能。对这个应用来说，我们只需要使用一个标准的Backbone模型。如果需要使用多个模型，最好把各个模型严格分开，放在不同的模块中，而且要为模块起个合适的名称。我们把ShoppingItem模型保存在models目录中。

```
var Backbone = require('backbone');

module.exports = Backbone.Model.extend({
});
```

集合也没什么特别的地方，它需要引用这个模型。这样，把新对象插入清单时，集合才知道要创建哪个模型。为了有序组织，我们把集合放在collections目录中。

```
var Backbone = require('backbone');
var ShoppingItem = require('../models/shoppingItem.js');

module.exports = Backbone.Collection.extend({
  model: ShoppingItem
});
```

现在我们已经创建了模型和集合，不能再直接创建视图模型，然后一劳永逸了。我们要修改视图，换用集合。首先，在视图中要使用require导入集合，如下列代码所示：

```
var ShoppingList = require('../collections/shoppingList.js');
```

然后，从现在开始我们要删除viewModel属性，动态设定视图模型，并在collection属性中创建模型数据。注意，前面说过，对这个集合来说，不用明确指明创建的是ShoppingList实例，因为集合已经知道要使用的模型类型了。

```
collection: new ShoppingList([
  { name: 'Banana', quantity: 3 },
  { name: 'Strawberry', quantity: 8 },
  { name: 'Almond', quantity: 34 },
  { name: 'Chocolate Bar', quantity: 1 }
])
```

然后，我们要在视图首次加载时更新UI。为此，我们要把视图模型设为集合中的值，然后渲染视图。toJSON方法的作用是把模型对象集合转换成普通的数组。

```
initialize: function () {
  this.viewModel = {
    shopping_list: this.collection.toJSON()
  };
  this.render();
}
```

最后，我们来实现删除功能。

2. 在Backbone中处理DOM事件

为了监听DOM事件，我们可以在视图的events对象中添加属性。属性的名称由事件名和CSS选择器组成，而且二者之间要用一个空格分开。我们要把下列代码添加到视图中。添加这段代码后，在匹配.remove选择符的元素上发生click事件后会触发指定的动作。记住，这些事件寻找的元素在el属性设定的元素中，在这个示例中是前一步创建的<div>元素，而不会触发在此之外的元素身上的事件。最后，我们要把属性的值设为视图中某个方法的名称。

```
events: {
  'click .remove': 'removeItem'
}
```

现在我们要使用一个过滤集合的方法来定义removeItem方法。按钮可通过e.target获取，物品的名称则通过data-name属性获取。然后使用这个名称过滤集合，找到购物清单中按钮对应的物品。

```
removeItem: function (e) {
  var name = e.target.dataset.name;
  var model = this.collection.findWhere({ name: name });
  this.collection.remove(model);
}
```

从集合中删除模型后，要更新视图。不要天真地以为从集合中删除元素后直接更新视图模型再渲染视图就行了。这样做有个问题，既应用中可能有多个地方要把元素从集合中删除，从而会导致代码重复。更好的方法是监听集合发出的事件。此时，我们可以监听集合的`remove`事件，触发这个事件时刷新视图。

下列代码清单在初始化视图时设置一个事件监听器，而且还做了重构，去除重复的代码，忠实地遵守DRY原则。

代码清单7.7 设置事件监听器

```
initialize: function () {
  this.collection.on('remove', this.updateView, this);
  this.updateView();
},
updateView: function () {
  this.viewModel = {
    shopping_list: this.collection.toJSON()
  };
  this.render();
}
```

这一节我们讲了很多内容。现在你或许应该看一下本书配套源码中ch07/07_the-one-with-delete-buttons文件夹里的代码，这是做完这一步后得到的代码。下一步要创建一个表单，让用户把物品添加到购物清单中。

7.4.3 把物品添加到购物车中

前一步我们实现了从购物清单中删除物品的功能，这一步我们要实现添加新物品的功能，让用户不仅能删除不想购买的物品，还能添加想购买的物品。

为了让实现的过程变得有趣，我们还要提出一个需求：添加新物品时，要确保清单中之前没有这个物品的名称；如果购物清单中已经列出了某个物品，那么我们需要增加这个现有物品的数量。这个要求能避免重复添加相同的物品。

1. 创建“添加到购物车”组件

为了把商品添加到清单中，我们需要编写如下列代码清单所示的HTML。这个示例在ch07/08_creating-items文件夹中。我们要使用几个输入框，还有一个按钮，把物品添加到购物清单中。这段HTML中还有一个元素只会在出错时显示，其作用是显示验证输入时出现的错误消息。为简单起见，我们暂且把这段HTML放在`list`模板中。后面几步会重构，把这段代码移到单独的视图中。

代码清单7.8　创建“添加到购物车”组件

```
<fieldset>
  <legend>Add Groceries</legend>
  <label>Name</label>
  <input class='name' value='{{name}}' />
  <label>Quantity</label>
  <input class='quantity' type='number' value='{{quantity}}' />
  <button class='add'>Add</button>
  {{#error}}
  <p>{{error}}</p>
  {{/error}}
</fieldset>
```

目前为止我们都没修改模型。虽然删除了物品，但从未更新模型。现在，用户可以修改模型了，所以是时候添加验证了。

2. 验证输入

绝对不能信任用户的输入，用户会轻易地在数量输入框中随便输入一个不是数字的值，或者忘记输入物品的名称。我们还要考虑到，用户可能会输入负数。在Backbone中，我们可以为模型提供validate方法，验证输入的信息。这个方法的参数是attrs对象，是在模型内部使用的变量，包含模型的所有属性，以便我们直接访问各个属性。这个验证方法的实现如下列代码清单所示。我们检查模型是否有名称，数量是否不是NaN（不是数字）。NaN不是数字类型，而且和自己不相等，这一点可能让人感到困惑，所以我们要使用JavaScript原生的isNaN方法进行测试。最后，我们还要确保数量至少是1。

代码清单7.9　实现验证方法

```
validate: function (attrs) {
  if (!attrs.name) {
    return 'Please enter the name of the item.';
  }
  if (typeof attrs.quantity !== 'number' || isNaN(attrs.quantity)) {
    return 'The quantity must be numeric!';
  }
  if (attrs.quantity < 1) {
    return 'You should keep your groceries to yourself.';
  }
}
```

为了便于编辑，我们还要在模型中添加一个辅助方法。这个辅助方法的参数是一个数字，把这个数字和现有数量相加之后更新模型。我们要验证这个操作，确保相加的数为负值时，物品的数量不会小于1。修改模型时默认不会进行验证，不过我们可以把validate选项的值设为true，强制验证。这个辅助方法如下列代码所示：

```
addToOrder: function (quantity) {
  this.set('quantity', this.get('quantity') + quantity, { validate: true });
}
```

这样一来，不管把数量改成多少，都会触发验证。如果验证失败，模型中的数据不会变化，而且会为模型的validationError属性赋值。假设现在模型中的数量是6，那么执行下列代码会失败，而且会把validationError属性的值设为适当的错误消息：

```
model.addToOrder(-6);
model.validationError;
// <- 'You should keep your groceries to yourself.'
```

现在，模型能拒绝不良数据了。下面我们要更新视图，让前面编写的表单起作用。

3. 重构视图逻辑

修改视图时，我们首先要添加一个渲染方法，让这个方法显示错误消息，并且记住用户输入的物品名称和数量，以防出错时这两个信息消失。为了明确表明这个方法的作用，我们把这个方法命名为updateViewWithValidation：

```
updateViewWithValidation: function (validation) {
  this.viewModel = {
    shopping_list: this.collection.toJSON(),
    error: validation.error,
    name: validation.name,
    quantity: validation.quantity
  };
  this.render();
}
```

我们还要在添加按钮上绑定点击事件的监听器，为此，需要在视图的events对象中再添加一个属性。然后再实现addItem事件句柄即可。

```
'click .add': 'addItem'
```

在addItem事件句柄中，首先要获取用户的输入，把数量解析成十进制整数：

```
var name = this.$('.name').val();
var quantity = parseInt(this.$('.quantity').val(), 10);
```

获得用户输入的值之后，我们首先要确认集合中是否有同名物品。如果有的话，就调用addToOrder方法，验证输入，然后更新模型。如果没有，则创建一个ShoppingItem模型新实例，再验证。如果验证通过了，就把新创建的物品添加到集合中。实现这些操作的代码如下所示。

代码清单7.10 验证添加到购物清单中的物品

```
var model = this.collection.findWhere({ name: name });
if (model) {
  model.addToOrder(quantity);
} else {
  model = new ShoppingItem({ name: name, quantity: quantity }, { validate:
    true });
  if (!model.validationError) {
    this.collection.add(model);
  }
}
```

因为我们用到了ShoppingItem类，所以要在这个模块的顶部添加下列语句：

```
var ShoppingItem = require('../models/shoppingItem.js');
```

如果验证失败，就要重新渲染视图，显示验证错误消息，让用户知道哪里出错了：

```
if (!model.validationError) {
  return;
}

this.updateViewWithValidation({
  name: name,
  quantity: quantity,
  error: model.validationError
});
```

如果验证通过，那么集合中会添加一个新物品，或者现有的物品会发生变化。这两个操作应该通过监听集合的add和change事件完成，因此要在视图的initialize方法中添加下列两行代码：

```
this.collection.on('add', this.updateView, this);
this.collection.on('change', this.updateView, this);
```

这一步只需做这么多。现在，我们能向清单中添加新物品，能修改现有物品的数量，也能删除物品了。下一步要在清单中的每个物品旁添加一个编辑按钮，实现行内编辑，让编辑操作更直观。

7.4.4　实现行内编辑

本节要实现行内编辑物品的功能。每个物品旁会显示一个编辑按钮，用户点击这个按钮后，可以修改数量，然后保存记录。这个功能本身很简单，但借此机会我们还要做些清理工作。我们要把内容渐增的list视图拆分成三个视图：一个addItem视图，负责处理输入表单；一个listItem视图，负责处理清单中的单个物品；原来这个list视图则用来处理集合的增删操作。

1. 视图组件化

首先，我们把list模板分成两个文件，使用两个不同的视图容器：一个用于显示清单，一个用于显示表单。我们把之前那个<div>换成下列代码：

```
<ul class='list-view'></ul>
<fieldset class='add-view'></fieldset>
```

这样分工之后，还要拆分Mustache模板。我们不再让list模板做所有事情，而是把它拆分成两个模板。稍后我们会看到，清单本身不需要模板，只有表单和清单中的单个物品需要。下列代码是views/templates/addItem.mu模板的内容。表单的内容基本没变，只不过fieldset标签现在变成视图容器了，所以模板中不需要再写这个标签了。

```
<legend>Add Groceries</legend>
<label>Name</label>
<input class='name' value='{{name}}' />
<label>Quantity</label>
<input class='quantity' type='number' value='{{quantity}}' />
<button class='add'>Add</button>
```

```
{{#error}}
<p>{{error}}</p>
{{/error}}
```

list视图自身不再需要模板了，这是因为我们只需要在list视图中把el属性的值设为<ul>元素，稍后你就会看到。清单中的单个物品会在单独的视图中渲染，而且要使用一个视图模板。我们要在listItem视图模型中设定一个属性，记录是否正在编辑物品。然后在视图模板中检查这个属性的值，判断是渲染标签和操作按钮还是行内编辑表单。listItem模板如下列代码清单所示，这个模板保存在views/templates/listItem.mu文件中。

代码清单7.11 显示单个物品的模板

```
{{^editing}}
<span>{{quantity}}x {{name}}</span>
<button class='edit'>Edit</button>
<button class='remove'>x</button>
{{/editing}}
{{#editing}}
<span>{{name}}</span>
<input class='edit-quantity' value='{{quantity}}' type='number' />
<button class='cancel'>Cancel</button>
<button class='save'>Save</button>
{{/editing}}
{{#error}}
<span>{{error}}</span>
{{/error}}
```

我们还是要在list视图中创建集合，不过要把这个集合传给addItem视图。这样就把两个视图紧密耦合在一起了，因为addItem视图需要创建集合的list视图——这不符合模块化思想。现在，应用的入口文件app.js的内容如下所示，而且各个组件的内容都变得更少了。下一步我们会解决这个耦合问题。

```
var Backbone = require('backbone');
Backbone.$ = require('jquery');

var ListView = require('./views/list.js');
var listView = new ListView();

var AddItemView = require('./views/addItem.js');
var addItemView = new AddItemView({ collection: listView.collection });
```

下面我们要创建addItem视图。

2. 模块化的“添加到购物车”视图

addItem视图的内容和开始组件化之前list视图的内容差不多。下列代码清单展示了这个视图是如何初始化的，还展示了如何使用.add-view选择符找到<fieldset>元素。我们会把这个元素当成视图的容器使用。

代码清单7.12 初始化视图

```
var fs = require('fs');
```

```
var base = require('./base.js');
var template = fs.readFileSync(
  __dirname + '/templates/addItem.mu', { encoding: 'utf8' }
);
var ShoppingItem = require('../models/shoppingItem.js');

module.exports = base.extend({
  el: '.add-view',
  template: template,
  initialize: function () {
    this.updateView();
  },
  updateView: function (vm) {
    this.viewModel = vm || {};
    this.render();
  }
});
```

可以看出，这个视图只负责把模型添加到集合中，我们还要在这个视图中编写一个处理添加按钮点击事件的句柄，如下列代码清单所示。这个句柄几乎和之前的addItem方法一模一样，唯一的区别是，现在每次执行addItem事件句柄会更新视图。

代码清单7.13　更新视图

```
events: {
  'click .add': 'addItem'
},
addItem: function () {
  var name = this.$('.name').val();
  var quantity = parseInt(this.$('.quantity').val(), 10);
  var model = this.collection.findWhere({ name: name });
  if (model) {
    model.addToOrder(quantity);
  } else {
    model = new ShoppingItem(
      { name: name, quantity: quantity },
      { validate: true }
    );

    if (!model.validationError) {
      this.collection.add(model);
    }
  }

  if (!model.validationError) {
    this.updateView();
    return;
  }
  this.updateView({
    name: name,
    quantity: quantity,
    error: model.validationError
  });
}
```

addItem视图只需要做一件事——添加物品，因此我们只需写这么多代码。下面我们来编写listItem视图。

3. 编写渲染清单中单个物品的视图

listItem视图负责渲染修改后的模型，还要处理编辑物品和删除物品的操作。下面我们从头开始编写这个视图。首先，按照惯例，我们要读取模板文件，然后扩展基视图。tagName属性表明，我们要把这个视图渲染的结果放到<li>元素中。在这个视图中，先写入下列代码：

```
var fs = require('fs');
var base = require('./base.js');
var template = fs.readFileSync(
  __dirname + '/templates/listItem.mu', { encoding: 'utf8' }
);

module.exports = base.extend({
  tagName: 'li',
  template: template
});
```

稍后重构list视图之后我们会看到，初始化listItem视图时会设定model和collection属性。只要模型有变化，我们就要重新渲染这个视图。而且，初始化这个视图时也要自行渲染。为了防止行内编辑时验证出错，我们还要在视图模型中记录错误。listItem视图的初始化方法如下所示：

```
initialize: function () {
  this.model.on('change', this.updateView, this);
  this.updateView();
},
updateView: function () {
  this.viewModel = this.model.toJSON();
  this.viewModel.error = this.model.validationError;
  this.render();
}
```

现在，编写处理删除操作的事件句柄容易多了。如下列代码所示，我们只需把模型从集合中删除即可，不过模型和集合仍需在视图的属性中设定。

```
events: {
  'click .remove': 'removeItem'
},
removeItem: function (e) {
  this.collection.remove(this.model);
}
```

接下来我们要编写处理编辑和取消编辑的方法。这两个方法的内容类似，一个是进入编辑模式，一个是退出编辑模式，它们所做的就是修改editing属性，其他的则交给监听模型变动的事件监听器处理。进入和退出编辑模式时，我们还要清空validationError属性的值。这些事件句柄如下列代码清单所示。

代码清单7.14　添加处理编辑和取消编辑的方法

```
events: {
  'click .edit': 'editItem',
  'click .cancel': 'cancelEdit',
  'click .remove': 'removeItem'
},
removeItem: function (e) {
  this.collection.remove(this.model);
}
editItem: function (e) {
  this.model.validationError = null;
  this.model.set('editing', true);
},
cancelEdit: function (e) {
  this.model.validationError = null;
  this.model.set('editing', false);
}
```

listItem视图还有最后一个任务：保存编辑后的结果。我们需要把相关操作绑定到保存按钮的点击事件上，在事件句柄中解析输入，然后更新数量。只有验证成功，我们才能退出编辑模式。注意，为了行文简洁，我没有重复前面编写的事件句柄：

```
events: {
  'click .save': 'saveItem'
},
saveItem: function (e) {
    var quantity = parseInt(this.$('.edit-quantity').val(), 10);
    this.model.set('quantity', quantity, { validate: true });
    this.model.set('editing', this.model.validationError);
  }
});
```

listItem视图没有其他职责，但list视图应该负责把这个局部视图添加到UI中，或从UI中删除。我所说的“局部视图”，是指只表示部分内容的视图。listItem视图只表示组成清单的单个物品，而不是整个清单。在list视图中，需要使用多少个listItem视图，就要创建多少个。

4. 重构list视图

之前，每次增删物品后都要重新渲染list视图。而现在，list视图只需要分别渲染各个物品，然后再把渲染结果添加到DOM中，或者从DOM中删除现有的物品。这样做不仅比重新渲染整个视图的速度快，而且还更模块化。list视图只需管理整体操作，即增删物品。各个物品会自行维护自己的状态，更新各自在UI中的呈现。

因此，list视图无需再使用view.render方法，而是直接处理DOM就行了。不过，如下列代码清单所示，之前list视图中的部分内容要保留，例如硬编码的集合数据，依然扩展自基视图，还要设定el属性。注意，我们修改了视图容器，以与你的<ul>元素相匹配。

代码清单7.15　之前的list视图保留下来的内容

```
var base = require('./base.js');
var ShoppingList = require('../collections/shoppingList.js');
```

```
module.exports = base.extend({
  el: '.list-view',
  collection: new ShoppingList([
    { name: 'Banana', quantity: 3 },
    { name: 'Strawberry', quantity: 8 },
    { name: 'Almond', quantity: 34 },
    { name: 'Chocolate Bar', quantity: 1 }
  ])
});
```

现在我们不想在每次修改物品后都重新渲染整个视图了，所以要使用两个新方法addItem和removeItem来处理DOM。每次修改集合时，我们都要执行这两个方法，确保UI显示的内容始终是最新的。我们还可以使用addItem方法渲染一开始就在集合中的物品，具体方法是，初始化list视图时在集合中的每个模型上调用addItem方法。initialize方法如下列代码片段所示。稍后我会说明partials变量的作用。

```
initialize: function () {
  this.partials = {};
  this.collection.on('add', this.addItem, this);
  this.collection.on('remove', this.removeItem, this);
  this.collection.models.forEach(this.addItem, this);
}
```

在编写addItem方法之前，我要提示一下，这个方法需要require一下listItem视图，为集合中的各个模型创建局部视图。因此，我们要在list视图所在模块的顶部加入：

```
var ListItemView = require('./listItem.js');
```

现在可以实现addItem方法了。这个方法的参数是一个模型。在方法中，我们首先要创建一个ListItemView实例，然后把渲染结果（一个<li>元素）附加到this.$el中（就是那个<ul>元素）。为了便于找到要从清单中删除的物品，我们在partials变量中记录了各个物品。Backbone的模型有个唯一的ID属性，可以通过model.cid获取，所以我们可以使用这个ID值作为partials对象的键。addItem方法的定义如下所示：

```
addItem: function (model) {
  var item = new ListItemView({
    model: model,
    collection: this.collection
  });
  this.$el.append(item.el);
  this.partials[model.cid] = item;
}
```

这样一来，删除元素时只需通过model.cid键获取partials对象中相应的局部视图，然后将其删除即可。随后，我们还要确保从partials对象中也删除了这个元素。

```
removeItem: function (model) {
  var item = this.partials[model.cid];
  item.$el.remove();
```

```
    delete this.partials[model.cid];
  }
```

重构的过程有些惊险，不过现在可以松口气了。我们重构的效果显著，让多个视图处理同一个集合，而且各个视图都更自成一体。addItem视图只负责把物品添加到集合中；list视图只负责创建listItem视图，或把listItem视图从DOM中删除；而listItem视图只关注对单个模型的修改。

现在可以查看一下本书的配套源码，确保理解了这一步所做的全部改动，看一下这个购物清单应用现在处于什么状态了。这一步对应的代码在ch07/09_item-editing文件夹中。

这一步我们很好地分离了关注点，不过还可以做得更好。我们会在最后一步来看应该怎么做。

7.4.5　服务层和视图路由

最后一步，我们要对应用的结构作两处调整，需要在应用中添加一个简单的服务层，还要引入视图路由。我们要通过这个只在一个地方提供购物清单集合的服务，赋予视图请求这个服务、获取购物清单中的数据的能力。这样做极大程度上解耦了视图，而之前我们生成的这些数据要在多个视图中共享。

注意，现在我们仍然是在硬编码一个物品数组，不过我们可以使用Ajax请求获取其中的数据，也可以通过Promise对象获取（参见第6章）。目前，这个服务的代码如下列代码清单所示。这个文件应该放在services目录中。

代码清单7.16　硬编码一个物品数组

```
var ShoppingList = require('../collections/shoppingList.js');

var items = [
  { name: 'Banana', quantity: 3 },
  { name: 'Strawberry', quantity: 8 },
  { name: 'Almond', quantity: 34 },
  { name: 'Chocolate Bar', quantity: 1 }
];
module.exports = {
  collection: new ShoppingList(items)
};
```

创建好这个服务后，addItem和list视图都应该require这个服务，然后把shoppingService.collection赋值给collection属性。这样一来，我们就无需像之前那样，初始化list视图时创建一个集合，然后传来传去了。

下面再介绍路由，结束本次购物清单之旅。

购物清单的路由

这一步还要实现路由。为了让这个过程显得有趣一些，我们会把addItem视图对应到别的路由上。下列代码清单应该放在单独的模块中，保存在routers/viewRouter.js文件中。用户访问这个应用时，root动作会把他们重定向到其他地方。这个应用不会在URL中使用哈希符号。

代码清单7.17 把addItem视图对应到别的路由上

```
var Backbone = require('backbone');
var ListView = require('../views/list.js');
var AddItemView = require('../views/addItem.js');
module.exports = Backbone.Router.extend({
  routes: {
    '': 'root',
    'items': 'listItems',
    'items/add': 'addItem'
  },
  root: function () {
    this.navigate('items', { trigger: true });
  },
  listItems: function () {
    new ListView();
  },
  addItem: function () {
    new AddItemView();
  }
});
```

7.3.4节首次介绍Backbone路由器时我提到过，我们要打开app.js文件，把其中的内容替换成下列代码清单中的代码，这样视图路由才能起作用。我们没有限制用户首先应该看到哪个视图，他们访问哪个URL，就会显示那个URL相应的视图。

代码清单7.18 激活视图路由器

```
var Backbone = require('backbone');
var $ = require('jquery');

Backbone.$ = $;

var ViewRouter = require('./routers/viewRouter.js');
new ViewRouter();

$(function () {
  Backbone.history.start();
});
```

添加视图路由后，我们还要修改视图和模板。首先，我们要撤销上一步的改动，只使用一个视图容器：

```
<div class='view'></div>
```

其次，在addItem视图和list视图中要把el属性的值设为'.view'。我们还要适当修改视图模板。例如，在addItem模板中添加一个取消按钮，用于返回list视图。取消按钮的代码如下所示：

```
<a href='#items' class='cancel'>Cancel</a>
```

最后，要为list视图提供一个视图模板，不过这个模板的内容很少。在这个模板中要有一个`<ul>`元素，用来显示清单，还要有一个链接，指向`addItem`视图。这个模板保存在views/templates/list.mu文件中，内容如下列代码片段所示：

```
<ul class='items'></ul>
<a href='#items/add'>Add Item</a>
```

`list`视图应该在初始化时渲染这个模板，并设定显示清单的元素：

```
this.render();
this.$list = this.$('.items');
```

因为现在只有一个视图容器，所以把物品添加到清单中时，不能附加到`$el`元素了，而要附加到`$list`元素：

```
this.$list.append(item.el);
```

这个应用的开发到此结束！请一定要看一下本书配套源码中的代码，其中最后一步的代码在ch07/10_the-road-show文件夹中，包含目前为止编写的全部代码。接下来我们要学习Rendr，使用这个工具能在服务器端渲染Backbone的客户端视图。开发Node.js应用时，这个工具能提升用户可感知的性能。

7.5　Backbone 和 Rendr：服务器和客户端共享渲染

Rendr会在服务器端渲染Backbone应用，从而提升可感知的性能。使用这个工具，可以实现在Backbone开始接手执行JavaScript代码之前，浏览器就能显示渲染好的页面。首次加载页面时，用户就能立即看到内容。在此之后，Backbone会接手在客户端处理路由。首次加载的效果非常重要。较之等待Backbone读取数据、填充视图再渲染模板，在用户没看到任何内容之前先在服务器中渲染应用更好。因此，开发Web应用时，在服务器端渲染仍然十分重要。下面简略介绍一下Rendr。

7.5.1　Rendr简介

Rendr对应用的结构有约定，要求使用特定的方式命名模块，还要把模块放在特定的目录中。Rendr对使用什么类型的模板以及应用应该如何获取数据也有要求。默认情况下，Rendr希望我们使用REST API获取应用的数据。我们会在第9章探讨REST API设计。

Rendr运行在Node.js平台中，是HTTP堆栈的中间件。它会截获请求，在服务器端渲染视图，然后把渲染结果发给客户端。按照约定，我们可以定义控制器，分离关注点。控制器的作用是获取数据、渲染视图或进行重定向。使用Rendr后，我们无需在视图中引用模板，因为Rendr有一套很好的命名策略，使我们不用再手动管理依赖，而是交给Rendr引擎管理基本上就可以了。看过7.5.2节的代码后，你会对这种处理方式有更清晰的理解。

1. 尺短寸长

Rendr并非完美无缺。写作本书时，Rendr（v0.5）有些“怪异”的设计方式，因此我决定不从本章一开始就使用Rendr，以免示例变得复杂。例如，为了在浏览器中使用CommonJS模块，

Rendr会使用Browserify，但编译时却用了以下三种特殊的方式。

(1) jQuery要使用`browserify-shim`调整。这会导致问题，因为Rendr在服务器端使用的是特殊的jQuery版本，这可能会导致版本差异。如果试图使用从npm中安装的CommonJS版本，Rendr就无法正常运行。

(2) 使用`require`导入库时，有一部分库需要创建别名才能正确导入。这是个问题，因为这会导致下一个缺陷。

(3) 在Rendr中不能使用`brfs`转换方式。

这里不深入介绍Rendr的更重要的原因是，Rendr适用范围不广。如果你使用Node.js之外的其他服务器端语言，下面我要教你的很多概念都用不上。撇开这些问题，在Backbone应用中使用Rendr提供的传统MVC功能也确有其价值。服务器端语言有很多传统的MVC框架，Backbone和Rendr结合在一起能实现很多类似这些框架提供的功能，而且探讨客户端JavaScript编程时很少会教你这些知识。共享渲染这个特性显著提升了Rendr的吸引力。选择技术栈时，多数时候我们都要作出妥协。这里要提一下Facebook开发的React，这个库很不错，在服务器端和客户端都能渲染，而且不需要额外的工具支持。

2. 开始使用

我会使用AirBnB（开发Rendr的公司）用来说明Rendr工作方式的一个示例，并稍作调整，展示Rendr的用法。这些代码在本书配套源码的ch07/11_entourage文件夹中。

我们首先来说说模板。Rendr建议使用Mustache的超集，Handlebars。Handlebars提供了很多额外功能，主要使用辅助方法的形式实现，例如`if`。Rendr希望你编译Handlebars模板，并打包得到的结果，将其保存到app/templates/compiledTemplates.js文件中。为此，我们先来安装处理Handlebars的Grunt插件：

```
npm install --save-dev grunt-contrib-handlebars
```

然后，我们需要把下列代码清单中的代码写入Gruntfile.js文件，配置这个处理Handlebars的Grunt插件。Rendr要求，必须在`handlebars:compile`任务目标中设定`options`选项，而且Rendr期望模板使用特定的方式命名。

代码清单7.19 配置Handlebars插件

```
handlebars: {
  compile: {
    options: {
      namespace: false,
      commonjs: true,
      processName: function (filename) {
        return filename.replace('app/templates/', '').replace('.hbs', '');
      }
    },
    src: 'app/templates/**/*.hbs',
    dest: 'app/templates/compiledTemplates.js'
  }
}
```

现在，Browserify也要按照Rendr的要求配置。我们不能从npm中安装jQuery，而要使用调整后的版本。我们还要创建别名，这样Rendr才能使用Handlebars适配器`rendr-handlebars`。最后，我们还要把源文件和目标文件对应起来，让Rendr访问应用中的各个模块。让Browserify和Rendr良好协作的配置如下列代码清单所示。

代码清单7.20　配置Browserify，以便在Rendr中使用

```
browserify: {
  options: {
    debug: true,
    alias: ['node_modules/rendr-handlebars/index.js:rendr-handlebars'],
    aliasMappings: [{
      cwd: 'app/',
      src: ['**/*.js'],
      dest: 'app/'
    }],
    shim: {
      jquery: {
        path: 'assets/vendor/jquery-1.9.1.min.js',
        exports: '$'
      }
    }
  },
  app: {
    src: ['app/**/*.js'],
    dest: 'public/bundle.js'
  }
}
```

配置构建任务的工作到此结束。上述配置可能并不完美，但配置好之后就不用管了。下面我们来开发示例应用，学习如何使用Rendr。

7.5.2　理解Rendr的样板代码

开发Rendr应用的第一步是创建Node程序的入口点。我们要把这个文件命名为app.js，放在应用的根目录中。前面我说过，Rendr是HTTP堆栈的中间件，可以插入Express。

1. Rendr是Express的中间件

Express是个流行的Node.js框架，建立在原生的`http`模块之上，提供了很多额外的功能，其中包括实现路由等功能。本节介绍的大多数功能都是由Rendr而不是Express提供的。不过，Rendr增强了Express的功能，让它用起来更顺手。

```
npm install express --save
```

下列代码使用`express`包在Node中架设了一个HTTP服务器。调用`express()`方法会创建一个新的Express应用实例，然后我们可以使用`app.use`把中间件添加到这个实例中。调用`app.listen(port)`方法后，这个应用会一直运行，并处理选定端口中进入的HTTP请求。根据最佳实践，应用监听的端口应该使用环境变量配置，而且要有合理的默认值。

```
var express = require('express');
var app = express();
var port = process.env.PORT || 3000;

app.use(express.static(__dirname + '/public'));
app.use(express.bodyParser());
app.listen(port, function () {
  console.log('listening on port %s', port);
});
```

static中间件告诉Express把指定目录中的所有文件当成静态资源。如果用户请求http://localhost:3000/js/foo.js，而且public/js/foo.js文件存在，Express就会在响应中发回这个文件的内容。bodyParser中间件是个实用的工具，它会使用JSON或表单数据格式解析请求主体。

下列代码清单是这个示例的Rendr配置。稍后我们会看到，配置好之后，其他事情都交给这个中间件处理。dataAdapterConfig告诉Rendr查询哪个API。这正是Rendr的强大之处，不管在客户端还是服务器端，只要有获取数据的需要，就会查询指定的API。

代码清单7.21 配置Rendr

```
var rendr = require('rendr');
var rendrServer = rendr.createServer({
  dataAdapterConfig: {
    default: {
      host: 'api.github.com',
      protocol: 'https'
    }
  }
});

app.use(rendrServer);
```

2. 设置Rendr

Rendr提供了很多基对象，开发应用时我们要扩展这些对象。我们应该在app/app.js文件中扩展BaseApp对象（扩展自BaseView对象），以创建Rendr应用。我们可以向这个文件添加初始化代码，这些代码在客户端和服务器中都会运行，用于维护应用的全局状态。下列代码能满足我们的需求：

```
var BaseApp = require('rendr/shared/app');

module.exports = BaseApp.extend({
});
```

我们还要创建一个路由器模块，在路由变化时记录页面的浏览数。不过，目前我们只需创建一个基路由器实例。路由器模块应该保存在app/router.js文件中，内容如下所示：

```
var BaseClientRouter = require('rendr/client/router');

var Router = module.exports = function Router (options) {
  BaseClientRouter.call(this, options);
};
```

```
Router.prototype = Object.create(BaseClientRouter.prototype);
Router.prototype.constructor = BaseClientRouter;
```

下面我们来看一下实现这个Rendr应用的具体功能。

7.5.3　一个简单的Rendr应用

我们按照Rendr的要求配置了Grunt和Express，现在要开发应用了。为了让这个示例易于理解，我会按照Rendr伺服响应的逻辑顺序编写代码。此外，为了让这个示例自成一体且不失趣味，我们要创建三个不同的视图：

(1) 首页，应用的欢迎页面；

(2) 用户列表页面，列出多个GitHub用户；

(3) 单个用户页面，显示具体用户的详细信息。

这些视图和路由是一一对应的：首页视图对应应用的根地址/；用户列表的地址是/users；用户详细信息视图对应的路由是/users/:login，其中:login是用户的GitHub用户名（我的用户名是bevacqua）。这些视图都在控制器中渲染。

图7-5显示的是用户列表页面的最终效果。

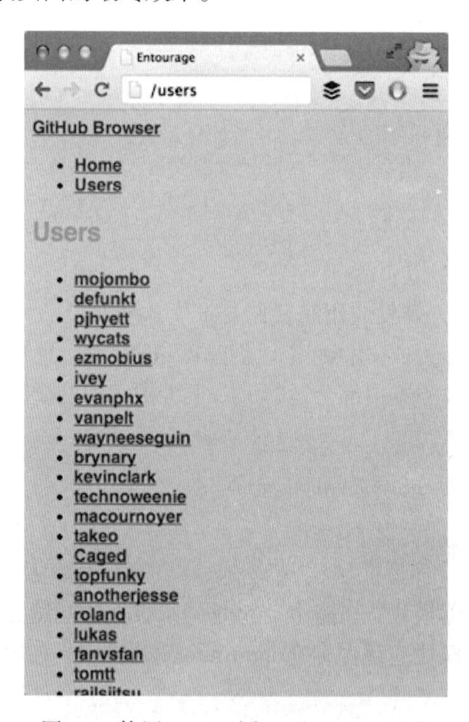

图7-5　使用Rendr列出一些GitHub用户

我们先从路由开始，然后再学习如何使用控制器。

1. 路由和控制器

下列代码把路由和控制器动作对应起来。控制器动作的格式是：控制器名后跟哈希符号，然后再跟动作名。这个模块保存在app/routes.js文件中。

```
module.exports = function (match) {
  match('',                   'home#index');
  match('users'      ,        'users#index');
  match('users/:login',       'users#show');
};
```

控制器会获取渲染视图所需的任何数据。路由中设置的每个动作都要定义。下面编写这两个控制器。按照约定，控制器应该保存在app/controllers/{{name}}_controller.js文件中。下列代码片段是Home控制器，应该保存在app/controllers/home_controller.js文件中。这个模块应该开放`index`函数，因为路由中设定了`index`动作。这个函数的参数是一个对象和一个回调，它被调用时会渲染视图：

```
module.exports = {
  index: function (params, callback) {
    callback();
  }
};
```

`user_controller.js`模块有些不同，除了`index`动作之外，它还有`show`动作。在这两个动作中，我们都要使用`this.app.fetch`方法，获取模型数据，而且获取结束后要调用回调，如下列代码清单所示。

代码清单7.22　获取模型数据

```
module.exports = {
  index: function (params, callback) {
    var spec = {
      collection: {
        collection: 'Users',
        params: params
      }
    };
    this.app.fetch(spec, function (err, result) {
      callback(err, result);
    });
  },
  show: function (params, callback) {
    var spec = {
      model: {
        model: 'User',
        params: params
      },
      repos: {
        collection: 'Repos',
        params: { user: params.login }
      }
    };
```

```
    this.app.fetch(spec, function (err, result) {
      callback(err, result);
    });
  }
};
```

如果没有相应的模型和集合，就无法获取数据。下面我们来创建模型和集合。

2. 模型和集合

模型和集合都要扩展Rendr提供的基对象。下面我们就来创建模型和集合。以下是基模型的代码，保存在app/models/base.js文件中：

```
var RendrBase = require('rendr/shared/base/model');

module.exports = RendrBase.extend({});
```

基集合也一样简单。不过，你可以像下面这样自己创建一些基对象，便于在多个模型之间共享功能。

```
var RendrBase = require('rendr/shared/base/collection');

module.exports = RendrBase.extend({});
```

我们要使用获取数据时想使用的端点来定义模型。在这个示例中，我们要通过GitHub API获取数据。模型还要导出一个唯一的标识符，而且要和User控制器调用`app.fetch`方法时使用的值一样。下面是User模型的代码，应该保存在app/models/user.js文件中：

```
var Base = require('./base');

module.exports = Base.extend({
  url: '/users/:login',
  idAttribute: 'login'
});
module.exports.id = 'User';
```

只要模型没有任何验证函数或计算数据的函数，它们的内容就差不多：一个`url`端点、唯一的标识符，以及用来查询单个模型实例的参数名称。学习了后面第9章对REST API设计的介绍后，你会发现，像这样构造URL感觉更自然。Repo模型的代码如下所示：

```
var Base = require('./base');

module.exports = Base.extend({
  url: '/repos/:owner/:name',
  idAttribute: 'name'
});
module.exports.id = 'Repo';
```

通过7.4节分析的案例我们得知，集合需要引用一个模型才能知道要处理的是什么类型的数据。集合和模型类似，也使用一个唯一的标识符告诉Rendr这是什么集合，还会指定从哪个URL获取数据。下面是Users集合的代码，应该保存在app/collections/users.js文件中：

```
var User = require('../models/user');
var Base = require('./base');

module.exports = Base.extend({
  model: User,
  url: '/users'
});
module.exports.id = 'Users';
```

Repos集合的内容与之类似，只不过使用的是Repo模型，而且使用不同的URL从REST API中获取数据。下面是Repos集合的代码，应该保存在app/collections/repos.js文件中：

```
var Repo = require('../models/repo');
var Base = require('./base');

module.exports = Base.extend({
  model: Repo,
  url: '/users/:user/repos'
});
module.exports.id = 'Repos';
```

现在，用户访问一个URL时，路由器决定使用哪个控制器动作处理，然后动作从API中获取数据，再调用回调。最后，我们来看一下视图如何渲染HTML。

3. 视图和模板

和Rendr中大多数其他操作一样，定义视图的第一步是扩展Rendr的基视图，并创建自己的基视图。我们这个基视图应该保存在app/views/base.js文件中，代码如下所示：

```
var RendrBase = require('rendr/shared/base/view');

module.exports = RendrBase.extend({});
```

我们首先要编写首页的视图。这个视图应该保存在app/views/home/index.js文件中，代码如下所示。可以看出，视图也要导出标识符。

```
var BaseView = require('../base');

module.exports = BaseView.extend({
});
module.exports.id = 'home/index';
```

这个视图的内容大部分是指向其他视图的链接，没有多少功能要实现，所以基本上没有多少代码。用户列表视图几乎和首页视图一样，保存在app/views/users/index.js文件中，代码如下所示：

```
var BaseView = require('../base');

module.exports = BaseView.extend({
});
module.exports.id = 'users/index';
```

用户详细信息的视图保存在app/views/users/show.js文件中。这个视图要操作模板数据，也就是我所说的视图模型，让`repos`对象能在模板中使用，如下列代码清单所示。

代码清单7.23　让repos对象能在模板中使用

```
var BaseView = require('../base');

module.exports = BaseView.extend({
  getTemplateData: function () {
    var data = BaseView.prototype.getTemplateData.call(this);
    data.repos = this.options.repos;
    return data;
  }
});
module.exports.id = 'users/show';
```

最后要编写的视图是一个局部视图，用来渲染仓库列表。这个视图应该保存在app/views/user_repos_view.js文件中。从下列代码可以看出，局部视图和其他视图几乎没有区别，也需要视图控制器：

```
var BaseView = require('./base');

module.exports = BaseView.extend({
});
module.exports.id = 'user_repos_view';
```

最后，我们还要编写视图模板。要编写的第一个视图模板是layout.hbs文件。这个文件中的HTML是所有模板的容器，如下列代码清单所示。注意，我们使用JavaScript引导并初始化了应用数据——Rendr要求这么做。路由发生变化时，`{{{body}}}`表达式会被动态替换成视图的渲染结果。

代码清单7.24　引导应用数据

```
<!doctype html>
<html>

  <head>
    <title>Entourage</title>
  </head>

  <body>
    <div>
      <a href='/'>GitHub Browser</a>
    </div>
    <ul>
      <li><a href='/'>Home</a></li>
      <li><a href='/users'>Users</a></li>
    </ul>

    <section id='content' class='container'>
      {{{body}}}
    </section>

    <script src='/bundle.js'></script>
    <script>
```

```
    (function() {
      var App = window.App = new (require('app/app'))({{json appData}});
      App.bootstrapData({{json bootstrappedData}});
      App.start();
    })();
    </script>
  </body>
</html>
```

接下来要编写首页的视图模板。这个模板保存在app/templates/home/index.hbs文件中，只有几个链接，不使用视图模型中的数据。注意，Backbone会捕获匹配某个路由的应用内链接，让应用表现得像是单页应用一样。点击链接后，Backbone不会重新加载整个页面，只会加载相应的视图。

```
<h1>Entourage</h1>
<p>
  Demo on how to use Rendr by consuming GitHub's public API.
</p>
<p>
  Check out <a href='/repos'>Repos</a> or <a href='/users'>Users</a>.
</p>
```

现在，事情变得更有趣了。我们要遍历控制器动作获取的一组模型，渲染一个用户列表，并把各个用户链接到账户的详细信息页面。这个模板保存在app/templates/users/index.hbs文件中，代码如下所示：

```
<h1>Users</h1>

<ul>
{{#each models}}
  <li>
    <a href='/users/{{login}}'>{{login}}</a>
  </li>
{{/each}}
</ul>
```

下面我们要编写显示用户详细信息的模板，这个模板保存在app/templates/users/show.hbs文件中，代码如下列代码清单所示。注意我们是如何告诉Handlebars加载user_repos_view局部视图的，并注意这个名称和局部视图中定义的标识符是一模一样的。

代码清单7.25　编写显示用户详细信息的模板

```
<img src='{{avatar_url}}' width='80' height='80' /> {{login}}
     ({{public_repos}} public repos)

<br />

<div>
  <div>
    {{view 'user_repos_view' collection=repos}}
  </div>

  <div>
```

```
    <h3>Info</h3>
    <br />
    <table>
      <tr>
        <th>Location</th>
        <td>{{location}}</td>
      </tr>
      <tr>
        <th>Blog</th>
        <td>{{blog}}</td>
      </tr>
    </table>
  </div>
</div>
```

我们要编写的最后一个视图模板是用户仓库列表模板，这是个局部视图模板，应该保存在app/templates/user_repos_view.hbs文件中。在这个模板中，我们要迭代一组仓库，显示每个仓库的重要信息，如下列代码清单所示。

代码清单7.26　编写用户的仓库列表模板

```
<h3>Repos</h3>
<table>
  <thead>
    <tr>
      <th>Name</th>
      <th>Watchers</th>
      <th>Forks</th>
    </tr>
  </thead>
  <tbody>
  {{#each models}}
    <tr>
      <td>{{name}}</td>
      <td>{{watchers_count}}</td>
      <td>{{forks_count}}</td>
    </tr>
  {{/each}}
  </tbody>
</table>
```

可以松口气了，这个应用开发好了。可以看出，使用Rendr开发应用并不难，我们只要编写应用所需的大量样板代码即可。我相信，随着Rendr的发展，我们要编写的样板代码数量会不断减少。使用Rendr、Backbone和CommonJS开发应用的优势在于，代码是模块化的，而模块化是可测试代码的固有特性之一。

7.6　总结

本章讲了不少知识，归结起来有以下几点。

- 知道了仅使用jQuery还不够，为应用制定更好的结构有助于应用的开发。
- 简要介绍了模型–视图–控制器模式的工作方式。
- 学习了Backbone的基本概念，然后使用Backbone开发了一个应用。
- 使用CommonJS和Browserify把模块化的Backbone组件带到了浏览器中。
- 使用Rendr把Backbone应用带到了服务器端，提升了可感知的性能。

趁热打铁，下面我们来进一步说明可测试性以及如何编写好的测试。许多测试类型在等着我们学习呢，赶快翻到下一页吧！

第8章

测试JavaScript组件

8

本章内容

- ❑ JavaScript组件单元测试基础
- ❑ 使用Tape编写单元测试
- ❑ 驭件、侦件和代理
- ❑ 手动在浏览器中测试
- ❑ 使用Grunt自动运行测试
- ❑ 理解集成测试和外观测试

测试能增强我们编写的模块和应用的可靠性，还能确保模块和应用能按预期的方式工作。在构建优先原则中，我们要知道如何自动运行测试，还要知道如何在云端运行测试。本章会介绍一些测试方面的指导方针，以助你自己动手，测试组件。某些情况下，我会演示如何为代码编写测试，让你对编写单元测试时的思维过程有个感性的认识，这样当你自己编写测试时，就会考虑得更全面。

虽然我不提倡使用测试驱动开发（Test-Driven Development，简称TDD）范式，也就是在开发任何功能前先编写测试，但我觉得测试很重要，你应该编写它。本章，我们会在过程设计和应用设计这两个话题之间来回切换。下面先来学习如何编写测试，然后再介绍自动运行测试的工具。

为什么不提倡使用TDD？

我不推荐使用TDD，原因详述如下。我并不反对TDD这个范式，但编写测试本就需要投入很多精力了，如果学习过程中再多个TDD，可能会让你更困惑。我刚接触测试时就遇到过这样的问题。TDD可能会让人不知所措，因为你不知道从哪开始，或许根本不会编写测试。就算编写测试了，也可能不得要领，测试的只是实现方式，而没测试底层接口和预期的行为。在尝试学习TDD之前，我建议你先试着为现有的代码编写一些测试。这样，当你决定走TDD这条路时，就知道如何组织代码，知道哪些部分需要测试、哪些部分不必测试了。而且更重要的是，你还会知道是否有必要编写某个测试用例，以及写出来有没有用。话虽如此，但如果你有编写单元测试的经验，而且觉得测试驱动开发适合你，那就忽略我说的这些话吧。

我们在第5章主要学习了模块化，在第6章学习了如何改进异步流程，在第7章学习了如何使用MVC模式，有助于我们以更好的方式组织代码。这些模块化方面的举动有助于降低设计应用过程中的复杂度，同时也让开发出来的组件更小、更易于使用，也更容易理解。目前为止，我们在第二部分做的这些工作都是为了让测试变得更简单。

8.1 JavaScript 测试速成课

测试的精髓在于学会如何隔离功能，让功能易于测试。这就是模块化对于可测试的代码如此重要的原因。代码易于测试了，质量就上去了——代码质量是构件优先原则的基石。耦合松散的模块化代码更易于测试，因为要考虑的事情更少，测试更细化，只需关注一小部分代码的功能是否正常即可。与此相反，耦合紧密的整体式代码更难测试，因为可能出错的地方更多，而且有些可能和你想要测试的功能完全无关。

8.1.1 隔离逻辑单元

我们以下列设计的示例为例。这个方法请求一个API端点（第9章会介绍API设计），然后对数字进行处理，再返回一个值。假设我们想确认返回的值（不管是什么）是555的倍数：

```
function getWorkDone () {
  return get('/api/data').then(function (res) {
    return res.data * 555;
  });
}
```

在这个例子中，我们无需关心这个方法中和计算无关的部分，但这些代码却妨碍了测试。这样一来，测试就变难了，因为我们要处理与Promise相关的操作，以确保数据的计算方式是正确的。我们可以考虑重构这个方法，将其拆分成两个方法，一个只做计算，一个只请求API：

```
function getWorkDone () {
  return get('/api/data').then(function (res) {
    return compute(res.data);
  });
}
function compute (data) {
  return data * 555;
}
```

这样分离关注点之后，可以重用代码了，因为我们可能会在其他需要的地方做相同的计算。不过更重要的是，现在更容易单独测试计算功能了。下列代码足以确认compute方法能按预期的方式工作：

```
if (compute(3) !== 1665) {
  throw new Error('assertion failed!');
}
```

如果使用能帮助测试需求的库，事情会变得更容易。我会教你如何使用Tape库，这个库遵守一个名为“测试一切协议”（Test Anything Protocol，简称TAP）[①]的单元测试协议。流行的JavaScript测试库还有Jasmine和Mocha等，不过我们不会使用这些库，因为这些库设置起来很麻烦，而且需要测试工具，还会在全局作用域中使用大量的全局变量。我们要使用的测试库是Tape，这个库不需要使用全局变量，也不需要测试工具。因此，不管是为Node.js还是浏览器编写的代码，使用Tape都易于测试。

8.1.2　使用TAP

TAP是一个测试协议。包括Node.js在内的许多语言都实现了这个协议。使用TAP协议编写的测试有以下几种运行方式：

- 使用node直接在终端里运行测试；
- 使用Browserify把测试编译成客户端JavaScript代码，然后在浏览器中运行；
- 像第4章的做法一样，远程运行Travis-CI等自动化服务。

首先来介绍如何在本地环境中使用Tape，即直接在浏览器中运行测试。8.4节会介绍如何使用Grunt自动运行测试，这样我们就不用手动打开浏览器了。我还会介绍如何在CI流程中添加这一步。

编写在浏览器中运行的JavaScript单元测试，一开始可能会让人困惑。我们要先在Node中编写无意义的单元测试，然后在浏览器中运行，在此之后才能运用单元测试的原则和建议（8.2节介绍）。

8.1.3　编写第一个单元测试

我们编写的第一个在浏览器中运行的单元测试，是本章前面提到的compute方法的测试。我们把这个函数写入一个CommonJS模块，详见下列代码片段，保存在src/compute.js文件中。这个示例在本书配套源码的ch08/01_your-first-tape-test文件夹中。

```
module.exports = function (data) {
  return data * 555;
};
```

使用Tape为这个方法编写的单元测试如下列代码所示，保存在test/compute.js文件中。Tape库提供了一个接口，用于声明基本的断言（8.2节会进一步介绍断言）。创建测试文件后，我们要引入Tape库，将其赋值给一个变量，这个变量会提供一个接口，供我们编写测试。使用Tape编写的每个测试用例都有两个参数，一个是描述信息，一个是测试方法。

```
var test = require('tape');
var compute = require('../src/compute.js');

test('compute() should multiply by 555', function (t) {
  t.equal(1665, compute(3));
```

① 关于测试一切协议的详细信息，请访问http://testanything.org。

```
  t.end();
});
```

注意，我们要使用require导入要测试的compute方法，因为Tape不会自动加载源码。同样地，我们也要使用require导入tape模块。Tape的API相当简单，我们要调用t.end()方法来表明测试结束了。Tape的主要功能是执行作出假设的断言，然后记录测试结果。如果想运行使用Tape编写的测试，只需使用Node执行相应文件中的代码：

```
node test/compute.js
```

下面介绍在浏览器中运行使用Tape编写的测试需要做的工作。

8.1.4 在浏览器中运行使用Tape编写的测试

若想在浏览器中运行使用Tape编写的测试，基本上只需要使用Browserify编译测试。我们可以使用全局安装的Browserify包运行，也可以使用Grunt自动运行，这里我们选择后者。为此，我们需要安装grunt-browserify包：

```
npm install --save-dev grunt grunt-browserify
```

安装好grunt-browserify包之后，我们要按照第一部分介绍的方式在Gruntfile.js文件中配置browserify任务，把CommonJS代码编译成浏览器能正确解析的格式。对我们这个单元测试来说，可以像下列代码清单这样配置（本书配套源码的ch08/02_tape-in-the-browser文件夹中有这个代码清单）。

代码清单8.1 把代码编译成浏览器能解释的格式

```
module.exports = function (grunt) {
  grunt.initConfig({
    browserify: {
      tests: {
        files: {
          'test/build/test-bundle.js': ['test/**/*.js']
        }
      }
    }
  });
  grunt.loadNpmTasks('grunt-browserify');
};
```

browserify:tests任务会编译代码，把结果保存在一个文件中，以供HTML文件引用。最后，我们需要创建一个HTML文件，内容如下列代码清单所示。不过幸运的是，这个文件创建好之后就不用管了，Browserify打包的文件会执行测试，我们无需自己动手修改HTML中的script标签或任何内容。

代码清单8.2 在HTML文件中引用编译后的代码

```
<!doctype html>
<html>
```

```
<head>
  <meta charset='utf-8'>
  <title>Unit Testing JavaScript with Tape</title>
</head>
<body>
  <script src='build/test-bundle.js'></script>
</body>
</html>
```

如果要运行测试，我们只需在浏览器中打开这个HTML文件即可。本章后面还会介绍如何使用Grunt自动运行测试。下面介绍一些测试原则，并说明如何在JavaScript测试中运用它们。

8.1.5　筹备、行动和断言

单元测试通常很难编写，而且编写的过程也很乏味，但我们可以改变这种状况。如果编写代码时考虑到了模块化和可测试性，代码的测试就会容易得多。如果代码整体紧密耦合在一起，测试就会变复杂。这是因为，隔离确认小型组件的功能时无需关注依赖，此时能最大限度地发挥测试的功效。这种测试叫*单元测试*。另外一种最常见的测试类型是*集成测试*，用于测试组件之间是否能按预期交互，关注的是多个组件相互配合实现的功能。图8-1对这两种测试进行了对比。

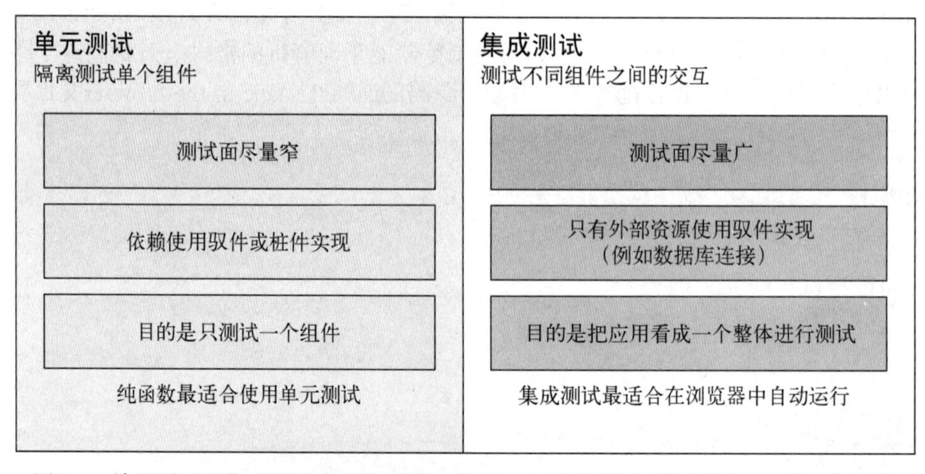

图8-1　单元测试和集成测试之间的区别。注意，这两种测试都要编写，二者之间不是相互排斥的。纯函数将在8.1.15节讨论

8.1.6　单元测试

集成测试关注的是组件之间的交互，而好的单元测试应该主动忽略这种交互，只关注隔离环境中单个组件的工作方式。而且，好的单元测试不关心组件的实现细节，只关注组件的公开API。这意味着，好的单元测试可以看成组件预期工作方式的示例。如果包的文档缺失了，有时就可以使用单元测试替代，虽然它并不完美。

好的单元测试常常遵守“筹备-行动-断言”（Arrange Act Assert，简称AAA）模式，在单元测试中伪造依赖，然后监视方法，确保它们被调用。随后的几节会探讨相关概念。在8.3节之前，我们会编写一些真实的单元测试用例。

AAA模式能帮助我们写出简洁有序的单元测试。使用这个模式编写单元测试分为三步。

- 筹备：创建测试中需要的所有实例。
- 行动：运行测试，记录结果。
- 断言：验证结果和预期的输出是否一致。

按照这简单的三步做，浏览单元测试时我们能清晰地看到这个过程。例如，断言可以用来判断`typeof {}`的结果是否为`object`。注意，如果这三步能简化成一行可读的代码，那么你或许应该这样做。

8.1.7 便利性优于约定

有些纯粹主义者认为，一个单元测试中只能有一个断言。我的建议是务实，只要是在测试同一个功能，一个测试中就可以编写多个断言。这样做没有什么不良后果，因为测试工具（这里用的是Tape）会准确地告诉你哪个测试中的哪个断言失败了。一个测试中只写一个断言，往往会导致大量的重复代码，而且测试过程漫长，让人灰心丧气。

8.1.8 案例分析：为事件发射器编写单元测试

下面我们为第6章实现的`emitter`函数编写测试，看看真实的单元测试是如何呈现的。`emitter`函数的作用是改造对象，让对象能触发和监听事件。完整的代码如下列代码清单所示（在本书配套源码的ch08/03_arrange-act-assert文件夹中），这和6.4.2节实现的`emitter`函数是一样的。

代码清单8.3 emitter函数的实现

```
function emitter (thing) {
  var events = {};

  if (!thing) {
    thing = {};
  }

  thing.on = function (type, listener) {
    if (!events[type]) {
      events[type] = [listener];
    } else {
      events[type].push(listener);
    }
  };

  thing.emit = function (type) {
    var evt = events[type];
    if (!evt) {
      return;
```

```
    }
    var args = Array.prototype.slice.call(arguments, 1);
    for (var i = 0; i < evt.length; i++) {
      evt[i].apply(thing, args);
    }
  };

  return thing;
}
```

这个函数这么长，怎么测试所有功能呢？很简单：测试接口，其他的都不重要。我们要确认，指定正确的参数时，公开API中的每个方法都能做预期的事情。对这个emitter函数来说，公开API包含这个函数本身、on方法和emit方法。公开API是使用者能访问的方法，也就是我们要验证的。

编写好的单元测试可以理解成对正确的事情作断言。测试要验证的断言应该能确定而且也要忽略实现细节，例如存储事件监听器的方式。私有方法通常是实现细节，不应该测试，而只关注公开接口。如果想测试私有方法，应该将其公开，以便像公开接口中的其他方法一样进行单元测试。

8.1.9　测试事件发射器

首先，我们来编写一个测试，看看把不同的参数传给emitter函数是否能得到发射器对象。这是个基本的测试，在这个测试中，我们会验证返回的对象是否有预期的属性（on和emit）。

代码清单8.4　使用Tape编写的第一个测试

```
var test = require('tape');
var emitter = require('../src/emitter.js');

test('emitter(thing) should always return an emitter', function (t) {   ← 一定要使用有意义的名称定义测试用例。
  // 行动
  isEmitter(emitter());
  isEmitter(emitter({}));
  isEmitter(emitter([]));

  function isEmitter (thing) {
    // 断言
    t.ok(thing, 'should be truthy');   ← 第二个参数说明断言的作用。
    t.ok(thing.on, 'should have on property');   ← 是否有.on属性？
    t.ok(thing.emit, 'should have emit property');
  }

  t.end();   ← 让Tape知道测试结束了。
});
```

在单元测试中对预期的操作进行基本的断言是很不错的行为。记住，我们只需编写一次测试，然后随时都能执行测试，验证断言是否正确。下面我们再编写一些基本的断言，以确保返回的对象和传入的对象是相同的，如下列代码清单所示。

代码清单8.5 编写一些基本的断言

```
test('emitter(thing) should reference the same object', function (t) {
  var data = { a: 1 };         // 筹备
  var thing = emitter(data);   // 行动
  t.equal(data, thing);        // 断言
  t.end();
});

test('emitter(thing) should reference the same array', function (t) {
  var data = [1, 2];           // 筹备
  var thing = emitter(data);   // 行动
  t.equal(data, thing);        // 断言
  t.end();
});
```

编写基本的JavaScript单元测试时，有时你会发现需要判断一个函数是否真正是函数。如果emitter不是函数，那么其他测试都会失败——虽然如此，我们也无需单独测试emitter是否为函数，因为在单元测试中可以有冗余。而且，测试应该在断言阶段失败，而在筹备和行动这两步中都不能失败。如果在其他地方失败了，这可能表明我们要再添加一些测试，宣称不该在这些地方失败，或者问题可能出现在代码中。

测试对象的类型看起来很繁琐，但却是十分必要的。实际上，测试返回值的类型更重要。我们编写的第一个测试确认了属性的存在，但是没有检查那些属性是否为函数。下面我们重构一下，加上类型检查。其中一些改动可能看起来微不足道，但是为了表述清楚，我们要明确表明断言的作用。

代码清单8.6 在测试中检查类型

```
test('emitter(thing) should be a function', function (t) {
  t.ok(emitter, 'should be truthy');
  t.ok(typeof emitter === 'function', 'should be a method');
  t.end();
});

test('emitter(thing) should always return an object', function (t) {
  // 行动
  isEmitter(emitter());
  isEmitter(emitter({}));
  isEmitter(emitter([]));

  function isEmitter (thing) {
    // 断言
    t.ok(thing, 'should be truthy');
    t.ok(typeof thing.on === 'function', 'should have on method');
    t.ok(typeof thing.emit === 'function', 'should have emit method');
  }

  t.end();
});
```

不测试值是否为真，而是测试类型是否为函数。

8.1.10　测试.on方法

接下来我们要编写.on方法的测试。这一次，我们只要确认调用.on方法不会抛出异常即可。稍后，测试emit方法时我们会确认监听器是否可用。注意，我编写了两个几乎完全一样的测试，不过二者的作用不同。在测试中经常会发现重复的代码，需要重复使用时可以复制粘贴，不过不能有太多重复的代码。

代码清单8.7　测试.on方法

```
test('on(type, listener) should attach an event listener', function (t) {
  // 筹备
  var thing = emitter();

  function listener () {}

  // 断言
  t.doesNotThrow(function () {        <-- 此时，确认thing.on
    // 行动                                 不会抛出异常。
    thing.on('foo', listener);
  });
  t.end();
});

test('on(type, listener) should attach many event listeners to the same
    event', function (t) {
  // 筹备
  var thing = emitter();

  function listener () {}

  // 断言
  t.doesNotThrow(function () {        <-- 多次调用on方法也
    // 行动                                 不会抛出异常。
    thing.on('foo', listener);
    thing.on('foo', listener);
    thing.on('foo', listener);
  });
  t.end();
});
```

接下来，我们要测试emit方法。和之前一样，我们要依附几个监听器，然后触发事件。随后我们要验证是否触发了正确的监听器，而且每次调用.on方法只会触发一次。注意，如果把事件句柄放在setTimeout函数中，异步调用emit方法，这个测试会失败。针对这种情况，我们可以根据新功能修改测试，或者从一开始就禁止修改功能。

代码清单8.8　测试.emit方法

```
test('emit(type) should emit to the event listeners', function (t) {
  // 筹备
  var thing = emitter();              <-- 注意，我们清楚地把测试分成了筹备、行
  var listens = 0;                        动和断言三步。在测试中应该这样做。
```

```
  function listener () {
    listens++;
  }

  // 行动
  thing.on('foo', listener);
  thing.on('foo', listener);
  thing.emit('foo');

  // 断言
  t.equal(listens, 2);        <- 有时候，统计函数调用了多少次就够了。
  t.end();
});
```

最后，我们再编写一个测试，确认emit方法会按我们预期的那样把传入的任何参数传给事件监听器。

代码清单8.9 进一步测试emit方法

```
test('emit(type) should pass params to event listeners', function (t) {
  // 筹备
  var thing = emitter();
  var listens = 0;

  function listener (context, value) {
    t.equal(arguments.length, 2);    <- 确认结果和预期的一样，不多不少。
    t.equal(context, thing);
    t.equal(value, 3);
    listens++;
  }

  // 行动
  thing.on('foo', listener);
  thing.on('foo', listener);
  thing.emit('foo', thing, 3);

  // 断言
  t.equal(listens, 2);
  t.end();
});
```

大功告成！至此我们实现的事件发射器有完整的测试了。我们只编写了断言来验证了公开API的工作方式，没有涉及实现细节。现在，我们可以为API非常规的使用方式编写测试了，例如不带任何参数地调用emit()方法。随后，我们可以决定遇到这种情况时emit方法是否要抛出异常。我们应该把测试当成更严格的正式的API文档。

下一节我们来学习创建驭件，监视函数调用，以及代理require语句。

8.1.11 驭件、侦件和代理

有时虽然应用的某两部分无法进一步解耦，但我们还是想将其隔离。应用可能需要查询真实的数据库，使用服务获取数据，把不同的模块连接在一起，或者由于其他原因而不能解耦实现方式。在测试中遇到这些紧密耦合的情况时，我们可以使用一些不同的方式来解决，例如驭件、侦件和代理。图8-2描述了这种问题，说明如何使用桩件来解决问题。

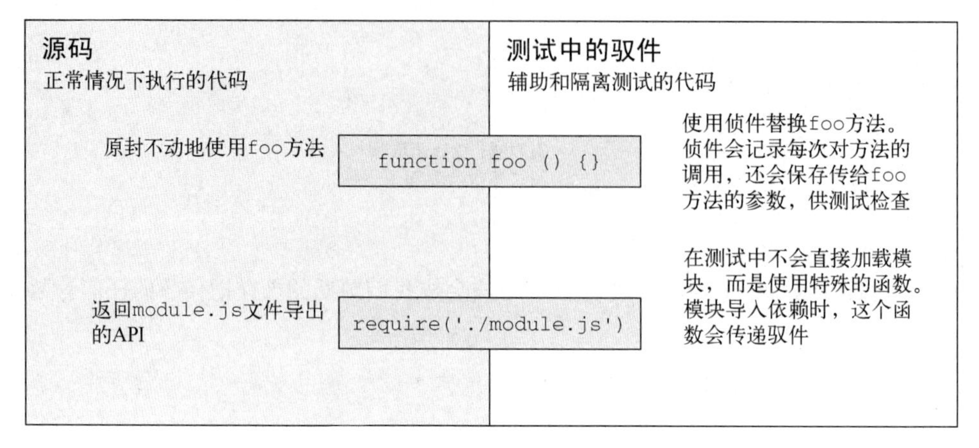

图8-2　测试时原封不动地使用源码与使用驭件的对比

下面我们来学习如何模拟依赖。如果组件有外部依赖，测试时可以使用这种技术。

8.1.12　模拟

模拟就是在被测系统（System Under Test，简称SUT）中创建依赖（例如服务或其他对象）的伪实例。在静态类型语言中，模拟时常常要访问编译器，因此这个过程通常叫反射（Reflection）。作为一种动态类型的语言，JavaScript有个好处，即允许我们创建对象时只提供一些属性即可，非常简单。假设我们要测试下列代码片段：

```
function (http, done) {
  http.get('/api/data', done);
}
```

在真实的应用中，这段代码可能会通过网络查询一个端点，并通过应用的API取回数据。在单元测试中一定不能连接外部服务，所以这种操作是使用模拟技术的最佳场合。在这段代码中，我们发起了一个GET请求，然后调用done回调，并把可能出现的错误和返回的数据传给这个回调。

只使用JavaScript模拟这个http对象其实很容易。注意，我们遵照代码的原意，使用setTimeout函数异步执行这个方法，而且虚构了我们认为的适合测试的任何响应。

```
{
  get: function (endpoint, done) {
    setTimeout(function () {
      done(null, { data: 'dummy' });
    }, 0);
  }
}
```

这个测试的服务器端部分，也就是查询真实的HTTP端点，应该在服务器的测试而不是客户端中确认。我们还可以在集成测试中测试这些操作，本章后面会介绍。下面介绍Sinon.js。Sinon是用来创建驭件、侦件和桩件的库。使用这个库还可以伪造XHR请求、服务器响应和计时器。下面来看具体怎么做。

8.1.13 介绍Sinon.js

有时候，手动创建模拟数据还不够，在复杂的场合下，使用Sinon.js这样的库可能更方便。使用Sinon可以轻易测试`setTimeout`延迟、日期和XHR请求，甚至还能搭建虚假的HTTP服务器，在测试中使用。使用Sinon能轻而易举地创建侦件。侦件是一种函数，能告诉我们它是否被调用了，调用了多少次，以及调用时传入了什么参数。其实我们在代码清单8.9中已经使用了一种侦件，那个`listener`函数会记录它被调用了多少次。下面介绍如何使用侦件测试函数的调用情况。

8.1.14 监视函数的调用情况

如果要测试的函数有参数，可以很容易地使用侦件测试是否调用了函数，以及调用的方式。

我们来看一个简单的示例（在ch08/04_spying-on-function-calls文件夹中）。下面两个函数的参数都是一个回调：

```
var maxwell = {
  immediate: function (cb) {
    cb('foo', 'bar');
  },
  debounce: function (cb) {
    setTimeout(cb, 0);
  }
};
```

使用Sinon可以轻易测试这两个函数。我们无需编写回调就能确认只调用了一次`immediate`函数：

```
test('maxwell.immediate invokes a callback immediately', function (t) {
  var cb = sinon.spy();

  maxwell.immediate(cb);

  t.plan(2);
  t.ok(cb.calledOnce, 'called once');
  t.ok(cb.calledWith('foo', 'bar'), 'arguments match expectation');
});
```

注意，我用`t.plan`代替了`t.end`。`t.plan(n)`的作用是定义执行测试用例时要作多少次断言。如果断言次数和定义的不相等，测试就会失败。`t.plan`在测试异步操作时最有用，因为异步操作结束后可能要调用回调，所以要作更多断言。使用`t.plan`能验证真正执行的次数和声称的次数是否相等。

测试延迟执行的操作有些棘手，不过Sinon为此提供了易于使用的接口，如下列代码清单所示。调用sinon.useFakeTimers()后，Sinon会伪造后续所有使用setTimeout或setInterval函数完成的操作。而且我们还能使用简单的tick API来手动修改时钟。

代码清单8.10　测试延迟执行的操作

```
test('maxwell.debounce invokes a callback after a timeout', function (t) {
  var clock = sinon.useFakeTimers();
  var cb = sinon.spy();

  maxwell.debounce(cb);

  t.plan(2);
  t.ok(cb.notCalled, 'not called before tick');
  clock.tick(0);
  t.ok(cb.called, 'called after tick');
});
```

除此之外，Sinon.js还有很多功能，例如伪造XHR请求。关于模拟技术，最后我们还要讨论一个话题：为模块中使用require导入的依赖创建驭件。下面来看具体怎么做。

8.1.15　代理require调用

有时我们会遇到这样的问题：一个模块使用require导入其他模块，而导入的模块还要再导入其他模块，而在单元测试中我们并不想导入模块。在单元测试中我们要控制环境，识别哪些是执行测试必不可少的，其他的都要使用模拟技术实现。遇到这种问题时，我们可以使用一个名为proxyquire的npm包解决。假设我们要测试下列代码清单中的代码（在本书配套源码的ch08/05_proxying-your-dependencies文件夹中），这段代码的作用是从数据库中读取一个用户，而且为了安全起见，只返回模型中的部分数据。

代码清单8.11　使用require方法

```
var User = require('../models/User.js');

module.exports = function (id, done) {
  User.findOne({ id: id }, function (err, user) {
    if (err || !user) {
       done(err); return;
    }
    done(null, {
      name: user.name,
      email: user.email
    })
  });
};
```

我们暂且稍微重构一下这段代码。隔离“纯粹的”功能，这样做最好。纯函数是函数式编程提出的概念，这种函数的输出只由输入决定，不受任何其他因素的影响。只要输入相同，纯函数就会返回相同的输出。在上面的示例中，可重用的纯粹功能是从模型中提取安全的子集。那么我们就把这个功能提取出来，定义成单独的函数，让代码看起来更舒服，也更易于理解。

代码清单8.12 创建纯函数

```
var User = require('./models/User.js');

function subset (user) {
  return {
    name: user.name,
    email: user.email
  };
}

module.exports = function (id, done) {
  User.findOne({ id: id }, function (err, user) {
    done(err, user ? subset(user) : null);
  });
};
```

不过，从上例可以看出，如果不导出subset函数，我们就不得不查询数据库以读取用户。你可能觉得这个模块应该使用一个user对象，而不单单是使用id。这样想是对的。然而有时我们不得不查询数据库。或许可以把参数改成user对象，然后再处理这个对象。但我们可能还是要查询数据库，获取用户的权限或所属的用户组。遇到这种情况或这个示例所展示的情况时，如果不想进一步重构，则可以让require返回伪造的结果。

使用proxyquire包的好处是，我们根本无需修改应用的代码。下列代码清单演示了如何使用proxyquire包模拟导入的模块，完全不用查询数据库。注意，传给proxyquire函数的驭件是一个映射，键是require方法要导入的模块路径，值是想获取的结果（和正常情况下获取的不同）。

代码清单8.13 模拟导入模块

```
var proxyquire = require('proxyquire');

var user = {
  id: 123,
  name: 'Marian',
  email: 'marian@company.com'
};

var mapperMock = {
  './models/User.js': {
    findOne: function (query, done) {
      setTimeout(done.bind(null, null, user));
    }
  }
};

var mapper = proxyquire('../src/mapper.js', mapperMock);
```

隔离获取部分用户数据的功能后，我们无需连接数据库了，测试也变简单了。我们要使用mapper函数，模拟访问数据库，然后判断是否返回一个具有name和email属性的对象。注意，首次调用cb侦件后，我们要使用Sinon提供的cb.args获取参数。

代码清单8.14　使用Sinon创建侦件

```
var test = require('tape');
var sinon = require('sinon');

test('user mapper returns a subset of user', function (t) {
  // 筹备
  var clock = sinon.useFakeTimers();
  var cb = sinon.spy();

  // 行动
  mapper(123, cb);
  clock.tick(0);
  var result = cb.args[0][1];
  var actual = Object.keys(result).sort();
  var expected = ['name', 'email'].sort();

  // 断言
  t.plan(2);
  t.ok(cb.calledOnce);
  t.deepEqual(actual, expected);
});
```

像这样调用**tick**方法会触发所有延迟为0毫秒的**setTimeout**函数。

下一节我会深入说明如何在客户端测试，介绍如何伪造XHR（XMLHttpRequest）请求，还会带你体验如何测试DOM交互。然后我们会学习如何自动运行测试，再介绍单元测试之外的其他测试类型。

8.2　在浏览器中测试

测试客户端代码往往很难，因为这涉及AJAX请求和DOM交互，而且客户端代码完全没有模块化和合理的组织方式，为JavaScript测试人员带来了麻烦。不过，我们在第5章使用Browserify解决了客户端代码的模块化问题。Browserify可以让自成一体的CommonJS模块在客户端代码中使用，不过我们要在构建过程中增加一步。

我们还使用MVC框架正确地分离了关注点，从而解决了组织代码的问题。我们还可以把即将在第9章介绍的REST API设计知识运用到未来开发的Web应用中，摆脱前端应用普遍存在的端点混乱问题。

在接下来的几节中，我们来学习如何在客户端代码的测试中模拟XHR请求和隔离DOM交互。我们先从简单的开始：模拟XHR请求和服务器响应。

8.2.1　伪造XHR请求和服务器响应

前面我们介绍了使用proxyquire包伪造require函数的功能，与此类似，我们可以使用

Sinon模拟XHR请求，而且无需修改源码。使用Sinon还可以模拟服务器响应，监听请求数据。我们使用XHR请求，其实就是为了进行这些操作。图8-3展示了如何使用这些模拟方式隔离并测试通常需要依赖外部资源的代码。

图8-3 比较原生的XMLHttpRequest和测试中伪造的XHR驭件

下面通过代码说明应该怎么做。在下列客户端JavaScript代码片段中，我们发起了一个HTTP请求，获取响应文本（在本书配套源码的ch08/06_fake-xhr-requests文件夹中）。我使用`superagent`模块来发起HTTP请求，因为这个库在服务器和浏览器中都能使用，对我们使用Browserify编译模块的操作来说是最佳选择。

```
module.exports = function (done) {
  require('superagent')
    .get('https://api.github.com/zen')
    .end(cb);

  function cb (err, res) {
    done(null, res.text);
  }
};
```

对这个示例来说，我们不想为`superagent`模块编写测试，也不想测试对API的调用，只想确认的确进行了AJAX调用。这个方法还应该获取响应文本，所以我们也要测试这个行为，如下列代码清单所示。

代码清单8.15 测试获取响应文本的方法

```
var test = require('tape');
var sinon = require('sinon');

test('qotd service should make an XHR call', function (t) {
  var quote = require('../src/qotdService.js');
  var cb = sinon.spy();

  quote(cb);

  t.plan(2);
```

```
  setTimeout(function () {
    t.ok(cb.called);
    t.ok(cb.calledWith(null, sinon.match.string));
  }, 2000);
});
```

为了测试这个方法的效果，我们可以这样做。但我们不能让网络状况影响测试，也不能花这么长时间等待测试结果。这个方法的正确测试方式是模拟响应。为此，我们可以使用Sinon创建一个伪造的服务器。伪造的服务器有两个作用：其一，捕获代码发出的真实请求，将其转换成受伪造服务器控制的可测试的对象；其二，在测试中可以创建请求的响应，模拟真实的服务器行为。为了获得这样的功能，我们要在调用被测方法之前使用`sinon.fakeServer.create()`方法创建伪造的服务器，然后调用发起AJAX请求的方法，设定响应的状态码、首部和主体，返回响应。下面我们基于这些讨论来修改测试。

代码清单8.16　测试“每日名言”服务

```
test('qotd service should make an XHR call', function (t) {
  var quote = require('../src/qotdService.js');
  var cb = sinon.spy();

  var server = sinon.fakeServer.create();
  var headers = { 'Content-Type': 'text/html' };

  quote(cb);

  t.plan(4);
  t.equals(server.requests.length, 1);
  t.ok(cb.notCalled);

  server.requests[0].respond(200, headers, 'The cake is a lie.');

  t.ok(cb.called);
  t.ok(cb.calledWith(null, 'The cake is a lie.'));
});
```

可以看出，验证的结果是发起了一个请求，以及返回的响应文本和预期的一样。

在说明如何自动运行测试之前，我们还要讨论一个关于浏览器中的测试的话题——测试DOM交互。DOM交互和AJAX请求一样，也很难测试，因为我们要想办法把分隔的两部分连接在一起，而且连接时要小心。

8.2.2　案例分析：测试DOM交互

客户端应用开发和测试特别有趣，涉及三个层面：HTML、JavaScript和CSS——三者相互交织在一起。优秀的开发者应该把这三方面隔离开，不能过度耦合。CSS好隔离，我们在CSS中编写样式类，然后在DOM元素的`class`属性中指定要使用的类。如果对HTML的结构作既定假设，CSS就会变得支离破碎。优秀的CSS不应该对HTML的结构有任何具体的要求，也就是不能和HTML紧密耦合。

JavaScript和HTML的关系与CSS和HTML的关系类似，HTML不应该对JavaScript作任何假设。就算禁用了JavaScript，HTML也应该完好显示，这叫渐进增强，目的是以更快的速度向用户显示内容，提升整体的用户体验。但问题是，JavaScript代码必须对HTML结构有要求。获取DOM节点的内部文本、依附事件监听器、读取数据属性、设置属性，以及其他任何形式的DOM操作，都要求有相应的DOM节点存在。

下面我们开发一个虚构的应用，目的是处理各种事件，四舍五入小数。

1. 编写HTML

在这个应用中有个输入框，用于输入小数，点击按钮后会显示这个小数四舍五入后的结果，而且每次得到的结果都会添加到页面中的一个列表里。页面中还有一个按钮，用于清空这个列表。这个应用的外观如图8-4所示。

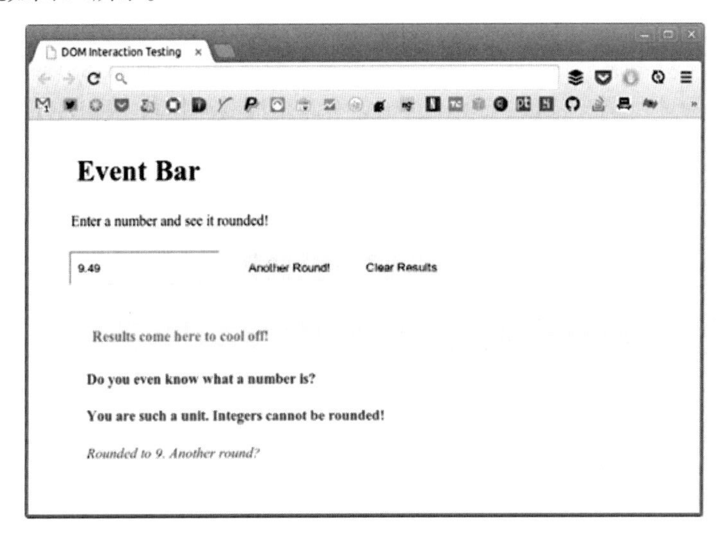

图8-4　此次案例分析要开发的应用

我们先来开发这个应用。在开发的过程中，我会先说明具体的实现方式，然后告诉你这个小应用的哪些功能要测试，以及如何在不关心实现细节的情况下编写测试，覆盖这些功能。

这个应用的HTML代码如下所示。注意，我们没有直接在DOM中编写任何JavaScript代码。对可测试性来说，分离关注点极其重要。

```
<h1>Event Bar</h1>
<p>Enter a number and see it rounded!</p>
<input class='square' placeholder='Decimals only please.' />
<button class='barman'>Another Round!</button>
<button class='clear'>Clear Results</button>
<div class='result'>
  <h4>Results come here to cool off!</h4>
</div>
```

接下来我们要学习如何使用JavaScript实现功能。

2. 使用JavaScript实现功能

下面我们要编写少量的JavaScript代码，使用JavaScript DOM API和前面的HTML交互。我们要使用querySelector方法查找DOM节点。这个方法是浏览器原生API提供的，鲜为人知但功能很强，可以像jQuery那样使用CSS选择符查找DOM节点。所有主流浏览器，包括Internet Explorer 8在内，都支持querySelector方法。这个方法可以在文档根节点上使用，也可以在任何DOM节点上使用，从而允许你把搜索范围限定在子节点中。如果想查找所有元素，而不是第一个，可以使用querySelectorAll方法。

```
var barman = document.querySelector('.barman');
var square = document.querySelector('.square');
var result = document.querySelector('.result');
var clear = document.querySelector('.clear');
```

注解　我在HTML中从不使用id属性，因为它会带来各种问题。例如，CSS选择符的优先级会导致开发者在样式规则中使用!important，而且无法重用样式，因为HTML的id属性必须是唯一的。

下面我们来编写获取用户输入的代码。如果输入的不是数字，会报错。如果输入的是整数，也会报错。排除这两种情况后，我们要返回四舍五入后的值。

```
function rounding (number, done) {
  if (isNaN(number)) {
    done(new Error('Do you even know what a number is?'));
  } else if (number === Math.round(number)) {
    done(new Error('You are such a unit. Integers cannot be rounded!'));
  } else {
    done(null, Math.round(number));
  }
}
```

done回调应该在结果列表中创建一个新段落，如果出错了，就在其中显示错误消息，否则显示四舍五入后的值。如果出错了，还要设定一个和操作成功时不同的CSS类，这样设计人员无需修改JavaScript就能为两种情况编写不同的样式。done回调的代码如下列代码清单所示。

代码清单8.17　编写done回调

```
function report (err, value) {
  var p = document.createElement('p');

  if (err) {
    p.className = 'error';
    p.innerText = err.message;
  } else {
    p.className = 'rounded';
    p.innerText = 'Rounded to ' + value + '. Another round?';
  }
  result.appendChild(p);
}
```

最后，我们要绑定点击事件，解析输入，然后再交给前面两个方法处理，如下列代码片段所示：

```
barman.addEventListener(click, round);

function round () {
  var number = parseFloat(square.value);
  rounding(number, report);
}
```

清空结果按钮的操作更容易实现。监听器要删除之前创建的所有段落，实现起来格外简单。具体实现方式如下列代码清单所示。

代码清单8.18 实现清空结果按钮的操作

```
clear.addEventListener(click, reset);

function reset () {
  var all = result.querySelectorAll('.result p');
  var i = all.length;

  while (i--) {
    result.removeChild(all[i]);
  }
}
```

至此，这个应用的功能就完全实现了。我们怎么确保以后重构时，现有功能不会失效呢？我们需要对测试进行确认，让测试能确保代码可以像预期的那样正常运行，然后编写这些测试。

3. 确定要编写哪些测试用例

首先我要提醒你一下，我们应该完全忽略本节开头编写的HTML。我们不能在测试中编写任何HTML。如果测试需要用到DOM节点，应该使用JavaScript构建。在后面编写的测试中你会发现，这样做比直接编写HTML还简单。单元测试最重要的原则之一是分离关注点。

接着，我们要弄清应用的功能，而且要和实现细节区分开。对这个案例来说，可以把我们前面编写的所有代码都视作实现细节，因为这个应用没有提供API，也没有提供任何公开的对象。即便所有代码都是实现细节，我们仍然能编写单元测试，不过我们要测试应用实现的功能，而不是各个方法的作用。

我们要编写的测试用例应该检查是否实现了前面对这个应用功能的定义（转摘如下）。

定义应用的功能 在这个应用中有个输入框，用于输入小数，点击按钮后会显示这个小数四舍五入后的结果，而且每次得到的结果都会添加到页面中的一个列表里。页面中还有一个按钮，用于清空这个列表。

以下列表列出了几个测试用例。这些测试用例是根据应用的功能和代码中逻辑上的约束（可以把这些约束加入功能的定义中）归纳出来的。注意，只要符合功能的定义，想规划多少测试用例都行。下面是我设计的测试用例。

- 如果没输入值，点击按钮后应该显示错误消息。
- 如果输入的是整数，点击按钮后应该显示错误消息。
- 如果输入的是其他数字，点击按钮应该得到四舍五入后的结果。
- 如果输入两个值，点击按钮两次后应该得到两个结果。
- 如果列表为空，点击清空结果按钮不会抛出异常。
- 点击清空结果按钮后，应该删除列表中的所有结果。

下面我们来编写测试。我在前面提过，我们要在每个测试中创建DOM节点。为此，我们要定义一个用于设置的函数，在每个测试之前调用，用于创建元素；还要定义一个用于拆卸的函数，在每个测试之后调用，用于删除元素。这样一来，每个测试的运行背景都相同，相互之间不会产生影响。

4. 设置和拆卸

不知出于什么原因，大多数JavaScript测试框架都会在测试中使用全局作用域。例如，使用Mocha（Buster.js和Jasmine也是一样）这个测试框架时，如果想在每个测试前执行任务，需要把一个回调传给在全局作用域中的`beforeEach`方法。事实上，测试用例应该使用全局作用域中的其他方法描述，例如`describe`和`it`，详见下列代码清单。

代码清单8.19 使用describe方法描述测试用例

```
function setup () {
  // 做些准备工作
}

describe('foo()', function () {
  beforeEach(setup);

  it('should not throw', function () {
    assert.doesNotThrow(function () {
      foo();
    });
  });
});
```

这样做很糟糕！我们不应该随意使用全局作用域，即便在测试中也是如此。幸好Tape没有这么荒唐，它仍能在每个测试前执行一些任务。使用Tape可以把上述代码改成下列代码清单这样。

代码清单8.20 使用Tape描述测试用例

```
var test = require('tape');

function testCase (name, cb) {
  var t = test(name, cb);
  t.once('prerun', setup);
}

function setup () {
  // 做些准备工作
}
```

```
testCase('foo() should not throw', function (t) {
  assert.doesNotThrow(function () {
    foo();
  });
});
```

我承认，这样做看起来更啰嗦，但是没有弄乱全局作用域——这是最早期的约定之一。Tape会在测试运行的不同时刻触发相应的事件，例如prerun。如果想在测试之前和之后执行任务，需要定义并使用testCase方法。这个方法的名称无关紧要，但你会发现这里很适合使用testCase。

```
function testCase (name, cb) {
  var t = test(name, cb);
  t.once('prerun', setup);
  t.once('end', teardown);
}
```

现在我们知道怎么在每个测试之前和之后执行这些方法了，下面是时候编写测试了！

5. 准备测试工具

在setup方法中，我们需要创建测试要使用的各个DOM元素，还要设置HTML的所有元素默认显示的内容。注意，这些测试不包含测试HTML本身，因此我们才将其完全忽略。我们关注的前提是，存在我们所预期的HTML结构，能让应用在其中正常运行。测试HTML是集成测试的任务。

setup方法的定义如下列代码清单所示。bar模块是应用的代码，我们把它包含在一个函数中，以便在需要时执行。这里，我们需要在每个测试之前运行这个应用，把事件监听器依附到刚创建的DOM元素上。

代码清单8.21 定义setup方法

```
var bar = require('../src/event-bar.js');

function setup () {
  function add (type, className) {
    var element = document.createElement(type);
    element.className = className;
    document.body.appendChild(element);
  }
  add('input', 'square');
  add('div', 'barman');
  add('div', 'result');
  add('div', 'clear');
  bar();
}
```

teardown方法更简单，我们只需迭代一些选择符，把setup方法创建的元素删除即可：

```
function teardown () {
  var selectors = ['.barman', '.square', '.result', '.clear'];
  selectors.forEach(function (selector) {
    var element = document.querySelector(selector);
    element.parentNode.removeChild(element);
  });
}
```

哇哦，终于该写测试了。

6. 编写测试用例

只要我们使用“筹备—行动—断言”模式明确分离关注点，编写或阅读测试就都不会有问题。在第一个测试用例中，我们获取class属性为barman的按钮，点击这个按钮，然后获取得到的结果，确认有了一个结果。然后我们断言，这个结果的CSS类和文本都正确，如下列代码清单所示。

代码清单8.22　断言CSS类和文本都正确

```
testCase('barman without input should show an error', function (t) {
  // 筹备
  var barman = document.querySelector('.barman');
  var result;

  // 行动
  barman.click();
  result = document.querySelectorAll('.result p');

  // 断言
  t.plan(4);
  t.ok(barman);
  t.equal(result.length, 1);
  t.equal(result[0].className, 'error');
  t.equal(result[0].innerText, 'Do you even know what a number is?');
});
```

下一个测试也是检查错误。确认能按预期检查错误和确认功能能正常使用一样重要。在下列代码清单中，我们在输入框中填写值，然后点击按钮。

代码清单8.23　测试错误检查功能

```
testCase('barman with an int should show an error', function (t) {
  // 筹备
  var barman = document.querySelector('.barman');
  var square = document.querySelector('.square');
  var result;

  // 行动
  square.value = '2';
  barman.click();
  result = document.querySelectorAll('.result p');

  // 断言
  t.plan(4);
  t.ok(barman);
  t.equal(result.length, 1);
  t.equal(result[0].className, 'error');
  t.equal(result[0].innerText, 'Integers cannot be rounded!');
});
```

这个断言的完整描述是：You are such a unit. Integers cannot be rounded!

至此，你应该能了解编写测试的方式了。只要遵守AAA模式，很容易看出每个测试的作用。下一个测试，如下列代码清单所示，验证这个应用的功能是否能正常使用。我们在输入框中填写一个小数，然后点击按钮，看看结果是不是四舍五入后的值。

代码清单8.24 验证应用的功能是否能正常使用

```
testCase('numbers should be rounded', function (t) {
  // 筹备
  var barman = document.querySelector('.barman');
  var square = document.querySelector('.square');
  var value = 2.4;
  var result;

  // 行动
  square.value = value.toString();
  barman.click();
  result = document.querySelectorAll('.result p');

  // 断言
  t.plan(4);
  t.ok(barman);
  t.equal(result.length, 1);
  t.equal(result[0].className, 'rounded');
  t.equal(result[0].innerText, 'Rounded to ' + Math.round(value));
});
```

这个断言的完整描述是：Rounded to %s. Another round?

我们现在编写的测试是建立在用户能按照我们预期的方式使用应用的前提之上的。有时候，用户并不总是能按照我们预期的那样与应用进行交互，所以我们也要测试这些异常情况。

7. 测试可能的结果

对这个应用的实现方式来说，可能会出现三种结果：完全不可用，有时可用，始终可用。我常常会开玩笑说，世界上只有三个数：0、1和无穷大。像下列代码清单这样，确认点击两次按钮应用仍能正常运行就足够了。如果觉得不够，随时可以添加更多测试。

代码清单8.25 确认点击两次仍能正常运行

```
testCase('two inputs should produce two results', function (t)
  // 筹备
  var barman = document.querySelector('.barman');
  var square = document.querySelector('.square');
  var value = 2.4;
  var result;

  // 行动
  square.value = value.toString();
  barman.click();
  square.value = '3';
  barman.click();
  result = document.querySelectorAll('.result p');

  // 断言
  t.plan(6);
  t.ok(barman);
  t.equal(result.length, 2);
  t.equal(result[0].className, 'rounded');
  t.equal(result[0].innerText, 'Rounded to ' + Math.round(value));
  t.equal(result[1].className, 'error');
```

这个断言的完整描述是：You are such a unit. Integers cannot be rounded!

```
  t.equal(result[1].innerText, 'Integers cannot be rounded!');
});
```

我们编写的代码可能会抛出异常，为此我们要花时间排查问题，就会影响工作效率。针对这类问题，我们可以编写简单的测试，确定调用方法时不会抛出异常，详见下列代码清单。后面介绍的自动运行测试对此也有帮助。

代码清单8.26　确认调用方法不会抛出异常

```
testCase('clearing empty list does not throw', function (t) {
  // 筹备
  var clear = document.querySelector('.clear');

  // 断言
  t.plan(2);
  t.ok(clear);
  t.doesNotThrow(function () {
    clear.click();
  });
});
```

我们的测试组件不算大，最后仍要再编写一个测试。这个测试接近于集成测试。转换几个数之后，我们要确认点击清空结果按钮后，确实能清空结果列表。

代码清单8.27　验证清空按钮可用

```
testCase('clicking clear removes any results in the list', function (t) {
  // 筹备
  var barman = document.querySelector('.barman');
  var square = document.querySelector('.square');
  var clear = document.querySelector('.clear');
  var result;
  var resultCleared;

  // 行动
  square.value = '3.4';
  barman.click();
  square.value = '3';
  barman.click();
  square.value = '';
  barman.click();
  result = document.querySelectorAll('.result p');
  clear.click();
  resultCleared = document.querySelectorAll('.result p');

  // 断言
  t.plan(2);
  t.equal(result.length, 3);
  t.equal(resultCleared.length, 0);
});
```

测试的重要价值在重构时才能体现出来。假如我们修改了这个应用的实现方式，然后再次运行测试。如果测试通过了，一切都没问题；如果手动测试时发现了缺陷，可以添加更多的测试，然后修正缺陷。测试失败的原因可能有两种，一个是测试过时了，例如，清空按钮的作用可能变成了“删除最旧的结果”。如果测试过时了，我们要根据改动更新测试。另一个可能导致测试失败的原因是，改动时有疏忽，以致功能失效了。无需额外成本，始终可以重复运行，是测试的价值所在。

本书配套源码的ch08/07_dom-interaction-testing文件夹中有完整可用的示例，包含前面列出的所有代码。接下来，我们要回到第7章开发的那个应用，为其添加单元测试。

8.3 案例分析：为使用 MVC 模式开发的购物清单编写单元测试

在第7章，我们使用MVC模式开发了一个购物清单应用，成果显著。这一节我们要为其中一个阶段编写单元测试。具体而言，你会和我一起为7.4节结束时开发出的应用编写单元测试，那时我们还没介绍Rendr（7.5节介绍的）。这个应用的源码在本书配套源码的ch07/10_the-road-show文件夹中，添加单元测试后的源码则在ch08/07b_testability-boulevard文件夹中。

7.4节开发的是个小型应用，不过足以演示如何慢慢添加测试，并在最终得到一个测试完好的应用了。如果没有下功夫将应用模块化，那么这种渐进式测试方式会很难，不过我们在第5章说明了如何模块化，在第7章开发应用时又运用了这些概念，所以实际上不会很难测试。这一节我会带着你一起为视图路由器和模型验证编写测试。掌握这些之后，你就可以为视图控制器添加测试覆盖了。

8.3.1 测试视图路由器

编写任何测试之前，我们都要先配置环境，这样测试才能运行。这里，我们先要复制应用的源码（在ch07/10_the-road-show文件夹中），然后添加本章制作的测试工具（在ch08/02_tape-in-the-browser示例文件夹中），使用Tape在浏览器中运行测试。

准备工作做好后（在本书配套源码的ch08/07b_testability-boulevard文件夹中），我们就可以使用Tape编写测试了。我们先从路由器（如第7章的代码清单7.18所示）开始，因为在要测试的模块中，这是最简单的。下列代码清单列出了彼时这个模块的内容，以供参考。

代码清单8.28 要测试的模块

```
var Backbone = require('backbone');
var ListView = require('../views/list.js');
var AddItemView = require('../views/addItem.js');

module.exports = Backbone.Router.extend({
  routes: {
    '': 'root',
    'items': 'listItems',
    'items/add': 'addItem'
  },
  root: function () {
    this.navigate('items', { trigger: true });
```

8

```
  },
  listItems: function () {
    new ListView();
  },
  addItem: function () {
    new AddItemView();
  }
});
```

测试这个模块时，我们要作以下几个断言：

- 有三个路由；
- 各个路由的处理程序都存在；
- root路由的处理程序要正确重定向到listItems动作；
- 每个视图路由都要渲染正确的视图。

你可能已经迫不及待想测试这几种情况了，想着要为视图创建驭件，或者还要使用proxyquire为模型创建桩件。首先我们要测试确实注册了三个路由，而且路由器中有各个路由的处理程序。

为此，我们要在测试文件routes.js中使用proxyquireify（proxyquire的变种，可在客户端使用）、sinon和tape，如下列代码清单所示。

代码清单8.29　视图路由器的首个测试

```
var proxyquire = require('proxyquireify')(require);   // 这样做是为了让proxyquire在浏览器中可用。
var sinon = require('sinon');
var ListView;
var AddItemView;

function getStubbedRouter () {   // 这个方法使用sinon和proxyquire创建视图模块的桩件，因为我们只想测试视图路由器，对视图本身不感兴趣。
  ListView = sinon.spy();
  AddItemView = sinon.spy();
  var ViewRouter = proxyquire('../app/routers/viewRouter.js', {
    '../views/list.js': ListView,
    '../views/addItem.js': AddItemView
  });   // 我们使用的是各个视图相对路由器的路径。
  return ViewRouter;
}

test('there are three routes and route handlers', function (t) {
  // 筹备
  var ViewRouter = getStubbedRouter();   // 获取视图路由器桩件的实例。

  // 行动
  var router = new ViewRouter();

  // 断言
  var routes = Object.keys(router.routes);
  t.equal(routes.length, 3);   // 断言有三个路由处理程序。

  routes.forEach(exists);   // 确认每个路由的处理程序都存在。
  t.end();
```

```
  function exists (route) {
    var handlerName = router.routes[route];
    var handler = router[handlerName];
    t.ok(handler, util.format('route handler for "%s" exists', route));
  }
});
```

从属性中获取当前路由的处理程序名称，例如listItems。

写好这个测试文件后，我们可以按照8.4节的方式验证测试能否通过：在HTML文件中加载编译后打包好的测试文件，然后在浏览器中打开这个HTML文件，查看开发者工具的控制台中有没有错误消息。

1. 作为测试运行程序的HTML文件

首先，我们需要一个作为测试运行程序的HTML文件，如下所示。这个文件没什么特殊的，只是加载了构建得到的测试打包文件：

```
<!doctype html>
<html>
<head>
  <meta charset='utf-8'>
  <title>Unit Testing JavaScript with Tape</title>
</head>
<body>
  <script src='build/test-bundle.js'></script>
</body>
</html>
```

创建好测试文件routes.js和作为测试运行程序的runner.html文件之后，我们要编写一个Grunt任务来构建测试打包文件。

2. 编写用于构建测试打包文件的Grunt任务

前面我们学过如何自己编写任务，为了强化这个知识，我们要自己编写一个任务，使用Browserify编译，然后打包。为此，我们要在Gruntfile.js文件中写入下列代码清单中的代码。这个任务直接使用`browserify`包，而没有间接使用`grunt-browserify`插件。有时，直接使用包比使用插件更灵活，实现任务的功能时更自由。

代码清单8.30 自定义一个Browserify任务

```
var fs = require('fs');
var glob = require('glob');
var mkdirp = require('mkdirp');
var browserify = require('browserify');
var proxyquire = require('proxyquireify');

function browserifyTests () {
  var done = this.async();
  var dir = __dirname + '/test/build';

  mkdirp.sync(dir);
  var bundle = browserify()
    .transform('brfs')
```

这是个匿名任务，执行完成后调用done回调。

这是Browserify API的公开接口。

创建一个目录结构，就算这些目录不存在，这个任务仍能正常运行。

brfs转换方式用于把Mustache视图模板编译成对应的JavaScript代码。

```
    .plugin(proxyquire.plugin);

    glob
    .sync('./test/*.js')
    .map(resolve)
    .reduce(include, bundle)
    .bundle()
    .pipe(fs.createWriteStream(dir + '/test-bundle.js'))
    .on('done', done);

  function include (bundle, file) {
    bundle.require(file, { entry: true });
    return bundle;
  }
}

function resolve (file) {
  return require.resolve(file);
}

grunt.registerTask('browserify_tests', browserifyTests);
```

使用通配模式获取所有测试文件。目前只有routes.js。

把通配模式获取的相对路径转换成绝对路径。

把打包好的代码通过管道写入文件。

proxyquireify插件能拦截对**require**函数的调用，然后创建要加载模块的桩件。

调用**bundle.require**导入每个测试文件，然后返回打包好的代码，以便再链接其他方法。

打包可以在浏览器中运行的JavaScript代码。

数据传输完毕后，告诉Grunt这个任务结束了。

使用**bundle.require**是为了从外部访问模块。**entry**标识的作用是把这个模块当成入口点。

3. 运行测试

一切准备好之后，我们可以执行下列命令，在浏览器中运行测试：

```
grunt browserify_tests
open test/runner.html
```

执行上述命令后应该弹出一个浏览器窗口。打开开发者工具中的控制台，会看到如图8-5所示的输出。

图8-5　开发者工具中显示的测试结果

还有一个路由测试要编写。下面我们要确认各个路由的处理程序能各司其职：把用户重定向到其他路由，或者渲染特定的视图。

4. 更多测试

剩余测试的代码如下列代码清单所示。我们可以把这些代码添加到routes.js测试文件的末尾。

代码清单8.31 测试各个路由的处理程序

```
test('route # redirects to the #items route', function (t) {
  // 筹备
  var ViewRouter = getStubbedRouter();

  // 行动
  var router = new ViewRouter();
  var handler = getRouteHandler(router, '');
  router.navigate = sinon.spy(); #C
  handler();

  // 断言
  t.ok(router.navigate.calledOnce, 'called router.navigate');
  t.ok(router.navigate.calledWith('items', { trigger: true }), 'called
     router.navigate with proper arguments');
  t.end();
});

test('route #items renders ListView', function (t) {
  // 筹备
  var ViewRouter = getStubbedRouter();

  // 行动
  var router = new ViewRouter();
  var handler = getRouteHandler(router, 'items');
  handler();

  // 断言
  t.ok(ListView.calledOnce, 'called ListView once');
  t.ok(ListView.calledWithNew(), 'called new ListView()');
  t.end();
});

test('route #items/add renders AddItemView', function (t) {
  // 筹备
  var ViewRouter = getStubbedRouter();

  // 行动
  var router = new ViewRouter();
  var handler = getRouteHandler(router, 'items/add');
  handler();

  // 断言
  t.ok(AddItemView.calledOnce, 'called AddItemView once');
  t.ok(AddItemView.calledWithNew(), 'called new AddItemView()');
  t.end();
});
```

使用一个侦件，避免使用真正的`.navigate`方法。

在每个测试的开头获取视图路由器的驭件。

`getRouteHandler`方法的作用是获取视图路由的处理程序。

确保路由处理程序调用了`.navigate`方法，把用户重定向到正确的路由。

确保路由处理程序调用了`ListView`的构造方法。

确保路由处理程序调用了`AddItemView`的构造方法。

```
function getRouteHandler (router, route) {
  var routeHandler, key, i;
  var routes = Object.keys(router.routes);
  for (i = 0; i < routes.length; i++) {
    key = routes[i];
    if (route === key) {
      routeHandler = router.routes[key];
      return router[routeHandler].bind(router);
    }
  }
}
```

获取这个路由器中注册的路由。

遍历所有路由，直到找到指定的路由为止。

返回指定路由的处理程序，然后将其绑定到路由器上，把合适的值赋值给`this`。

编写好所有测试之后，再次运行那个Grunt任务，然后刷新浏览器。执行这些新测试组件得到的结果如图8-6所示。

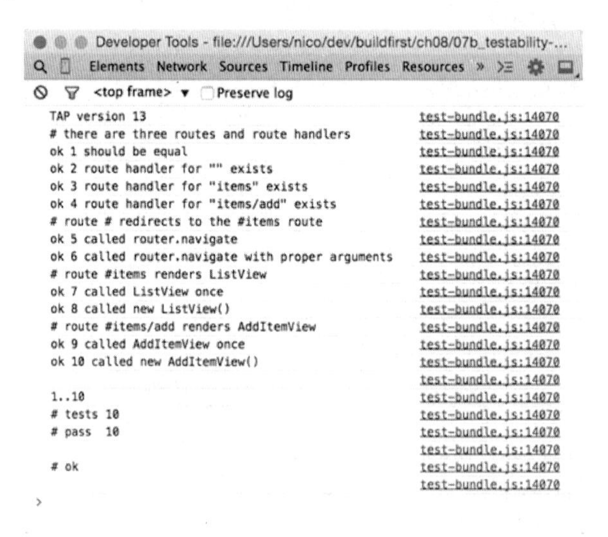

图8-6　运行这个测试组件中的10个断言后得到的结果

虽然针对路由器的测试很少，没有多少断言，不过我们至少确认了各个路由都存在，而且各自的处理程序能做预期该做的事情。路由器通常是集中配置应用的地方，测试路由器能确认使用了正确的模块。

8.3.2　测试视图模型的验证

我们还要测试这个应用的模型验证，提供不同的值，确保在某些情况下模型无效，符合全部验证条件时则有效。下列代码清单列出了`shoppingItem`模块的代码，以供参考。

代码清单8.32　要测试的验证

```
var Backbone = require('backbone');

module.exports = Backbone.Model.extend({
```

```
  addToOrder: function (quantity) {
    this.set('quantity', this.get('quantity') + quantity, {
      validate: true
    });
  },
  validate: function (attrs) {
    if (!attrs.name) {
      return 'Please enter the name of the item.';
    }
    if (typeof attrs.quantity !== 'number' || isNaN(attrs.quantity)) {
      return 'The quantity must be numeric!';
    }
    if (attrs.quantity < 1) {
      return 'You should keep your groceries to yourself.';
    }
  }
});
```

测试验证时，我们可以使用一些有趣的JavaScript功能。因为我们想测试验证过程中可能出现的各种情况，所以我们可以创建一个数组，列出各种情况，然后为每种情况编写一个测试。

在测试中遵守DRY原则的一种方式是使用一个测试用例工厂函数创建一系列测试用例，如下列代码清单所示。我还编写了一个不在这个测试用例数组中的测试，以示对比。

代码清单8.33　一系列模型验证测试

这个模型除了Backbone之外没有依赖其他模块，所以这里不需要使用**proxyquire**。

每个测试用例包含一个描述文本、一个模型和预期的验证结果。

```
var test = require('tape');
var ShoppingItem = require('../app/models/shoppingItem.js');
var cases = [
  ['must be constructed with a name', {}],
  ['must be constructed with a quantity', { name: 'Chocolate' }],
  ['cannot have NaN quantity', { name: 'Chocolate', quantity: NaN }],
  ['cannot have negative quantity', { name: 'Chocolate', quantity: -1 }],
  ['cannot have zero quantity', { name: 'Chocolate', quantity: 0 }],
  ['is valid when both a name and a positive quantity are provided', {
    name: 'Chocolate', quantity: 1
  }, true]
];

cases.forEach(testCase);

function testCase (c) {
  test('ShoppingItem ' + c[0], function (t) {
    // 筹备
    var expectation = !c[2]; // t.true or t.false
    var expectationText = ' is ' + (expectation ? 'invalid' : 'valid');

    // 行动
    var item = new ShoppingItem(c[1], { validate: true });

    // 断言
```

把每个测试用例传给**testCase**工厂函数。

调用Tape的**test**方法，创建各个测试。

使用当前测试用例中的模型创建**ShoppingItem**实例。

```
      t[expectation](item.validationError, JSON.stringify(c[1]) +
       expectationText);
      t.end();
    });
  }

test('consumer can increase quantity of a shoppingItem', function (t) {
  // 筹备
  var item = new ShoppingItem({
    name: 'Chocolate', quantity: 1
  }, { validate: true });
  // 行动
  item.addToOrder(4);
  // 断言
  t.equal(item.validationError, null);
  t.equal(item.get('quantity'), 5, 'four items got added to the order');
  t.end();
});
```

测试验证是否通过，以及和预期的是否一致。

当然也可以使用传统方式编写测试。

把几个物品添加到购物车中，然后验证数量是否变了。

想象一下，如果分别编写每个测试用例，肯定免不了要多次复制粘贴，这样就违背了DRY原则。

使用本章介绍的实践方式，我们还可以为视图编写测试。一些好的测试用例如下所示：

- 确认视图使用的模板是这个视图本该使用的；
- 检查事件句柄是否在`events`属性中声明；
- 确认这些事件句柄做了预期该做的事。

调用被测方法之前，我们可以使用Sinon创建视图中各个属性的驭件。这些测试用例将留作练习，供你自己编写。

写完视图控制器的测试之后，我们把注意力转移到自动化上。这一次，我们来使用Grunt自动运行Tape测试，还要学习如何在远程集成服务器中持续运行测试。

8.4 自动运行 Tape 测试

我们在8.1.4节使用Grunt自动执行了Browserify的编译过程，那么如何把Tape测试添加到Grunt构建过程中呢？在Node平台中运行测试要比在浏览器中运行简单很多。前面说过，在Node平台中运行测试的方法是把测试文件的路径传给`node` CLI：

```
node test/something.js
```

我们可以使用`grunt-tape`插件自动运行前面编写的测试，没有比这还简单的方法了。我们只需在Gruntfile.js文件中添加下列代码（在本书配套源码的ch08/08_grunt-tape-node文件夹中），就能让Grunt运行Tape测试。注意，此时无需使用Browserify，因为测试运行在Node平台中。

```
module.exports = function (grunt) {
  grunt.initConfig({
    tape: {
      files: ['test/something.js']
```

```
      }
    });
    grunt.loadNpmTasks('grunt-tape');
    grunt.registerTask('test', ['tape']);
  };
```

在Node中运行是很简单，那么在浏览器中运行呢？

8.4.1 自动运行浏览器中的Tape测试

在命令行中运行浏览器中的Tape测试也相当容易，我们可以使用Testling（也叫substack）。这个工具由James Halliday开发，他是一名多产的Node贡献者，也是Tape的作者，对模块化非常痴迷。James没顺手开发`grunt-testling`包，不过为了不让用户失望，我开发了`grunt-testling`包，因此我们可以使用Grunt运行Testling。`grunt-testling`包不需要任何配置，如果要配置Testling，方法是在package.json文件中添加一个名为`testling`的属性，指明测试文件在哪儿，如下列代码清单所示（在ch08/09_grunt-tape-browser文件夹中）。

代码清单8.34 自动运行Tape测试

```
{
  "name": "buildfirst",
  "version": "0.1.0",
  "author": "Nicolas Bevacqua <buildfirst@bevacqua.io>",
  "homepage": "https://github.com/bevacqua/buildfirst",
  "repository": "git://github.com/bevacqua/buildfirst.git",
  "devDependencies": {
    "grunt": "^0.4.4",
    "grunt-contrib-clean": "^0.5.0",
    "grunt-testling": "^1.0.0",
    "tape": "~2.10.2",
    "testling": "^1.6.1"
  },
  "testling": {
    "files": "test/*.js"
  }
}
```

配置好Testling之后，安装`grunt-testling`包，然后再把下列代码添加到Gruntfile.js文件中即可。

```
module.exports = function (grunt) {
  grunt.initConfig({});
  grunt.loadNpmTasks('grunt-testling');
  grunt.registerTask('test', ['testling']);
};
```

现在，在终端执行下列命令就能在浏览器中运行测试了：

```
grunt test
```

使用Grunt和Testling运行测试的结果如图8-7所示。

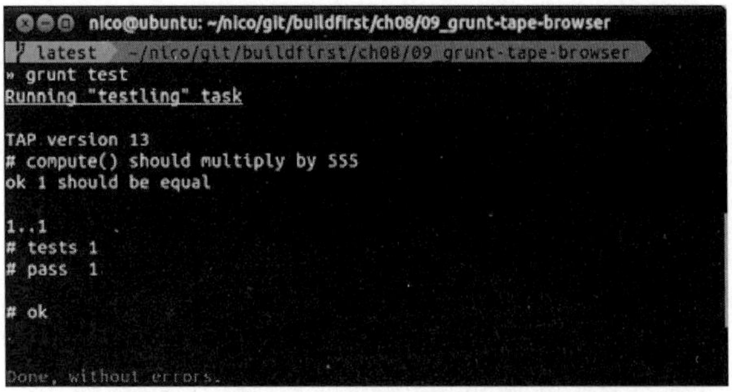

图8-7　使用Grunt通过Testling CLI运行测试

接下来我要重述第3章介绍的一个概念：适用于测试的持续开发流程。

8.4.2　持续测试

对测试来说，有个重要的问题要考虑：每次修改代码后都要运行测试，确保有问题的代码不会在本地开发环境中存在太长时间。你可能还记得，我们在第3章配置了一个`watch`任务，这个任务检测到代码基中有变动时会执行指定的任务。我们可以修改这个任务的配置，以在文件变动时运行测试和lint程序，如下列代码清单所示。

代码清单8.35　文件变动时运行测试和lint程序

```
watch: {
  lint: {
    tasks: ['lint'],
    files: ['src/**/*.less']
  },
  unit: {
    tasks: ['test'],
    files: ['src/**/*.js', 'test/**/*.js']
  }
}
```

在Node平台和浏览器中都自动运行测试很重要。监视变动然后在本地运行测试也很重要。此时，你可能想翻回第4章，看一下4.4节对持续集成的介绍。持续集成是项目的基本设置，每次推送到版本控制系统都会运行测试。

隔离测试组件不是测试应用的唯一方式。实际上，测试的类型有很多种，下一节简要讨论几个重要的类型。

8.5　集成测试、外观测试和性能测试

前面我说过多次，测试有很多不同类型。例如，集成测试用于测试应用工作流程的不同线路，确保组件之间能按预期正常交互。我们已经隔离测试了组件，不过集成测试能多提供一层保障，捕获真正使用应用时可能出现的缺陷。

8.5.1 集成测试

集成测试使用的工具和单元测试所使用的没什么区别，也能使用Tape、Sinon和Proxyquire。二者的区别在于应该测试什么。集成测试的目的不是完全把组件隔离起来测试，而是尽量多地测试组件之间的相互联系，其他的则通过模拟技术实现。例如，可能会启动运行应用的Web服务器，发起真实的HTTP请求，检查响应是否和预期的一致。

我们还可以使用浏览器自动化工具Selenium在客户端进行全面测试。Selenium通过API在Web服务器和浏览器之间通信，而且很多语言都支持它的API。我们可以通过Selenium服务器向浏览器发出命令，也可以在测试中编写一系列操作步骤，Selenium会启动浏览器执行这些操作。一个运行着的Web服务器和浏览器自动化结合在一起就可以自动运行原本可能会手动运行的测试。记住，我们只需编写一次测试，以后想运行多少次就能运行多少次，而且随时可以修改它。不过我得承认，Selenium的设置很麻烦，通常会令人沮丧，而且文档匮乏。然而一旦写好了集成测试，我们就能从中受益。

使用Selenium这样的工具，我们不仅能在浏览器中自动运行集成测试，还能单独在后端或前端运行这些测试。

8.5.2 外观测试

外观测试通常指在不同尺寸的视区中截图应用的界面，以验证布局没变混乱。验证时可以把截图和预期效果图进行对比，也可以把最新截图叠加在之前的截图上，观察差异。通过差异能快速识别出版本之间的变动，而没有变化的部分则会被遮盖。很多Grunt插件都能截图应用的界面，有些甚至还能对比最新的截图和之前的截图，告诉你哪些地方变了。`grunt-photobox`就是这样一个插件。这个插件的配置很简单，只需指定要加载的URL和截图时视区的分辨率即可。如果遵守响应式Web设计范式，这样做会特别有用。响应式Web设计是指根据视区的尺寸和其他因素，通过CSS媒体查询来改变页面的外观。下列代码片段中的`grunt-photobox`配置，以三种尺寸对页面进行截图。各选项的说明详述如下。

- `urls`字段是一个数组，指定要截图的页面网址。
- `screenSizes`字段定义每个截图的宽度；截图的高度是整个页面的高度。设置时要使用字符串。注意，Photobox会使用指定的每个分辨率为前面设定的每个网址截图。

```
photobox: {
  buildfirst: {
    options: {
      urls: ['http://bevacqua.io/bf'],
      screenSizes: ['320', '960', '1440'] // 宽度必须使用字符串表示
    }
  }
}
```

在Grunt中配置好Photobox并执行下列命令后，Photobox会生成一个网址。我们可以打开这个网址，对比各个截图。

```
grunt photobox:buildfirst
```

本书配套源码的ch08/10_visual-testing文件夹中有完整可用的示例。最后，我们把注意力转到性能测试上。

8.5.3　性能测试

密切关注应用的性能有利于快速找出性能问题的根本原因。我们可以使用Google PageSpeed或Yahoo YSlow等工具监控Web应用的性能。这两个工具使用类似的方式分析应用，而且都可以使用Grunt插件实现自动化。不过这两个插件提供的服务有些不同：PageSpeed的Grunt插件更关注网站有哪些地方应该改进，例如，如果没有主动缓存静态资源，PageSpeed会提醒你；而YSlow插件提供的信息更简洁，会告诉你发起了多少请求，页面加载用了多长时间，下载了多少内容，以及性能得分。

PageSpeed插件`grunt-pagespeed`需要使用谷歌提供的API密钥。[1]有了API密钥后，可以像代码清单8.36（在本书配套源码的ch08/11_pagespeed-insights文件夹中）那样配置这个插件。在配置中，我们要告诉PageSpeed访问哪个URL，生成的结果使用什么语种，使用什么策略（`'desktop'`或`'mobile'`），还要设置最少得分（满分100）为多少时代表测试成功。注意，我们有意没在Gruntfile.js文件中写入API密钥，为的是保证机密信息的安全。我们可以从环境变量中获取这个密钥。

代码清单8.36　配置PageSpeed插件

```
pagespeed: {
  desktop: {
    url: 'http://bevacqua.io/bf',
    locale: 'en_US',
    strategy: 'desktop',
    threshold: 80
  },
  options: {
    key: process.env.PAGESPEED_KEY
  }
}
```

若想运行这个任务，我们需要从谷歌获取密钥，然后在终端执行下列命令：

```
PAGESPEED_KEY=$YOUR_API_KEY grunt pagespeed:desktop
```

把机密信息保存在环境变量中的原因，详见第3章的3.2节。

YSlow的Grunt插件`grunt-yslow`无需任何API密钥，因此配置十分简单。我们要做的就是在这个插件的配置中指定要访问的URL，以及设定页面权重、页面加载速度、性能得分（满分100）和请求数量的阈值，如下列代码清单所示（在本书配套源码的ch08/12_yahoo-yslow文件夹中）。

---

① 访问https://code.google.com/apis/console获取API密钥。

代码清单8.37 配置YSlow插件

```
yslow: {
  options: {
    thresholds: {
      weight: 1000,
      speed: 5000,
      score: 80,
      requests: 30
    }
  },
  buildfirst: {
    files: [
      { src: 'http://bevacqua.io/bf' }
    ]
  }
}
```

若想运行这些YSlow测试，需要在终端执行下列命令：

```
grunt yslow:buildfirst
```

本章所有示例在本书的配套源码中都有，详见ch08文件夹，请务必看一下！

8.6 总结

本章涵盖了很多知识，归纳起来有以下几点。

- 简单介绍了单元测试，学习了如何调整组件，以便于测试。
- 说明了如何使用Tape在客户端和服务器端无缝运行测试，而且无需重复代码。
- 学习了驭件、偵件和代理，为什么要使用这些技术，以及如何在JavaScript代码中使用它们。
- 分析了几个案例，告诉你应该测试什么以及应该如何测试。
- 学习了如何在命令行中使用Grunt在服务器和浏览器中运行Tape测试。
- 介绍了集成测试和外观测试，学习了如何使用Grunt自动运行这些测试。

如果你想进一步学习测试，我建议你阅读Christian Johansen所著*Test-Driven JavaScript Development*（Developer's Library，2010）。

第 9 章

REST API设计和分层服务架构

本章内容

- API架构设计
- 理解REST约束模型
- 学习API分页、缓存和限流方案
- 为API编写文档的方法
- 开发分层服务架构
- 在客户端使用REST API

前面我已经说明了如何制定构建过程，讲解了如何部署和配置应用所在的不同环境。我们还学习了模块化、依赖管理和JavaScript中的异步代码流程，以及用于开发可伸缩应用的MVC架构。本书最后一章主要介绍REST API架构设计，以及如何在客户端使用简洁易懂的REST API把前端和后端数据持久层联系起来。

9.1 规避 API 设计误区

如果你曾为大型企业处理过Web项目的前端，我相信你一定遇到过后端API缺少关联性的问题。例如，如果想获取商品分类列表，要通过AJAX请求`GET /categories`；如果想获取某个分类中的商品，要使用`GET /getProductListFromCategory?category_id=id`；如果想获取同时属于多个分类的商品，要使用`GET /productInCategories?values=id_1,id_2,...id_n`；如果想保存商品的描述，要使用`POST /product`，在请求主体中添加大量JSON数据，再次发送商品的所有信息；如果想给用户发送定制的电子邮件，要使用`POST /email-customer`，并指定电子邮件地址和邮件内容。

如果你没有发现这样设计的API有什么问题，可能是你已经习惯了使用这种API。下面详细列出了这种设计的问题。

- 不同的请求方法使用不同的命名约定：有的端点重复了`GET`方法，有的端点使用驼峰式，有的使用连字符，有的使用下划线。总之，各种命名方式都有。

- 除了命名约定之外，端点也没有使用任何其他方式将其和渲染视图的端点区分开。
- 指定参数的方式也有较大差异，没有明确区分查询参数和请求主体。或许cookie能解决这个问题。
- 不确定何时该使用什么HTTP方法（`HEAD`、`GET`、`POST`、`PUT`、`PATCH`或`DELETE`），结果只使用了`GET`和`POST`。
- API不一致。设计良好的API不仅要有好的文档，而且整体还要一致，让使用者能轻松使用，让开发人员能根据现有API继续实现其他API。

这种API不仅混用了命名和传递参数的约定方式，还忽视了标准和API端点的关联性。API之所以变成这样，最可能的原因是经常调动项目中维护API的人员。不过也有可能始终是一个人，但这个人对API的设计不够了解。就算是这样，至少也要在某种程度上保持API的一致性。如果API设计良好，使用者用过几个端点之后就能推断出相关端点的用法，因为在设计良好的API中，端点的命名方式是一致的，使用的参数类似，而且参数的命名方式和顺序也是一致的。如果API设计得拙劣，或者没有遵守一致性方针，那么使用API时就很难作出这种推断。只有设计一致的API才能轻易作出推断。

本章会教你如何设计连贯一致且具有关联性的API，便于在Web项目等场合直接使用。前端使用的API应该设计得更好，但是在前端开发中，API设计和JavaScript测试却往往会被低估。

REST是Representational State Transfer（表现层状态转化）的简称，是一套全面的API设计指导方针。我们先来学习REST，理解之后再说明如何设计与之相配的标准的分层服务。最后，我们会编写一些客户端代码，以与REST API交互，处理从API获取的响应。开始学习吧！

9.2 学习 REST API 设计

REST是一套架构约束，用于辅助开发通过HTTP使用的API。假设开始开发Web API时采用“怎么都行”的方式，然后一点点添加REST约束，最后会得到符合标准的API，那么大多数开发者用起它来都会觉得舒服。注意，REST API有多种不同的设计方式，本章会说明几个我所使用的方式。我认为这些方式很好，但这毕竟只是我的个人观点。

Roy Fielding在他的一篇论文[①]中首次提出了REST架构。自2000年发表这篇论文之后，越来越多的人开始使用这个架构。我们的目的是开发一个专门的REST API，以供应用的前端使用，因此我只会介绍和这个目的相关的REST架构约束，例如如何构造API的端点、如何处理请求，以及应该使用哪个状态码。随后我们还会讨论更高级的HTTP通信话题，例如分页显示结果、缓存响应和限流请求。

我们会遇到的第一个约束是REST无状态。这意味着请求中要有足够的信息，让后端知道你想做什么，而且服务器不能使用存储在自身中的任何其他上下文。也就是说，端点的输出（响应）

---

① Roy Thomas Fielding。*Architectural Styles and the Design of Network-Based Software Architectures*，Doctoral dissertation，UC Irvine，2000。http://bevacqua.io/bf/rest。

只由输入（请求）决定。

我们要知道的另一个约束是，REST架构要求使用统一的接口。API中的每个端点都要求传入参数，查询数据持久层之后使用可预知的特定方式返回响应。为了详细理解这个约束，我们要知道REST架构处理资源的方式。

REST资源

在REST架构中，**资源**是一切信息的抽象。这里，我们可以把资源理解成数据库中的模型。用户是资源，商品和分类也是资源。资源可以使用前面说的统一接口查询。

下面我们具体说明这对前端API开发来说意味着什么。

9.2.1 端点、HTTP方法和版本

你是否使用过觉得设计得很好的API？是否立即就能明白它的作用，能猜出API中方法的名称，而且这些方法的功能和预期一样，不会让人意外？我能想到好几个设计良好的API，首先浮现在脑海中的是Ruby标准库的API。这些方法的名称明确表明了其作用，接受的参数具有一致性，而且有对应的方法，执行相反的操作。

Ruby中的`String`类有个`.capitalize`方法，作用是把字符串的首字母变成大写，然后返回一个新字符串。`String`类还有个`.capitalize!`方法，这个方法直接把原字符串的首字母变成大写，但不会创建副本。`String`类还有个`.strip`方法，作用是把两端的空白删除，然后返回一个新字符串。你可能猜到了，`String`类还有个`.strip!`方法，作用和`.strip`类似，但只处理原字符串，不会创建副本。

Facebook也有很好的例子。它的Graph REST API易于使用，而且端点的用法基本一致。我们还可以修改URL中的不同部分，查看Facebook网站中的不同页面，例如http://facebook.com/me是自己的资料页面，因为Facebook的API会把`me`识别为当前认证的用户。

这种一致的行为是设计良好的API的关键。而设计不好的API容易让人困惑，其特点是缺少命名约定，文档有歧义或不完善，更糟糕的是没有说明副作用。PHP的API是出了名的差，因为PHP缺少规范，而且PHP语言API的不同部分由不同的人负责开发，从而导致PHP函数的签名、名称甚至是大小写都有巨大差异，根本无法猜出某个函数的名称。这种问题有时可以通过使用一致的方式包装现有的API来解决，这也是jQuery流行的主要原因之一，即用更适当且一致的API抽象DOM API。

设计API最重要的一点是保持一致性，而且从端点的名称开始就要使用一致的命名约定方式。

1. 端点的名称

首先，我们要为所有API端点指定一个前缀。使用二级域名作前缀也行，例如`api.example.com`。对前端API来说，前缀可以使用`example.com/api`。使用前缀有助于区分API端点和视图路由，而且还能设定预期的API响应格式（在现代Web应用中一般都是JSON格式）。

不过，只设定前缀还不够。API的一致性主要体现在端点的名称上，因此要严格遵守特定的命名方式。命名端点时可以参考下列指导方针。

- 全部小写，使用连字符，例如/api/verification-tokens。这种命名方式能提升URL的“可编程性”，即便于手动修改URL。你可以使用任何命名方式，只要自始至终保持一致就行。
- 使用一个或两个名词描述资源，例如verification-tokens、users或products。
- 资源一定要使用复数：要使用/api/users，不能使用/api/user。稍后我们会看到，这样做能让API更具语义。

在这些方针的指导下，下面我们以/api/products为例说明如何使用REST架构设计一致的API。

2. HTTP方法和CRUD操作的对应关系

或许，我们使用商品API最常执行的任务是获取一系列商品。/api/products端点主要用于处理这个任务，所以你在服务器上实现一个路由，以JSON格式返回一系列商品，并且自我感觉良好。当用户访问商品详细信息页面时，要返回单个商品，此时，你可能想把端点定义成/api/product/:id，不过根据始终要使用复数的指导方针，这个端点应该定义成/api/products/:id。

这两个端点要使用的请求方法都很明确。因为它们和服务器交互时只需读取数据，所以要使用GET请求。那么删除商品应该怎么做呢？非REST接口一般会使用POST /removeProduct?id=:id，有时还会使用GET方法，可是这样做谷歌等Web爬虫会爬取链接，销毁数据库中的重要信息。[①] REST架构建议使用DELETE方法，而且端点和获取单个商品的端点一样，即/api/products/:id。合理利用HTTP方法能构建更具语义、更一致的API。

把条目插入指定类型的资源时也要经过类似的思考过程。如果不使用REST架构，可能会在请求主体中包含相关的数据，然后发起POST /createProduct请求。但在REST架构中应该使用更具语义的PUT方法，而且要使用一致的/api/products端点。最后，编辑时应该使用PATCH方法，端点应该是/api/products/:id。POST方法用于处理不涉及创建或更新数据库对象的操作，例如发送电子邮件的/notifySubscribers端点。处理关联关系的端点也可以看作基本存储操作（创建—读取—更新—删除，简称CRUD）的一部分。根据目前我所说的，你应该不难看出，GET /api/products/:id/parts请求得到的响应是组成某个商品的各个部件。

对CRUD操作来说，我们就讲这么多。但如果想处理CRUD之外的操作应该怎么做呢？发挥你的想象力吧！通常，我们可以使用POST方法，而且应该把要处理的对象视作一种资源。记住，资源不一定非得是数据库模型引用。例如，可以在前端使用POST /api/authentication/login处理登录请求。

表9-1总结了典型的REST API设计方式是如何使用HTTP方法和端点的。为了行文简洁，我省略了前缀/api。注意，为了便于理解，我以products资源为例。其实这种设计方式可以应用于任何资源类型。

① 有个类似的事件：谷歌把一个网站的内容清空了。想了解这个事件的详情，请访问http://bevacqua.io/bf/spider。

表9-1　典型REST API中商品的端点

方　法	端　点	说　明
GET	/products	获取一系列商品
GET	/products/:id	通过ID获取单个商品
GET	/products/:id/parts	获取单个商品的各个部件
PUT	/products/:id/parts	为某个商品添加一个新部件
DELETE	/products/:id	删除指定ID对应的商品
PUT	/products	添加一个新商品
HEAD	/products/:id	通过状态码（200或404）判断商品是否存在
PATCH	/products/:id	编辑指定ID对应的现有商品
POST	/authentication/login	多数其他端点应该使用POST方法

注意，每种操作使用的HTTP方法并不是一成不变的。事实上，关于该使用哪个方法仍存在着激烈的争论，有人认为插入和其他非幂等的操作应该使用POST方法，而使用其他方法（GET、PUT、PATCH和DELETE）的端点必须执行幂等操作，即多次请求这些端点也不应该改变结果。

版本也是REST API设计的一个重要方面，不过有必要在前端操作中使用吗？

3. API的版本

在传统的API应用场合中，版本是有用的，因为服务的重大变动不会影响现有用户。关于在REST API中如何区分版本，存在两种主流的观点。

一种观点认为，API的版本应该在HTTP首部中设定，如果请求中没有指定版本，应该使用最新版的API响应。这个正式的方法比较符合REST架构的提议。不过有人认为，如果API设计得不好，偶尔可能会引入重大变动。

因此，这些人建议在API端点的前缀中设定版本，例如/api/v1/...。若使用这种方法，查看请求的端点就能确认应用使用的API版本。

事实上，无论在端点中使用v1还是在请求首部中设定版本，API的实现方式都没有太大差异，因此具体使用哪种方法基本上是由实现者的喜好决定的。对Web应用和相应的API来说，没必要实现任何版本机制，所以我倾向于使用请求首部。这样，如果以后需要区分版本也很容易，把“最新版”设为默认版本就行了。如果使用者仍想使用之前的版本，可以在首部中明确指定之前的版本号。话虽如此，不过最好还是明确指定要使用的API版本，不能盲目地使用最新版API，以防功能意外失效。

刚才我提到，不一定非得在前端使用的REST API中加入版本，但还是要考虑两个因素。

- API是否公开？如果公开，就有必要使用版本，让使用者能更清楚地预测服务的行为。
- API是否要供多个应用使用？API和前端是否由不同的团队开发？修改API端点的过程是否很漫长？如果这三个问题的答案有一个是肯定的，或许最好在API中加入版本。

除非团队和应用非常小，应用和API放在同一个仓库中，而且开发者不区别对待二者，否则，保险起见，应该在API中使用版本。

下面来学习什么是请求和响应。

9.2.2 请求、响应和状态码

前面我说过，始终遵守REST架构的约定是开发高可用性API的关键。这一点对请求和响应也成立。API应该使用统一的方式获取参数，例如ID通常从端点中获取。通过ID获取商品的端点是`/api/products/:id`，如果请求的URL是`/api/products/bad0-bab8`，那么`bad0-bab8`就是被请求资源的标识符。

1. 请求

现代的Web路由器都能解析URL，还能提供指定的请求参数。例如，下列代码展示了Express（一种Node.js Web框架）定义动态路由的方式。这个路由能捕获对特定标识符对应商品的请求，然后解析请求的URL，把解析好的参数交给你处理：

```
app.get('/api/products/:id', function (req, res, next) {
  // req.params.id是提取出来的ID
});
```

在端点中包含标识符的做法很好，这样`DELETE`和`GET`请求能使用同一个端点了，而且API会更直观，就像我前面提到的Ruby API。发送`PUT`、`PATCH`或`POST`请求修改服务器中的资源时，要使用统一的数据传送方式，把数据上传到服务器。现今，传输数据时几乎都选择使用JSON格式，因为JSON很简单，浏览器原生支持，而且大多数服务器端语言都有解析JSON的库。

2. 响应

响应和请求一样，也要使用统一的数据传送方式，这样解析响应时就不会出现意外情况。就算服务器端出错了，也要根据选定的格式返回有效的响应。例如，如果我们的API使用JSON格式，那么API生成的所有响应都应该是有效的JSON（假设用户在HTTP首部中设定接受JSON格式的响应）。

我们要决定把响应放在什么信封（也叫消息容器）中。为了让所有API端点提供一致的体验，必须使用信封。这样用户能对API生成的响应作一些特定的假设。信封可以是一个对象，其中只有一个字段，名为`data`，这个字段的值是响应的主体：

```
{
  "data": {} // 真正的响应
}
```

这个对象还可以有`error`字段，但只在出错时出现，其值是一个对象，包含错误的一些属性，例如错误消息、原因和相应的元数据。假设我们使用`GET /api/products/baeb-b00f`查询API，但是数据库中没有ID为`baeb-b00f`的商品，那么得到的响应可能会像下面这样：

```
{
  "error": {
    "code": "bf-404",
    "message": "Product not found.",
    "context": {
      "id": "baeb-b00f"
    }
  }
}
```

只使用信封和恰当的error字段还不够。作为REST API的开发者，我们应该意识到必须为API的响应设定合适的状态码。

3. HTTP状态码

如果商品不存在，除了使用正确的格式描述错误之外，还应该把响应的状态码设为404 Not Found。状态码特别重要，因为API的使用者可以根据状态码预测响应。如果响应的状态码是表示成功的2xx，则响应的主体中应该包含请求的所有相关数据。下面这个例子是请求存在的商品得到的响应，包含HTTP版本和状态码。

```
HTTP/1.1 200 OK
{
  "data": {
    "id": "baeb-b001",
    "name": "Angry Pirate Plush Toy",
    "description": "Batteries not included.",
    "price": "$39.99",
    "categories": ["plushies", "kids"]
  }
}
```

除此之外，还有表示客户端错误的4xx代码。这些代码表示，请求失败的原因很有可能是客户端出错了（例如用户没有正确认证）。遇到这种情况时，应该使用error字段描述请求失败的原因。例如，如果尝试创建新商品时，因为未通过表单字段的验证而失败，返回的响应可以使用400 Bad Request状态码，如下列代码清单所示。

代码清单9.1　描述错误

```
HTTP/1.1 400 Bad Request
{
  "error": {
    "code": "bf-400",
    "message": "Some required fields were invalid.",
    "context": {
      "validation": [
        "The product name must be 6-20 alphanumeric characters",
        "The price can't be negative",
        "At least one product category should be selected"
      ]
    }
  }
}
```

还有一类错误是意外错误，使用5xx状态码表示，例如500 Internal Server Error。发生这类错误时，应该像4xx错误的处理方式一样，告知用户。假设前面那个请求会导致出错，应该把响应的状态码设为500，而且要在响应主体中放一些数据，如下列代码所示：

```
HTTP/1.1 500 Internal Server Error
{
  "error": {
    "code": "bf-500",
```

```
    "message": "An unexpected error occurred while accessing the database."
    "context": {
      "id": "baeb-b001"
    }
  }
}
```

如果其他所有操作都失败了，这种错误通常相对容易捕获。捕获之后要把响应的状态码设为500，并发回一些信息，说明什么地方出错了。

至此，我们学习了端点、请求主体、状态码和响应主体。基于种种原因，正确地设定响应的首部对REST API设计来说也很重要，所以值得一提。

9.2.3 分页、缓存和限流

虽然分页、缓存和限流在小型应用中不是那么重要，但对于一致的、可用性高的API来说，却有一定的作用。通常，分页特别有用，因为如果不分页，API会从数据库中请求大量数据到客户端，严重影响应用的性能。

1. 分页响应

仍然以我举的第一个REST API端点为例，假设我要通过/api/products查询商品，这个端点应该返回多少个商品呢？全部吗？如果有一百个、一千个、一万个或一百万个呢？我们必须设定一个限制。我们可以为API设定一个默认的分页限制，同时允许各个端点覆盖默认值。使用者可以通过查询参数字符串，在合理的范围内选择不同的限制数。

假设我们设定每次请求返回10个商品，那么我们要实现一种分页机制，让使用者获取应用中其余的商品。实现分页机制时，我们要使用Link首部。

如果查询的是商品的第一页，响应中Link首部的内容应该类似下列代码：

```
Link: <http://example.com/api/products/?p=2>; rel="next",
      <http://example.com/api/products/?p=54>; rel="last"
```

注意，端点必须完整，这样使用者才能解析Link首部，直接查询其他商品。rel属性的作用是描述当前请求页面和所链接页面之间的关系。

如果请求第二页，即/api/products/?p=2，应该会得到类似的Link首部，不过这一次会说明有“前一页”和“第一页”：

```
Link: <http://example.com/api/products/?p=1>; rel="first",
      <http://example.com/api/products/?p=1>; rel="prev",
      <http://example.com/api/products/?p=3>; rel="next",
      <http://example.com/api/products/?p=54>; rel="last"
```

有时数据流动太快，传统的分页方法不能满足我们的需求。例如，如果在请求第一页和第二页的空隙向数据库中存入了一些记录，那么新记录的插入会让第二页得到的有些结果和第一页重复。这个问题有两种解决方案。第一种方案是，不使用页数，而是使用标识符。这样就算插入了新记录，API也能知道上次查询到哪个记录了，然后根据上次查询的范围把下一页中各个记录的标识符提供给你。第二种方案是为使用者提供令牌。API通过这个令牌记录上次请求到达的位置，再生成下一页。

但有时候在处理大型数据集时，只有分页才能保证高效工作，这时候你或许能从缓存和限流中获益良多。缓存的效果可能比限流好，那就先讨论缓存。

2. 缓存响应

通常，是否缓存查询API得到的结果由客户端根据需求来决定。不过，API可以使用不同的方式建议如何缓存响应。下面简要介绍一下HTTP缓存和相关的HTTP首部。

如果把`Cache-Control`首部的值设为`private`，所有中间设备（例如nginx等代理、Varnish等其他缓存层以及各种位于服务器和客户端之间的硬件）都不会缓存，只有最终的客户端才能缓存响应。而设为`public`则允许中间设备缓存响应。

`Expires`首部告诉浏览器要缓存某个资源，并在有效期限过后重新请求：

```
Cache-Control: private
Expires: Thu, 3 Jul 2014 18:31:12 GMT
```

在API的响应中很难把`Expires`首部的值设为未来的日期，因为服务器中的数据的变化可能意味着客户端的缓存过期了，但客户端在失效日期之前无法得知这一点。`Expires`首部保守的替代方案是使用一种称为“条件请求”的模式。

条件请求可以根据时间作判断，方法是在响应中设定`Last-Modified`首部。此时最好在`Cache-Control`首部中设定`max-age`属性，就算修改日期没变，浏览器也会在一段时间之后把缓存设为失效。

```
Cache-Control: private, max-age=86400
Last-Modified: Thu, 3 Jul 2014 18:31:12 GMT
```

浏览器下次请求这个资源时，仅当请求中`If-Modified-Since`首部对应的日期之后的资源有变化时才会下载资源的内容。

```
If-Modified-Since: Thu, 3 Jul 2014 18:31:12 GMT
```

如果在`Thu, 3 Jul 2014 18:31:12 GMT`之后资源没有变化，则服务器返回的响应主体为空，而且状态码为`304 Not Modified`。

`Last-Modified`协商机制的一种替代方案是使用`ETag`（表示Entity Tag，意思是实体标签）首部，这个首部的值是表示资源当前状态的哈希值。服务器使用`ETag`首部来判断缓存的资源内容和最新版是否有差异：

```
Cache-Control: private, max-age=86400
ETag: "d5aae96d71f99e4ed31f15f0ffffdd64"
```

后续的请求会发送`If-None-Match`首部，其值是上次请求这个资源时`ETag`首部的值：

```
If-None-Match: "d5aae96d71f99e4ed31f15f0ffffdd64"
```

如果当前版本有相同的`ETag`值，则说明和客户端中缓存的版本一样，服务器会返回`304 Not`

Modified响应。除了缓存之外，请求限流也能减轻服务器的负载。

3. 请求限流

限流也叫频率限制，用于限制一段时间内客户端能请求API的次数。限制频率的方式有多种，不过最常见的做法是指定一个固定的限制数，然后在一段时间之后还原限额。我们还要决定如何实施这种限制，例如可以针对每个IP地址作限制。我们可以为认证用户提供更宽松的限制。

假如我们为未认证用户设定的频率限制是每小时2000次请求，那么API应该在响应中包含下列首部，每请求一次就从剩余的限额中减去一。X-RateLimit-Reset首部的值是一个Unix时间戳，代表的是要重置限额的时间。

```
X-RateLimit-Limit: 2000
X-RateLimit-Remaining: 1999
X-RateLimit-Reset: 1404429213925
```

请求限额用完之后，API应该返回429 Too Many Requests响应，并在通常使用的error属性中设置一个有意义的错误消息：

```
HTTP/1.1 429 Too Many Requests
X-RateLimit-Limit: 2000
X-RateLimit-Remaining: 0
X-RateLimit-Reset: 1404429213925
{
  "error": {
    "code": "bf-429",
    "message": "Request quota exceeded. Wait 3 minutes and try again.",
    "context": {
      "renewal": 1404429213925
    }
  }
}
```

内部API或只给前端使用的API往往不需要这种安全措施，但对公开的API来说，这种措施很重要。限流、分页和缓存这三项措施能减轻后端服务的负担。

使用API时如果出现了异常情况，对于你设计的高可用性的服务来说，完整的文档是使用者的最后一根救命稻草了。下一节说明正确为API编写文档的要领。

9.2.4 为API编写文档

任何值得使用的API，不管是否面向公众，都要有完好的文档。遇到问题时，如果其他方式无法解决，使用者会参考API文档。我们可以根据代码基中散布各处的元数据（通常是代码注释）自动生成API的文档，但要确保文档是最新的，而且要切题。

好的API文档应该做到以下几点。

- 说明响应的信封是什么样子。
- 演示报告错误的方式。

- 概述认证、分页、限流和缓存的工作方式。
- 详细说明每个端点、查询这些端点要使用哪个HTTP方法、请求中应该包含的每个数据，以及可能出现在响应中的各个字段。

如果测试用例中有最新的实例，提供了访问API的最佳实践，那么测试用例有时也可以当成文档。有了文档，出现问题时，客户端的开发者能快速排查，因为开发者可能没有完全理解API期望接收的数据。API文档中还应该有更改日志，简要说明版本之间的变化。更改日志的详细信息参阅4.2.2节。

即便API和Web应用放在一处，文档也有用，因为文档能减少在研究API预期的工作方式上花费的时间，让开发者不用查看代码，直接阅读文档即可。而且，如果有人问你关于API的问题，你可以直接告诉他们查看哪个文档。就这一点而言，似乎只有维护REST API时才能体现出文档的优势，不过对任何服务、库和框架来说，文档都很重要。库（例如jQuery）的文档应该涵盖公开API中的每个方法，详细且明确地说明可以使用的参数和返回值。有时，文档还可以说明底层的实现方式，帮助使用者理解为什么API如此呈现。Twitter、Facebook、GitHub和StackExchange的API文档写得都很好。①

掌握设计REST API所需的知识后，下一节我们来探讨如何为API创建所需的各层。这些层用于定义API，还能模块化服务结构，让服务易于测试。

9.3　实现分层服务架构

如果你的API规模很小，而且是专为前端设计的，那么它有可能会和Web应用放在同一个项目中。此时，API可以和Web应用的控制器处于同一层。

常见的做法是让服务层处理数据，让数据层负责和数据库交互。同时，把API设计成一个薄层，架构在其他层之上。这种架构如图9-1所示。

① 这些API文档的地址分别是：http://bevacqua.io/bf/api-twitter，http://bevacqua.io/bf/api-fb，http://bevacqua.io/bf/api-github，以及http://bevacqua.io/bf/api-stack。

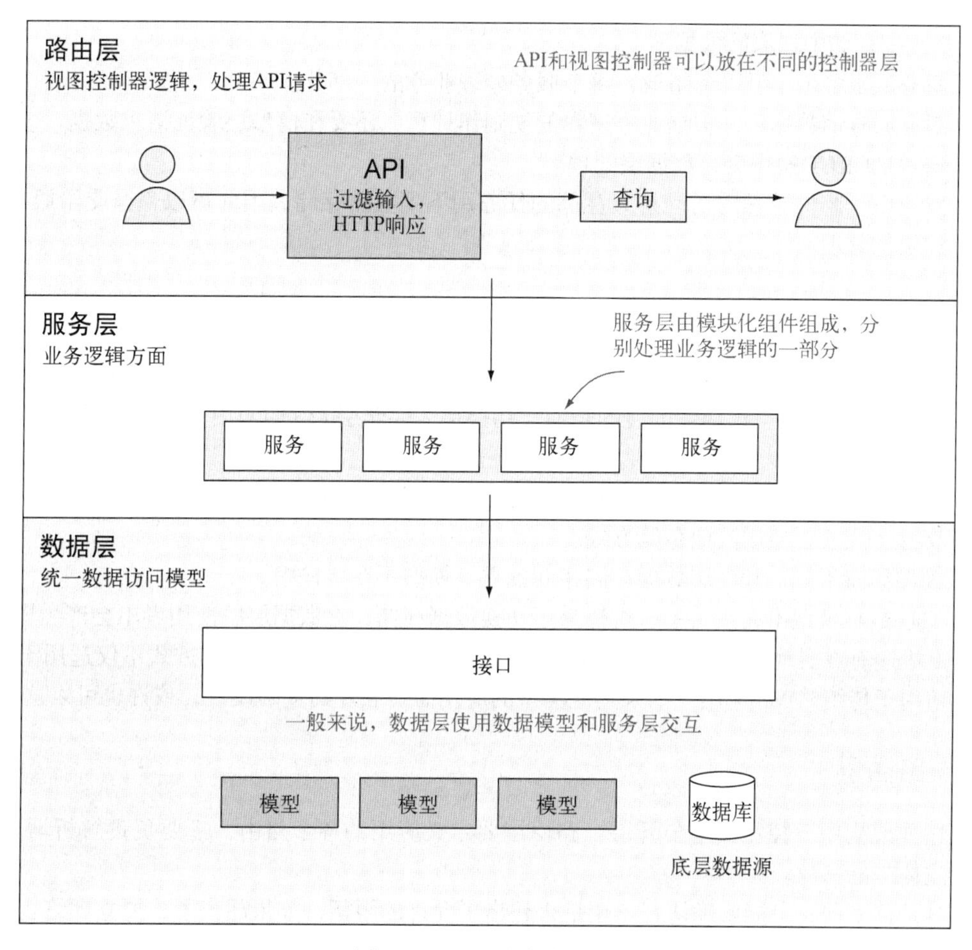

图9-1 三层服务架构概览

这幅图从上到下展示了API层的各个基本组成部分。

9.3.1 路由层

API层负责处理限流措施、分页机制、缓存首部、解析请求主体和准备响应。不过这些操作都应该在服务层完成，使用统一的方式获取或修改数据，原因如下。

- 控制器生成响应之前必须验证请求数据。
- API要从服务中获取组成响应的各种数据。
- 服务的工作完成后，API控制器要为响应设定正确的状态码和相关的响应数据。

9.3.2 服务层

服务层可以把所有获取数据的工作交给其他层，也就是数据层，来完成。这一层负责计算无法直接从数据存储中提取的数据。

- ❑ 服务层由多个小型服务组成，每个服务处理业务的一部分。
- ❑ 服务层查询数据层，根据业务逻辑的规则作计算，还要在模型层验证请求数据。
- ❑ 通常把CRUD操作交给数据层处理。
- ❑ 发送电子邮件等无需访问持久存储的任务用不到数据存储，因此可以完全交给服务层中的组件处理。

9.3.3　数据层

数据层负责和持久存储媒介如数据库、纯文件和内存等进行通信。这一层的作用是为所有媒介提供统一的访问接口。这样做的目的是便于切换持久存储层（例如使用不同的数据库引擎或内存中的键值对存储），从而便于测试。

- ❑ 数据层为底层的数据存储提供接口，用于访问其中的数据。这样做易于和不同的数据源交互，也便于换用其他存储方式。
- ❑ 模型保持不变，和底层数据存储相互独立。模型不在接口中。
- ❑ 底层数据模型不在接口中，这样易于切换数据存储，对数据层的使用者不会产生影响。

以上概述有点混乱。下面进一步说明这种三层架构。注意，这种架构方式不仅适用于API设计，还适用于传统的Web应用。如果其他类型的应用需要额外的基础设计，或许也可以这样做。

9.3.4　路由层

在这种架构中，控制器是公开层。路由层要定义应用的各个路由，还要负责解析请求URL和请求主体中的参数。

在处理请求前，可能要确认客户端是否超出了允许的限额，如果超出了，要立即终止请求，返回合适的响应，并把状态码设为`429 Too Many Requests`。

我们都知道，不能信任用户的输入，因此在这一层要主动验证和过滤用户的输入。解析好请求后，要确保请求提供的数据完全能满足处理的需求，不多也不少。确认提供了全部请求字段后，要过滤这些字段，确保输入的值有效。例如，如果提供的电子邮件地址无效，API要返回格式正确的响应主体，并把状态码设为`400 Bad Request`。

解析请求并验证输入后，要交给服务层处理，把请求提供的输入转换成所需的输出（稍后会深入介绍服务层）。服务层返回结果后，我们要最后确认是否能完成请求，并在响应中返回相应的状态码和数据。那么，服务层到底应该做什么呢？问得好！

9.3.5　服务层

服务层也叫业务逻辑层，负责处理请求，从数据层获取数据，然后以一种表现形式返回数据。这一层要验证业务规则，因而这不是路由层的职责。

例如，如果用户创建新商品时把价格设为very expensive或–1，路由层需要指出这不是有效的金额；如果选择的分类是针对价格在20~150美元之间的商品的，而用户把价格设为200美元，那么服务层要指出无法完成请求。

服务层还要负责必要的数据聚合工作。为了获取所需的数据，路由层可能只会请求一次服务层，但是服务层和数据层之间可能要进行多次交互。例如，在新闻网站中，服务层可能需要获取多篇文章，然后交给一个服务，处理这些文章的内容，找出共同点，返回一组内容有关联的文章。

就这一点而言，在这种架构中，服务层相当于事件的组织者，它会查询并指挥其他层，让它们提供数据，生成有意义的响应。下面我们简单梳理一下数据层的运作细节。

9.3.6 数据层

在各层中，只有数据层是用来访问持久存储组件（可能是数据库）的。这一层的目标是，不管使用哪种底层数据存储，都要能使用统一的API访问。如果把数据持久存储在MongoDB、MySQL或Redis中，则数据层提供的API会隐藏细节，不限定于任何特定的持久存储方式，让服务层使用一致的API。

图9-2展示了可放在数据层接口之后的几种数据存储。注意，这个接口没有只隐藏一种支持的数据存储，例如，可以同时使用Redis和MySQL。

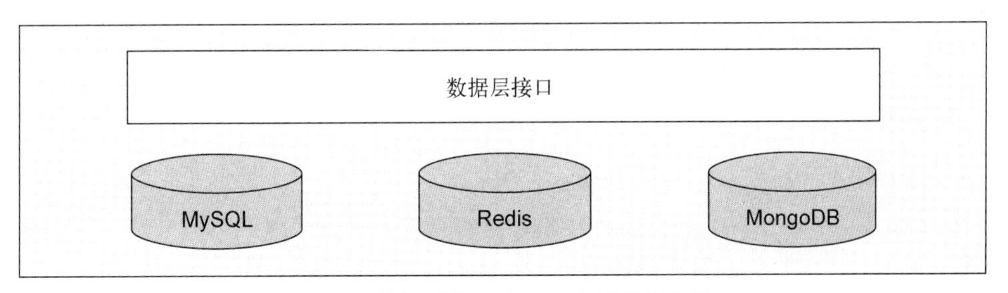

图9-2 数据层接口和几个底层数据存储

数据层通常很简单，目的是把服务层和持久存储层连接起来。数据层生成的结果也要一致，这样修改底层的持久存储模型后才不会真正影响得到的结果。

在小型项目中，如果应用的持久存储模型不会有重大变化，可以把服务层和数据层合二为一，但一般我们不推荐这样做。注意，这两层合并起来容易，但如果有几十个服务使用几十个不同的数据模型，事情就会变得越来越复杂。因此，如果可能，我建议从一开始就把这两层分开。

本章最后一个话题是说明如何在客户端使用这种服务。

9.4 在客户端使用 REST API

在Web应用的客户端集中和REST API层交互时，最好在API和应用的核心之间放一个薄层，创建请求API所需的公用基础设施，这样做有以下好处：

- 站在一定高度上概览应用中的请求；
- 可以进行缓存，避免额外的请求；

- 在应用的某个地方统一处理错误，提供流畅一致的UI体验；
- 在单页应用中如果浏览到别处，可以中止挂起的请求。

我先说明如何创建这个薄层，然后再说明具体怎么使用REST API。

9.4.1　请求处理层

这个薄层有两种实现方式：一种是修改浏览器实现XHR的方式，把应用发起的AJAX请求交给修改后的XHR代理处理；另一种是创建一个XHR容器，用它处理所有AJAX请求。人们通常认为第二种方式更简洁，因为这种方式不会影响浏览器原本的行为，而第一种方式有时会导致异常行为。所以，人们通常会基于这个原因而选择创建XHR容器，代替原生的API。

我开发Measly库时就考虑到了这一点。这个库使用的是破坏性不高的容器方式，因为这种方式对不知道Measly行为的代码没有影响，而且可以轻易地把请求和DOM中的不同部分关联起来。Measly还能缓存，也能处理事件，这两个操作可以在特定的DOM元素上执行，也可以全局执行。下面演示Measly的几个关键特性。首先，我们要从npm中安装这个库。你也可以使用Bower安装，库名相同。

```
npm install --save measly
```

安装好之后，继续阅读下一节，学习如何使用Measly来确保请求不会导致意想不到的副作用。

9.4.2　中止旧请求

单页Web应用时下很流行。在传统的Web应用中，如果转到了其他页面，用户代理会中止所有挂起的请求。那么在单页应用（Single-Page Application，简称SPA）中情况如何呢？如果你开发的是单页应用，你可能希望用户转到其他页面时，挂起的请求不会破坏应用的状态。

下面举个例子，假设客户端MVC框架会在进入和离开视图时触发事件。在这个示例中，我们使用Measly在视图容器元素上创建一个层，并在离开视图时中止这个层中的所有请求：

```
view.on('enter', function (container) {
  measly.layer({ context: container });
});
view.on('leave', function (container) {
  measly.find(container).abort();
});
```

需要发起AJAX请求时，我们要先找到这个层。为了方便查找，你可以保存这个层的引用。使用Measly创建的层发起请求十分简单。在下列代码中，我们发起的是`DELETE /api/products/:id`请求，使用REST API删除ID对应的商品：

```
var layer = measly.find(container);

deleteButton.addEventListener('click', function () {
  layer.delete('/api/products/' + selectedItem.id);
});
```

只要发起请求，Measly就会触发一系列事件，并需要我们对这些事件作出反应。例如，如果想知道请求什么时候成功，可以使用data事件；如果想监听错误，可以订阅error事件。可以在以下两个不同的地方监听错误。

- 直接在请求层监听，此时只有该请求出错时才会收到通知。
- 在Measly创建的层上监听，在这里可以监听导致错误的任何请求。

这两种方法都有用武之地。你肯定想知道请求是否成功，因为只有成功了，才能使用特定的方式处理响应数据。

你或许还需要全局监听应用中发生的错误，然后显示相应的UI元素，通知用户出错了，或者把错误报告发给日志服务。

9.4.3 使用一致的方式处理AJAX错误

下列代码清单说明了AJAX请求出错时如何在UI中显示一个对话框，不过它仅在状态码为表示服务器内部错误的500时才会显示。对话框中显示的错误消息由响应提供，片刻以后，它就会隐藏起来。

代码清单9.2 AJAX请求出错时在UI中显示一个对话框

```
var errorDialog = document.querySelector('.error-dialog');

measly.on(500, function (err) {
  errorDialog.innerText = err.message;
  errorDialog.classList.add('error-dialog-open');

  setTimeout(hideErrorDialog, 3000);
});
function hideErrorDialog () {
  errorDialog.classList.remove('error-dialog-open');
}
```

querySelector是原生API，使用CSS选择符查找DOM元素。

classList也是原生API，用于处理找到的DOM元素的CSS类。

说实话，这种处理方式相当无趣，而且不使用库也能实现。Measly在处理上下文中的验证时更有用。进行这种验证时要小心400 Bad Request响应，这个状态码表示API中的验证失败了。Measly会把事件句柄中的this设为请求对象，我们可以通过这个对象获取请求的一些重要属性，例如相关的DOM元素。下列代码会拦截所有400 Bad Request响应，把验证消息插入相关的DOM中。如果把Measly紧密绑定在请求的视觉上下文中，用户就能轻易看到验证消息：

```
measly.on(400, function (err, body) {
  var message = document.createElement('pre');
  message.classList.add('validation-messages');
  message.innerText = body.validation.messages.join('\n');
  this.context.appendChild(message);
});
```

使用Measly处理AJAX错误非常方便，几乎不需要做额外的工作。我们已经在使用上下文确保切换视图时会中止请求了，因此只需在必要时，如处理局部视图和HTML表单时，声明一些子层即可。关于Measly还有最后一点要讲——缓存方式。

Measly的缓存方式

Measly提供了两种缓存方式。第一种方式是定义一个时长，在这个时间段内默认为响应是最新的，也就是说，在这段时间内若再请求相同的资源，会使用缓存中的响应。在下列代码清单中，我们把缓存时长设为60秒，如果距上次请求不到60秒时点击按钮，Measly会使用缓存中的副本；如果数据有更新，Measly会重新请求。

代码清单9.3　使用Measly缓存文件

```
measly.get('/api/products', {
  cache: 60000
});
queryButton.addEventListener('click', function () {
  var req = measly.get('/api/products', {
    cache: 60000
  });
  req.on('data', function (body) {
    console.log(body);
  });
});
```

避免向服务器发送不必要的HTTP请求还有一种方式——手动阻止。下列代码清单说明了如何手动缓存一组商品。

代码清单9.4　手动阻止不必要的HTTP请求

```
var saved = []; // 我们知道这是一组最新的商品
var req = measly.get('/api/products');
req.on('ready', function () {
  if (computable) {
    req.prevent(null, saved);
  }
});
req.on('data', function (body) {
  console.log(body);
});
```

本章的配套源码ch09/01_a-measly-client-side-layer文件夹中有一个简单的示例，演示如何使用Measly。在这个示例中，我演示了如何为DOM中不同部分的请求创建不同的上下文。

Measly可能不是解决问题的最佳工具，但结合本书其他内容，我希望它能启发你去思考。

9.5　总结

设计API并不难，对吧？本章我们介绍了很多基础知识，还说明了很多最佳实践，总结起来有以下几点。

- 可靠的API设计应该遵守REST架构的约束，要提供符合习惯的端点，过滤输入，还要提供一致的输出。

- 为了提供快速又安全的API服务，REST API要分页、限流和缓存。
- 要重视文档，降低API的使用门槛。
- 应该在逻辑层和数据层的支持下开发一个简单的API层。
- 简单的客户端层能为AJAX请求指定上下文，用于验证响应和在用户界面中渲染HTTP错误。

附录 A

Node.js的模块

这篇附录介绍模块和Node.js，以便你能在Grunt构建中有效使用它们。Node.js平台构建在V8 JavaScript引擎之上。谷歌Chrome浏览器就使用这个引擎处理JavaScript。本书使用的构建工具Grunt运行在Node平台中。Node中的代码和其他所有JavaScript代码一样，都在单个线程中执行。

Node提供了一个简单的命令行接口（Command-Line Interface，简称CLI）实用工具——npm，用于从打包的Node模块注册处下载并安装包。本书在必要的地方会教你如何使用npm。我们要先安装Node.js，因为npm捆绑在其中。

A.1 安装Node.js

Node有多种安装方式。如果你只想动动鼠标点击几下，可以访问Node的网站，地址是https://nodejs.org/，然后点击那个大大的绿色“Install”按钮。二进制文件下载完之后，如果需要，先解压，然后双击，即可安装Node。就这么简单。

如果你选择在终端里安装，可以使用nvm。这是社区成员开发的Node版本管理工具。nvm的安装方法是，在终端执行下述命令：

```
curl https://raw.github.com/creationix/nvm/master/install.sh | bash
```

nvm安装好后，重新打开终端窗口才能使用nvm提供的CLI。如果安装nvm时遇到了问题，请访问它的公开仓库来寻求帮助，地址是https://github.com/creationix/nvm。有了nvm，我们就可以安装某个Node版本了，方法如下所示：

```
nvm install 0.10
nvm alias default stable
```

第一个命令的作用是安装0.10.x分支的稳定版Node；第二个命令的作用是，从现在开始，让新打开的终端窗口都使用刚安装的Node版本。

很好，现在安装好Node了！下面该学习Node的模块系统了，这个系统遵守CommonJS模块规范。

A.2 模块系统

启动Node进程时要指定Node应用的入口点，例如执行的命令是node app.js，那么Node进程会把app.js文件当作入口点。如果想加载其他代码，要使用require函数。这个函数的参数是一个路径，作用是加载在这个位置找到的模块。传给require函数的路径有以下几种形式。

- 相对于require函数所在的文件，以.号开头。例如，如果使用的是require('./main.js')，说明要加载和该脚本在同一个目录中的某个文件。我们可以使用..加载父目录中的脚本。
- 目录的路径。此时，require函数会在指定目录中查找名为index.js的文件，然后加载它。
- 绝对路径。这种形式很少使用。我们可以指定一个文件的绝对路径，如下列代码所示：

```
require('/Users/nico/dev/buildfirst/main.js')
```

- 包名。如果要导入包，直接指定包名即可。例如，若想导入async包，应该使用require('async')。大多数情况下，这和使用require('./node_modules/ async')的效果是一样的。

A.3　导出功能

如果只是导入模块，而不使用它提供的功能，那就没什么意义。在模块中导出功能（也就是模块的API）的方式是，将其赋值给module.exports。以下面这个模块举例说明：

```
var mine = 'gold';

module.exports = function (pure) {
    return pure + mine;
};
```

如果使用var thing = require('./thing.js')获取这个模块，那么thing的值就是我们在thing.js文件中赋给module.exports的值。注意，在浏览器中这样做会隐式赋值给全局对象window，但CommonJS模块系统会让模块中声明的变量保持私有，除非显式赋值给module.exports，才会公开变量。Node中有个名为global的全局对象，我们可以把变量赋值给这个对象，但是不推荐这样做，因为这违背了模块化原则。

A.4　关于包

应用的依赖在package.json文件中定义，npm会使用这个文件找出运行应用所需的包。安装包时，可以指定--save标记，让npm自动把这个依赖添加到package.json清单文件中，这样就无需我们手动添加了。如果执行npm install命令时不指定任何参数，会安装package.json文件中的所有依赖。

本地依赖安装在node_modules目录中，版本控制系统应该忽略这个目录。对Git来说，我们可以在.gitignore文件中添加一行，写入node_modules，这样Git就知道不能跟踪这个目录中的文件了。

以上就是在Grunt构建中有效使用Node所需要掌握的知识。

附录 B

介绍Grunt

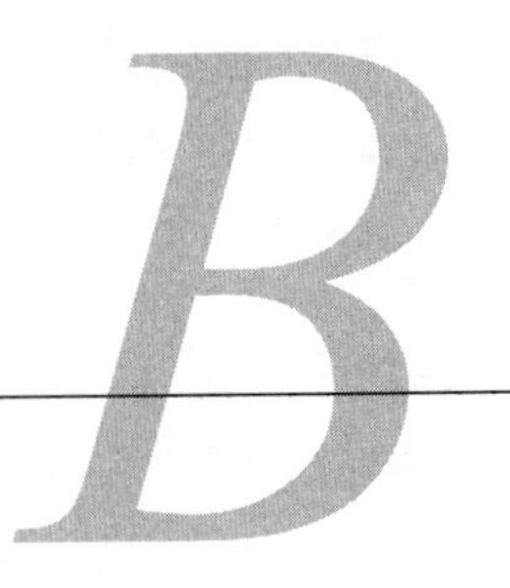

Grunt是为应用编写、配置和自动执行任务的工具，可用于简化JavaScript文件或编译LESS格式的样式表等。

LESS是一种CSS预处理器，在第2章介绍过。简化的本质就是删除空白，作些句法树优化，从而让文件变小。我们执行的有些任务和代码质量有关，例如运行单元测试（参见第8章），或者执行JSHint等代码覆盖率工具。当然有些也和部署过程有关，例如通过FTP部署应用，作部署前的准备，或者生成API文档。

Grunt只是执行构建任务的工具，任务由插件定义。下面说明插件。

B.1 Grunt插件

Grunt只是个框架，执行所需的任务时要选择合适的插件。例如，我们可以使用`grunt-contrib-concat`插件打包静态资源。此外，还要根据需求配置插件，例如指定要打包的文件，以及打包文件的保存路径。

一个插件可以定义一个或多个Grunt任务。Grunt插件使用JavaScript编写和配置，运行在Node平台中。Node社区成员开发和维护了很多现成的Grunt插件，我们只需配置各个插件即可，稍后就会讲到。如果找不到符合特定需求的插件，你还可以自己开发。

B.2 任务和目标

一个任务中可以有多个目标，在每个目标中可以进一步配置任务。目标经常用于为不同的构建模式编译应用，这一点在第3章提过。目标的作用是重用相同的任务，但目的稍有不同。LESS是一门富有表现力的语言，能编译成CSS。你可能会在任务中编译应用的不同部分所使用的LESS代码，而且可能需要使用不同的目标，因为在其中一个目标编译得到的结果中添加源码映射并指向编译前的LESS代码，会比较易于调试，而在其他目标中则尽量简化样式表。

B.3 命令行接口

Grunt提供了一个命令行接口（Command-Line Interface，简称CLI），名为`grunt`。我们可以

使用这个接口执行任务。以下列命令为例来说明如何使用这个工具：

```
grunt less:debug mocha
```

假设我们已经配置好了Grunt（稍后会说明如何配置），这个命令会执行less任务中的debug目标。如果这个任务成功执行，还会继续执行mocha任务中的所有目标。记住，如果某个Grunt任务失败了，Grunt不会尝试执行后续任务，而是会退出，并显示失败的原因——了解这一点很重要。

有一点值得说一下，任务是按顺序执行的，不是并行执行，只有前一个任务执行完毕才会执行下一个任务。我们不用每次都在命令行中输入完整的任务列表，而是可以把一系列任务定义成任务别名，然后执行别名。如果创建别名时使用了特殊的名称default，那么执行grunt命令时如果不指定参数，就会执行这个别名表示的一系列任务。

理论说得够多了，下面我们来动手使用Grunt。我们首先要安装Grunt，然后动手实操前面所讲的知识。安装Grunt前要先安装Node，因为Grunt运行在这个平台中。Node的安装方法参见附录A，安装好之后我们再继续往下看。

下面安装Grunt CLI，方法是在终端执行下述命令，使用npm安装：

```
npm install --global grunt-cli
```

--global标记的作用是告诉npm我们安装的包不是项目层面的，而是系统全局层面的。其实，这么做是为了直接在命令行中使用安装的包。我们可以执行以下命令，确认是否正确安装了这个CLI：

```
grunt --version
```

这个命令应该输出当前安装的Grunt CLI的版本号。很好！目前我们所完成的操作都只需做一次，以后不必再做。那么如何使用Grunt呢？

B.4 在项目中使用Grunt

假设我们想在一个使用PHP（后端使用哪种语言都行）开发的Web应用中自动执行lint程序（lint程序是一种静态分析工具，修改JavaScript文件后会报告句法问题），应该怎么做呢？

首先，我们需要在项目的根目录中创建一个名为package.json的文件。这是一个清单文件，npm使用它管理所有的依赖。这个文件的要求不多，只要是有效的JSON对象即可，因此使用{}就行。进入应用的根目录，然后在终端执行以下命令：

```
echo "{}" > package.json
```

接下来我们要安装一些依赖。我们要安装grunt，它是框架。别把grunt和grunt-cli搞混了，grunt-cli的作用是收集信息，把任务交给本地安装的grunt包执行。我们还要安装grunt-contrib-jshint包，这个包提供了用于执行JSHint（一个JavaScript lint工具）的Grunt任务，而且易于配置。npm install命令可以一次安装多个包，下面就来安装这两个包：

```
npm install --save-dev grunt grunt-contrib-jshint
```

--save-dev标记的作用是告诉npm把这两个包添加到清单文件package.json中，并将其标记为开发依赖。我们最好把无需在生产服务器中使用的依赖标记为开发依赖，这是最佳实践。应用运行之前一定要先构建组件。

我们安装好了框架、插件和CLI，再配置好任务就能开始使用Grunt了。

B.5　配置Grunt

配置Grunt前，要先创建Gruntfile.js文件。所有构件任务的配置和定义都保存在这个文件中。下列代码是Gruntfile.js文件的内容示例：

```
module.exports = function (grunt) {
  grunt.initConfig({
    jshint: {
      browser: ['public/js/**/*.js']
    }
  });
  grunt.loadNpmTasks('grunt-contrib-jshint');
  grunt.registerTask('default', ['jshint']);
};
```

我们在附录A中介绍Node.js时说过，这是Common.JS模块，导出了一个函数，Grunt会调用这个函数，配置任务。initConfig方法的参数是一个对象，这个参数是所有任务和目标的配置。这个配置对象中的顶层属性代表了针对某个特定任务的配置。例如，jshint属性是jshint任务的配置。任务配置中的属性是目标的配置。

在上述代码中，我们把jshint任务的browser目标设为['public/js/**/*.js']。这叫通配模式，用于定义目标文件。稍后我们会详细说明通配模式，现在你只需知道，这个通配模式会匹配public/js目录及其子目录中的所有.js 文件。

loadNpmTasks方法告诉Grunt加载指定Grunt插件中的所有任务。上述代码会加载jshint任务。稍后我们来介绍如何自己编写任务。

registerTask方法可以定义任务别名，其参数是一个任务名和一个数组，数组中的元素是要执行的任务。我们把default别名执行的任务设为jshint，所以这个别名会执行jshint:browser，以及以后会在jshint任务中添加的其他所有目标。这个别名的名称为default，因此在命令行中执行grunt命令时，如果不指定参数，就会执行这个别名。我们来试一下：

```
grunt
```

恭喜，你已经执行了你的第一个Grunt任务！不过，你或许还没有完全理解文件路径的通配模式，下面就来解决这个问题。

B.6　通配模式

使用['public/js/**/*.js']这样的模式可以快速定义要处理的文件。只要知道如何正确使用，这种模式很容易理解。通配模式使用纯文本编写，用于引用文件系统中的路径。例如，我们可以不用任何特殊字符，写成`docs/api.txt`，这个模式匹配的文件就是docs/api.txt。注意，这是相对路径，是相对Gruntfile.js文件的位置而言的。

如果使用特殊字符，这种模式的作用就强大了。例如，把`docs/api.txt`改成`docs/*.txt`后，会匹配docs目录中的所有文本文件。如果还想匹配子目录中的文件，需要使用`**`，写成`docs/**/*.txt`——这叫递归通配模式（globstar pattern）。

B.6.1　花括号表达式

除了使用星号之外，还可以使用花括号表达式。如果想匹配多种不同类型的图像，可以使用类似这样的模式：`images/ *.{png,gif,jpg}`。这个模式会匹配格式为.png、.gif和.jpg的图像。虽然花括号表达式最常在扩展名中使用，但不局限于此，还可以用来匹配多个不同的目录，例如`public/{js,css}/**/*`。注意，我们没指定扩展名，这样做是可行的，因为这样一来，星号会匹配任何文件类型，而不局限于一种特定的类型。

B.6.2　取反表达式

最后，我们来介绍取反表达式。这种表达式理解起来有点困难。取反表达式的作用可以这么理解：从前面匹配的结果中删除匹配这个模式的结果。模式是按顺序匹配的，所以包含和排除的顺序很重要。取反表达式以!符号开头，经常像这样使用：`['js/**/*.js','!js/vendor/**/*.js']`。这个模式的意思是“包含js目录及其子目录中的所有文件，但要排除`js/vendor`目录中的文件”。使用lint程序检查代码时这种模式很有用，因为我们只想检查自己编写的代码，而不检查第三方库中的代码。

关于通配模式我要特别提一件事，我经常看到有人抱怨说`['js', '!js/vendor']`无效。现在，既然我们已经知道通配模式的运作方式了，那么“无效”的原因就很容易理解了。第一个通配模式只会匹配js这个目录本身，因此`!js/vendor`什么用都没有。通配模式会放大`js`的匹配范围，匹配整个目录中的所有文件，因此包括js/vendor目录中的文件。这个问题的修正方式很简单，即使用递归模式，改成`['js/**/*.js', '!js/vendor/**']`，让通配模式放大匹配的目录范围。

我们还要再讨论两个话题：配置任务和自己编写任务。下面详细说明如何配置Grunt要执行的任务。

B.7　设置任务

下面我们随便从网上找一个插件，学习如何配置任务。首先，我们先回顾一下B.1节的示例。还记得我们是怎么配置JSHint的吗？我们使用的代码如下所示：

```
module.exports = function (grunt) {
  grunt.initConfig({
```

```
    jshint: {
      browser: ['public/js/**/*.js']
    }
  });
  grunt.loadNpmTasks('grunt-contrib-jshint');
  grunt.registerTask('default', ['jshint']);
};
```

假设我们想简化（参见第2章）CSS样式表，并把多个样式表拼接成一个文件，那么我们可以在谷歌中搜索能完成这种操作的Grunt插件，也可以访问http://gruntjs.com/plugins查找。我们访问这个页面，然后输入"css"，出现的第一个结果是`grunt-contrib-cssmin`，而且会链接到npm网站中这个包的页面。

npm网站通常会显示README文件的内容，还会链接到GitHub仓库中完整的源码。这个包的README文件说明了如何从npm中安装这个包，以及如何在Gruntfile.js文件中调用`loadNpmTasks`方法，如下列代码所示：

```
module.exports = function (grunt) {
  grunt.initConfig({
    jshint: {
      browser: ['public/js/**/*.js']
    }
  });
  grunt.loadNpmTasks('grunt-contrib-jshint');
  grunt.loadNpmTasks('grunt-contrib-cssmin');
  grunt.registerTask('default', ['jshint']);
};
```

我们还要按照前面安装`grunt-contrib-jshint`包的方式，从npm中安装这个包：

```
npm install --save-dev grunt-contrib-cssmin
```

现在剩下的工作就是配置这个插件了。Grunt插件通常都有完善的文档，在插件的主页会有相关的例子，说明如何配置，还会详细列出所有选项。以`grunt-contrib-`开头的包由Grunt团队开发，所以使用时基本不会遇到问题。如果同一项任务有多个可选择的包，遇到不能用或者文档不完整的，就换用其他包，没必要"从一而终"。流行度（npm中的安装量和GitHub中的关注数）是评价包质量的一项重要指标。

搜索时找到的第一个包也能拼接CSS，所以我们无需再使用其他插件。下列代码配置`grunt-contrib-cssmin`，让它在简化样式表的同时进行拼接：

```
cssmin: {
  combine: {
    files: {
      'path/to/output.css': ['path/to/input_one.css', 'path/to/
     input_two.css']
    }
  }
}
```

你可以根据自己的需求随意调整和集成配置。此外，还要添加一个名为`build`的任务别名。

别名可以用来定义工作流程，整个第一部分的内容就是介绍如何制定流程。例如，第3章使用别名定义了调试流程和发布流程：

```
module.exports = function (grunt) {
  grunt.initConfig({
    jshint: {
      browser: ['public/js/**/*.js']
    },
    cssmin: {
      all: {
        files: { 'build/css/all.min.css': ['public/css/**/*.css'] }
      }
    }
  });
  grunt.loadNpmTasks('grunt-contrib-jshint');
  grunt.loadNpmTasks('grunt-contrib-cssmin');
  grunt.registerTask('default', ['jshint']);
  grunt.registerTask('build', ['cssmin']);
};
```

就这么简单！如果在终端执行`grunt build`命令，Grunt会把所有CSS打包到一起，简化后写入all.min.css文件。这个示例，以及目前用到的其他示例，都可以在本书配套源码的appendix/introduction-to-grunt文件夹中找到。这篇附录的最后一节会说明如何自己动手编写Grunt任务。

B.8 自己编写任务

Grunt中的任务分为两种：多任务和普通任务。你可能猜到了，二者之间的区别是，多任务可以设置不同的任务目标，然后分别执行各个目标。实际上，几乎所有的Grunt任务都是多任务。下面演示如何编写一个多任务。

我们要编写的任务用于统计一组文件中的字数，如果统计的字数大于设定值，就认为任务执行失败。先看下列代码片段：

```
grunt.registerMultiTask('wordcount', function () {
    var options = this.options({
      threshold: 0
    });
});
```

我们为`threshold`选项设定了默认值，这个选项的值在配置任务时可以被覆盖，稍后你就会看到怎么做。因为我们调用的是`registerMultiTask`方法，因此这个任务支持多个目标。现在我们要获取一组文件，读取这些文件的内容，然后统计字数：

```
var total = 0;
this.files.forEach(function (file) {
  file.src.forEach(function (src) {
    if (grunt.file.isDir(src)) {
      return;
    }
```

```
        var data = grunt.file.read(src);
        var words = data.split(/[^\w]+/g).length;
        total += words;
        grunt.verbose.writeln(src, 'contains', words, 'words.');
      });
    });
```

Grunt提供了一个files对象，我们可以使用这个对象遍历文件，排除目录，然后读取文件中的数据。计算出字数后，我们可以把结果打印出来，如果大于threshold的值，则这个任务失败：

```
if (options.threshold) {
  if (total > options.threshold) {
    grunt.log.error('Threshold of', options.threshold, 'exceeded. Found',
     total, 'words.');
    grunt.fail.warn('Too many words');
  } else {
    grunt.log.ok(total, 'words found in total.');
  }
} else {
  grunt.log.writeln(total, 'words found in total.');
}
```

任务写好之后，我们要像之前那样配置一个任务目标：

```
wordcount: {
  capped: {
    files: {
      src: ['text/**/*.txt']
    },
    options: {
      threshold: 3000
    }
  }
}
```

如果这些文件中的字数超过3000个，这个任务就会失败。注意，如果没有设定threshold的值，就会使用编写任务时设定的默认值0。这些信息足够你理解Grunt了：第1章介绍了Grunt，第2章深入介绍了构建任务、如何执行任务，以及如何使用任务制定用于开发、发布和部署的构建流程。

附录 C

选择合适的构建工具

决定使用什么技术从来就是件很难的事，因为选择一种技术就好比作出了一项承诺，而中途放弃技术就像收回承诺那么难。但最终还是要选定一种技术的。选择构建技术时也会遇到这种问题，我们必须谨慎作抉择。

在这本书中，我选择的构建工具是Grunt。我尽量不过多介绍Grunt的相关概念，而是重点说明构建过程，只把Grunt当作一种辅助工具。我选择Grunt的原因有很多，其中几个如下所示。

- Grunt有良好的社区，即使在Windows系统中也很好。
- Grunt广受欢迎，在Node社区之外也有大量用户。
- Grunt易于学习，只需选择并配置插件。没有高级概念，也不需要预备知识。

鉴于这些原因，在一本讲解构建过程的书中特别适合使用Grunt。但我要澄清一点，Grunt并不是唯一的选择，有些流行的构建工具可能比Grunt更符合你的需求。

我写这篇附录的目的是说明我在前端开发中最常使用的三个构建工具之间的区别。这三个构建工具的简介如下所示。

- Grunt：这是本书使用的构建工具，由配置驱动。
- npm：一种包管理器，也可以当作构建工具。
- Gulp：介于Grunt和npm之间的构建工具，由代码驱动。

我还会说明在哪些情况下更适合使用哪个工具。

阅读这篇附录前，你应该先阅读第一部分和附录B。附录B对Grunt作了介绍，第一部分则具体说明了如何使用Grunt。我假设你在阅读这篇附录之前已经具备了Grunt基础知识。我们首先来说明Grunt擅长做什么事。

C.1 Grunt的优点

Grunt最大的优点是易于使用，程序员几乎毫不费力就能使用JavaScript制定构建流程。我们只需搜索合适的插件，阅读插件的文档，然后安装并配置插件即可。因此，在成员技能各异的大型开发团队中，每个人都能调整构建流程，满足项目最新的需求。团队成员甚至无需精通Node，只需在配置对象中添加属性，把任务名称和组成构建流程的操作对应起来即可。

Grunt的插件非常多，很少需要自己编写构建任务，因此个人或团队都能快速制定构建过程。

如果使用构建优先原则，这一点尤其重要。即便你只想逐步制定构建流程，速度也很重要。

Grunt还可以用来管理部署，因为它有很多包能完成相关的操作，例如grunt-git、grunt-rsync和grunt-ec2。

C.2　Grunt的缺点

Grunt有什么缺点呢？如果构建流程特别复杂，使用Grunt会变得很繁琐。构建流程制定好之后，过一段时间往往很难理解整个流程。如果构建流程中的任务数达到两位数，几乎可以肯定的是，我们要分别执行同一个任务中的不同目标，这样整个流程才能按照正确的顺序执行。

因为任务使用声明的方式配置，所以我们还得绞尽脑汁弄清任务执行的顺序。另外，团队可能十分看重用于构建的代码的可维护性，这对Grunt来说可能意味着每个任务要在单独的文件中配置，或者至少分开配置团队使用的各个构建流程。

Grunt的优缺点概览

Grunt有以下优点：

- 有成千上万个插件，几乎任何操作都有相应的插件；
- 配置易于理解、易于调整；
- 只需知道JavaScript基础知识；
- 支持跨平台开发，甚至支持Windows；
- 适合大多数团队使用。

Grunt有以下缺点：

- 基于配置的构建定义方式在构建流程变复杂时显得不灵便；
- 如果很多任务中有多个目标，那就很难理解构建过程；
- Grunt比其他构建工具速度要慢。

我们已经知道了Grunt的优缺点，也知道了什么情况下更适合在自己的项目中使用Grunt。下面开始讨论npm，说明如何把它当作构建工具使用，以及它和Grunt的区别。

C.3　把npm当成构建工具

如果想把npm当作构建工具使用，系统中需要安装npm，而且还需要一个名为package.json的文件。为npm定义任务的方法很简单，我们只需在包清单文件的scripts对象中添加属性即可。属性的名称是任务名，属性的值是要执行的命令。下列代码片段是package.json文件的内容示例，使用JSHint的命令行接口检查JavaScript文件中是否有错误。使用npm可以执行任何想执行的shell命令。

```
{
  "scripts": {
```

```
    "test": "jshint . --exclude node_modules"
  },
  "devDependencies": {
    "jshint": "^2.5.1"
  }
}
```

任务定义好之后，可以在命令行中运行下列命令来执行这个任务：

```
npm run test
```

注意，npm为特定的任务名提供了快捷方式。对test任务来说，可以省略run，直接执行npm test。你可以在你的脚本声明中把多个npm run命令链接在一起，组成构建流程。如果像下列代码清单这样定义任务，那么执行npm test命令会先执行lint任务，然后执行unit任务。

代码清单C.1　把npm run命令链接起来组成构建流程

```
{
  "scripts": {
    "lint": "jshint . --exclude node_modules",
    "unit": "tape test/*",
    "test": "npm run lint && npm run unit"
  },
  "devDependencies": {
    "jshint": "^2.5.1",
    "tape": "^2.10.2"
  }
}
```

我们还可以把任务设为后台作业，让其异步执行。假设我们在构建JavaScript的流程中要复制一个目录，在构建CSS的流程中要编译Stylus（一种CSS预处理器）样式表，那这种情况最适合异步执行任务。为了异步执行，我们可以在两个命令之间或一个命令之后加上&符号，如下列代码清单中的包清单文件所示。这样，我们可以执行npm run build命令，异步执行这两个任务了。

代码清单C.2　使用Stylus

```
{
  "scripts": {
    "build-js": "cp -r src/js/vendor bin/js",
    "build-css": "stylus src/css/all.styl -o bin/css",
    "build": "npm run build-js & npm run build-css"
  },
  "devDependencies": {
    "stylus": "^0.45.0"
  }
}
```

有时shell命令无法满足需求，可能需要使用Node包，例如前面几个示例中的stylus或jshint。这些依赖要使用npm安装。

C.3.1　安装npm任务的依赖

若想使用JSHint，系统中要有它的命令行接口。这个CLI有两种安装方式：

- 若想在命令行中使用，要全局安装；
- 若想在npm run任务中使用，要作为开发依赖安装。

如果想在命令行中直接使用JSHint，而不是在npm run任务中使用，应该像下述命令这样指定-g标记，全局安装：

```
npm install -g jshint
```

如果要在npm run任务中使用包，要像下列命令那样，把JSHint添加到devDependency中。使用这种方式安装，npm会在保存包依赖的目录中查找JSHint，而不会在系统中查找全局安装的JSHint。所有的CLI工具，无需安装到操作系统中，就可以使用这种安装方式。

```
npm install --save-dev jshint
```

npm不仅能使用CLI工具。事实上，它能运行任何shell脚本，下一节说明具体的方式。

C.3.2　在npm任务中使用shell脚本

以下示例是一个运行在Node平台中的脚本，随机显示一个表情符号字符串。第一行代码的作用是告诉环境这个脚本运行在Node平台中。

```
#!/usr/bin/env node

var emoji = require('emoji-random');
var emo = emoji.random();

console.log(emo);
```

如果把这个脚本保存到项目的根目录中，并把文件命名为emoji，那么就需要把emoji-random声明为依赖，还要在包清单文件的scripts对象中添加这个命令：

```
{
  "scripts": {
    "emoji": "./emoji"
  },
  "devDependencies": {
    "emoji-random": "^0.1.2"
  }
}
```

然后，我们只需在终端执行npm run emoji命令，这样就能运行包清单文件的scripts对象中emoji属性的值所对应的脚本了。

C.3.3　npm与Grunt优缺点对比

与Grunt相比，把npm当作构建工具使用有以下优点。

- 不受Grunt插件的限制，可以充分利用npm中成千上万的包。
- 除了用来管理依赖的工具npm与列出依赖和设置构建命令的清单文件package.json之外，不需要任何其他的CLI工具和文件。npm能直接运行CLI工具和Bash命令，所以性能比Grunt好。

Grunt最大的缺点之一是受I/O限制。大多数Grunt任务都要读取硬盘中的数据，然后再把数据写入硬盘。如果有多个任务处理相同的文件，有可能要多次从硬盘中读取数据。而在Bash中，命令可以通过管道直接把输出传给下一个命令，避免了Grunt中额外的I/O消耗。

npm最大的缺点或许是，Bash在Windows环境中无法顺畅使用。如果在Windows系统中使用开源项目，那么执行`npm run`命令可能会遇到问题。因此，Windows系统的开发者可能会使用别的工具来代替npm。出于这个缺点，需要在Windows系统中运行的项目几乎不会使用npm。

稍后我们会发现，另一个构建工具Gulp与Grunt和npm都有相似之处。

C.4 Gulp：流式构建工具

Gulp和Grunt的相似之处在于，它也依赖于插件、跨平台，还支持Windows系统。Gulp是代码驱动型构建工具，相比使用声明方式定义任务的Grunt，Gulp定义任务的代码更易于阅读。Gulp和`npm run`也有相似之处，它使用Node的流API读取文件，使用管道在函数之间传输数据，最终再写入硬盘。这意味着Gulp不会像Grunt那样出现因频繁操作硬盘引起的I/O问题。也是因为I/O操作所用的时间更少，所以Gulp运行速度比Grunt快。

Gulp的主要缺点是过渡依赖流、管道和异步代码。别误会我的意思了，如果在Node平台中开发，这绝对是一项优势。但问题是，如果你或你所在的团队不精通Node，那么自己编写Gulp任务插件的话，很有可能会在处理流时遇到问题。

Gulp

Gulp的某些特性很好：

- 插件的质量都很高；
- 代码驱动的Gulpfile.js文件比配置驱动的Gruntfile.js文件更易于理解；
- 速度比Grunt快，因为Gulp使用流式管道，不会每次都读写硬盘；
- 和Grunt一样，支持跨平台开发。

不过，Gulp也有一些缺点：

- 如果没有使用Node的经验，可能很难学；
- 很难开发高质量的插件，原因同上；
- 团队的所有成员（现有成员和未来加入的成员）都要认同流和异步代码；
- 任务依赖系统还有很多不尽如人意的地方。

在团队工作中使用Gulp会比使用npm更合适。大多数前端团队或许都了解JavaScript，但可能不熟悉Bash脚本，而且有些团队可能会使用Windows。因此，我通常建议只在个人项目中使用npm run，如果团队熟悉Node，或许可以使用Gulp，其他所有情况都应该使用Grunt。这只是我的个人观点，你和你的团队要找到最适合自己的工具。而且，不要因为我介绍了Grunt、Gulp和npm run，就限制了选择的范围。你自己要作研究，或许会发现比这三个更好的工具。

下面举几个例子，让你对Gulp的任务有个感性的认识。

1. 使用Gulp运行测试

Gulp和Grunt一样，也要按约定行事。Grunt在Gruntfile.js文件中定义构建任务，对Gulp来说，同样作用的文件名为Gulpfile.js。Gulp和Grunt还有个细微区别：Gulp的CLI和任务运行程序在同一个包中，所以本地和全局都要安装gulp包。

```
touch Gulpfile.js
npm install -g gulp
npm install --save-dev gulp
```

我们先创建一个使用JSHint检查JavaScript文件的Gulp任务。前面已经使用Grunt和npm run实现了相同的任务。对Gulp来说，为了使用JSHint，我们要安装gulp-jshint插件：

```
npm install --save-dev gulp-jshint
```

现在，我们全局安装了Gulp的CLI，也在本地安装了Gulp和gulp-jshint插件，下面可以编写构建任务运行lint程序了。Gulp的构建任务要在Gulpfile.js文件中使用代码编写。

我们要使用gulp.task方法，这个方法的第一个参数是任务名称，第二个参数是一个函数，包含执行任务所需的全部代码。这里，我们要使用gulp.src方法，流式读取源文件。我们可以分别指定各个文件的路径，也可以使用学习Grunt时提过的那种通配模式。然后要通过管道把这个流传给JSHint插件。我们可以配置这个插件，或者直接使用默认配置。最后，我们要通过管道把JSHint得到的结果传给报告程序，在终端里打印结果。实现上述几步操作的代码如下列Gulpfile.js文件所示：

```
var gulp = require('gulp');
var jshint = require('gulp-jshint');

gulp.task('test', function () {
  return gulp
    .src('./sample.js')
    .pipe(jshint())
    .pipe(jshint.reporter('default'));
});
```

Gulp知道要等到数据停止流动之后再返回流。

注意，我们返回的是流，所以Gulp知道，数据停止流动之后任务才算结束。我们可以自定义JSHint使用的报告程序，让输出的结果更简洁、更易于阅读。JSHint的报告程序没必要制成Gulp插件，因此我们可以使用jshint-stylish等包。下面我们在本地安装这个包：

```
npm install --save-dev jshint-stylish
```

然后修改Gulpfile.js文件，如下列代码所示。Gulp会加载jshint-stylish模块，格式化输出的报告。

```
var gulp = require('gulp');
var jshint = require('gulp-jshint');

gulp.task('test', function () {
  return gulp
    .src('./sample.js')
    .pipe(jshint())
    .pipe(jshint.reporter('jshint-stylish'));
});
```

就这样，编写名为test的Gulp任务只需做这么多。假设我们全局安装了Gulp的CLI，那么可以使用下列命令执行这个任务：

```
gulp test
```

这只是个简单的示例。我们可以通过管道把JSHint得到的结果传给报告程序，在终端里打印结果；也可以使用gulp.dest方法，创建写入流，把结果写入硬盘。下面再一步步说明如何编写另一个构建任务。

2. 使用Gulp构建库

首先我们来执行这个任务最基本的操作——使用gulp.src方法从硬盘中读取文件的内容，然后通过管道把源文件的内容传给gulp.dest方法，写入硬盘。其实这个操作就是把文件复制到另一个目录中。

```
var gulp = require('gulp');

gulp.task('build', function () {
  return gulp
    .src('./sample.js')
    .pipe(gulp.dest('./build'));
});
```

现在能复制文件了，但还不能简化内容。为了简化内容，我们要使用Gulp插件。这里，我们可以使用gulp-uglify。这个插件使用的是流行的简化程序UglifyJS。

```
var gulp = require('gulp');
var uglify = require('gulp-uglify');

gulp.task('build', function () {
  return gulp
    .src('./sample.js')
    .pipe(uglify())
    .pipe(gulp.dest('./build'));
});
```

你或许看出来了，在流中可以添加多个插件，而只需读写硬盘一次。我们再添加一个插件，gulp-size。这个插件会计算缓冲中内容的长度，然后在终端里打印长度。注意，如果在UglifyJS之前添加这个插件，得到的会是简化前的长度，而在此之后添加，得到的会是简化后的长度。我们也可以在前后都添加这个插件。

```
var gulp = require('gulp');
var uglify = require('gulp-uglify');
var size = require('gulp-size');

gulp.task('build', function () {
  return gulp
    .src('./sample.js')
    .pipe(uglify())
    .pipe(size())
    .pipe(gulp.dest('./build'));
});
```

为了增强通过管道增删内容的能力，我们再添加最后一个插件。这一次我们要使用gulp-header插件，在简化后的代码中添加许可信息，例如包名、包的版本和许可类型。在命令行中输入gulp build命令可以执行下列代码清单中的任务。

代码清单C.3　使用gulp-header插件添加许可信息

```
var gulp = require('gulp');
var uglify = require('gulp-uglify');
var size = require('gulp-size');
var header = require('gulp-header');
var pkg = require('./package.json');
var info = '// <%= pkg.name %>@v<%= pkg.version %>, <%= pkg.license %>\n';

gulp.task('build', function () {
  return gulp
    .src('./sample.js')
    .pipe(uglify())
    .pipe(header(info, { pkg : pkg }))
    .pipe(size())
    .pipe(gulp.dest('./build'));
});
```

和Grunt类似，我们可以把一组任务名称传给gulp.task方法的第二个参数，以定义流程。在这方面，Grunt和Gulp的主要区别在于，Gulp异步执行各个任务，而Grunt同步执行各个任务。

```
gulp.task('build', ['build-js', 'build-css']);
```

如果想在Gulp中同步执行任务，要把其他任务声明为这个任务的依赖，然后再定义这个任务。执行这个任务时，Gulp会先执行依赖的任务。

```
gulp.task('build', ['dep'], function () {
  // 定义依赖于dep的任务
});
```

这篇附录只想告诉你一件事：不管使用哪个构建工具，只要能轻松制定所需的构建流程即可。

附录 D JavaScript代码质量指南

这份风格指南的目的是为应用的JavaScript代码提供基本准则，让团队中的不同开发者编写可读性和一致性都较高的代码。我们重点关注的是代码质量，以便让应用的不同部分之间具有连贯性。

D.1 模块的组织方式

这份风格指南假定你使用了某种模块系统，例如CommonJS[1]、AMD[2]或ES6模块[3]等。第5章对模块系统作了全面介绍，如果你想了解，请查看那一章了解详情。

模块系统能提供独立的作用域，避免泄漏到全局作用域中，而且还能自动生成依赖图，无需自己手动创建多个`<script>`标签，从而改进代码基的组织方式。

模块系统还支持依赖注入模式，这对隔离测试单个组件十分重要。

D.1.1 严格模式

在模块的顶部一定要加上“`use strict`”。[4]严格模式能捕获荒谬的行为，阻止不好的做法，而且速度更快，因为在严格模式中编译器能对代码作些假设。

D.1.2 空格

应用中的所有文件应该使用一致的空格方式。为此，我强烈建议使用EditorConfig插件。[5]你需要在你使用的文本编辑器中安装EditorConfig插件，然后在项目根目录中放一个.editorconfig文件。我建议使用下列代码配置JavaScript的缩进方式：

```
# editorconfig.org
root = true
```

---

① CommonJS模块规范的地址是http://bevacqua.io/bf/commonjs。

② RequireJS的网站中有篇文章全面说明了AMD的作用，地址是http://bevacqua.io/bf/amd。

③ 现在的ES6十分好用，详情参见http://bevacqua.io/bf/es6-intro。

④ Mozilla开发者网络中有篇文章很好地说明了JavaScript的严格模式，地址是http://bevacqua.io/bf/strict。

⑤ 如果想进一步了解EditorConfig，请访问http://bevacqua.io/bf/editorconfig。

```
[*]
indent_style = space
indent_size = 2
end_of_line = lf
charset = utf-8
trim_trailing_whitespace = true
insert_final_newline = true
[*.md]
trim_trailing_whitespace = false
```

EditorConfig会使用统一的方式处理缩进，只要按Tab键，都会输入适量的制表符或空格。缩进使用制表符还是空格由项目的具体需求而定，不过我建议使用两个空格。

不仅缩进要使用空格，函数声明的参数前后和之间也要使用空格。这种空格方式往往很难统一，多数团队甚至无法制定出满足所有人需求的方案。

```
function () {}

function( a, b ){}

function(a, b) {}

function (a,b) {}
```

我们要尽量把这种差异降到最低，不过也不用太在意。

为了提升可读性，要尽可能把一行代码的长度控制在80个字符以内。

D.1.3　分号

自动插入分号（Automatic Semicolon Insertion，简称ASI）不是特性，不要依赖它。[①]ASI特别复杂[②]，没必要让团队中不了解ASI工作方式的开发者增加负担。如果想避免出现令人头疼的问题，请远离ASI，始终在需要的地方输入分号。

D.1.4　使用lint程序检查

因为JavaScript没有编译这一步，无法处理未声明的变量，所以必须要使用lint程序检查JavaScript代码。我要再次提醒，不要使用对代码风格有特殊要求的lint程序，例如JSLint[③]。我们应该使用要求不那么严格的lint程序，例如JSHint[④]或ESLint[⑤]。下面是一些关于JSHint的小贴士。

- 创建.jshintignore文件，写入node_modules和bower_components等目录。
- 可以使用类似下面的.jshintrc文件，在一个地方统一设定规则：

---

① Ben Alman在一篇文章中很好地说明了为什么不能省略分号，这篇文章的地址是http://bevacqua.io/bf/semicolons。

② 有篇文章详细说明了ASI的内部机制，地址是http://bevacqua.io/bf/asi。

③ JSLint是最早出现的JavaScript lint程序，现在还可以在线使用，地址是http://bevacqua.io/bf/jslint。

④ 如今开发者喜欢在构建过程中使用JSHint代替JSLint。JSHint的项目地址是http://bevacqua.io/bf/jshint。

⑤ ESLint也是一种lint工具，目的是减少你对代码风格的担忧。ESLint的项目地址是http://bevacqua.io/bf/eslint。

```
{
  "curly": true,
  "eqeqeq": true,
  "newcap": true,
  "noarg": true,
  "noempty": true,
  "nonew": true,
  "sub": true,
  "undef": true,
  "unused": true,
  "trailing": true,
  "boss": true,
  "eqnull": true,
  "strict": true,
  "immed": true,
  "expr": true,
  "latedef": "nofunc",
  "quotmark": "single",
  "indent": 2,
  "node": true
}
```

你没必要非使用这些规则不可，但是也不能完全不使用lint程序检查，我们的目的是不让代码风格变得太差。如果不检查代码，可能会出现一些常见的失误，例如缺少分号或没把字符串放在引号中。但如果过度检查，花大量时间顾虑代码风格，会让你无暇考虑如何编写有意义的代码。

D.2　字符串

字符串应该始终使用相同的引号，在代码基中统一使用'或"。要确保团队在JavaScript代码的所有地方都使用同一种引号。

- 不好的字符串

```
var message = 'oh hai' + name + "!";
```

- 好的字符串

```
var message = 'oh hai ' + name + '!';
```

如果使用Node中通过占位符替换字符串的方法，例如`util.format`[1]，你的开发工作会变得更轻松，因为使用这种方法更容易格式化字符串，而且代码看起来更简洁。

- 更好的字符串

```
var message = util.format('oh hai %s!', name);
```

我们可以使用下列代码实现相同的功能：

```
function format () {
  var args = [].slice.call(arguments);
```

[1] Node中`util.format`方法的文档地址是http://bevacqua.io/bf/util.format。

```
  var initial = args.shift();
  function replacer (text, replacement) {
    return text.replace('%s', replacement);
  }
  return args.reduce(replacer, initial);
}
```

编写多行字符串尤其是HTML片段时，有时最好使用数组作缓冲，然后再把各部分连接起来。虽然字符串拼接可能更快，但难以理解。

```
var html = [
  '<div>',
    format('<span class="monster">%s</span>', name),
  '</div>'
].join('');
```

使用这种数组方式，还可以把元素推入数组，最后再把各部分连接起来。字符串模板引擎，例如Jade[1]，通常都会这么做。

D.2.1　变量的声明方式

我们应该始终使用一致的方式声明变量，而且要在所属作用域的顶部声明。建议一行只声明一个变量。逗号放在开头，在一个var语句中声明多个变量，或者使用多个var语句都行，但在项目中要使用一致的方式。为了保持一致性，要确保团队中的每个人都遵守这份风格指南。

- 不一致的声明方式

```
var foo = 1,
    bar = 2;
var baz;
var pony;
var a
  , b;
```

或

```
var foo = 1;
if (foo > 1) {
  var bar = 2;
}
```

注意，像下列示例这样做是可以的，不仅风格好，而且使用的语句也一致。

- 一致的声明方式

```
var foo = 1;
var bar = 2;
var baz;
var pony;
var a;
```

① 如果想学习Jade模板引擎的详细用法，请访问Jade在GitHub中的仓库，地址是http://bevacqua.io/bf/jade。

```
var b;
var foo = 1;
var bar;
if (foo > 1) {
  bar = 2;
}
```

声明后不立即赋值的变量可以统一放在一行。

- 可以接受的声明方式

```
var a = 'a';
var b = 2;
var i, j;
```

D.3 条件语句

在条件语句中必须使用花括号。花括号加上合理使用的空格，能避免一些失误，例如Apple的SSL/TLS缺陷。①

- 不好的条件语句

```
if (err) throw err;
```

- 好的条件语句

```
if (err) {
  throw err;
}
```

避免使用==和!=运算符，始终使用===和!==。后者是“严格的相等性运算符”，而前者会试图把两侧的操作数校正为相同的类型。②如果可能，应该把单行条件语句写成多行形式。

- 不好的相等性测试会强制转换类型

```
function isEmptyString (text) {
  return text == '';
}
isEmptyString(0);
// <- true
```

- 好的相等性测试使用严格的运算符

```
function isEmptyString (text) {
  return text === '';
}
isEmptyString(0);
// <- false
```

① 有一份详细的报告说明了Apple的GOTO语句失效缺陷，地址是http://bevacqua.io/bf/gotofail。

② MDN中有一篇专门说明相等性运算符的文章，地址是http://bevacqua.io/bf/equality。

D.3.1　三元运算符

作清晰的条件判断时可以使用三元运算符，但是如果条件不容易理解，则不能使用。通常，如果一眼无法理解三元运算符的作用，可能就说明条件太复杂，不适合使用三元运算符。

jQuery是一个很好的例子，其代码基中充斥着难以理解的三元运算符。[①]

- 不好的三元运算符用例

```
function calculate (a, b) {
  return a && b ? 11 : a ? 10 : b ? 1 : 0;
}
```

- 好的三元运算符用例

```
function getName (mobile) {
  return mobile ? mobile.name : 'Generic Player';
}
```

如果遇到不容易理解的情况，应该使用if和else语句。

D.3.2　函数

声明函数时一定要使用函数声明格式，[②]不要使用函数表达式。[③]如果在函数表达式赋值给变量之前使用这个函数会出错，而函数声明格式定义的函数会提升[④]到作用域的顶部，因此不管在什么地方声明函数，函数都会正常工作。第5章对作用域提升作了详细说明。

- 使用表达式不可取

```
var sum = function (x, y) {
  return x + y;
};
```

- 使用声明方式可取

```
function sum (x, y) {
  return x + y;
}
```

不过，可以使用函数表达式柯里化另一个函数。[⑤]

- 可以使用表达式柯里化

```
var plusThree = sum.bind(null, 3);
```

记住，使用函数声明格式声明的函数会提升[⑥]到作用域的顶部，因此声明的顺序不重要。话

---

① jQuery的这些代码就滥用了三元运算符：http://bevacqua.io/bf/jquery-ternary。

② StackOverflow中有一个问答说明了不同的函数声明方式之间的区别，地址是http://bevacqua.io/bf/fn-declaration。

③ MDN中有一篇文章对函数表达式下了简洁的定义，地址是http://bevacqua.io/bf/fn-expr。

④ 本书配套源码中有一个示例详细说明了变量作用域的提升，地址是http://bevacqua.io/bf/hoisting。

⑤ John Resig在他的博客中说明了如何使用偏函数，详见http://bevacqua.io/bf/partial-application。

⑥ 本书配套源码中有一个示例详细说明了变量作用域的提升，地址是http://bevacqua.io/bf/hoisting。

虽如此，但始终应该在顶层作用域中声明函数，不能在条件语句中声明。

- 这样声明函数不可取

```
if (Math.random() > 0.5) {
  sum(1, 3);
  function sum (x, y) {
    return x + y;
  }
}
```

- 这样声明函数可取

```
if (Math.random() > 0.5) {
  sum(1, 3);
}
function sum (x, y) {
  return x + y;
}
```

或

```
function sum (x, y) {
  return x + y;
}
if (Math.random() > 0.5) {
  sum(1, 3);
}
```

如果需要“空操作”的方法，可以使用`Function.prototype`或`function noop () {}`声明。理想情况下，一个应用中只能有一个`noop`引用。如果需要处理`arguments`对象或其他类似数组的对象，应该将其校正为数组。

- 这样遍历类似数组的对象不可取

```
var divs = document.querySelectorAll('div');

for (i = 0; i < divs.length; i++) {
  console.log(divs[i].innerHTML);
}
```

- 这样遍历类似数组的对象可取

```
var divs = document.querySelectorAll('div');
[].slice.call(divs).forEach(function (div) {
  console.log(div.innerHTML);
});
```

不过要注意，在V8环境中使用这种方式处理`arguments`对象对性能有重大影响。[1]如果你很关注性能，就不要使用`slice`方法校正`arguments`对象，应该使用`for`循环处理。

① 这篇文章很好地说明了如何优化函数参数的处理方式：http://bevacqua.io/bf/arguments。

- 不好的参数存取器

```
var args = [].slice.call(arguments);
```

- 更好的参数存取器

```
var i;
var args = new Array(arguments.length);
for (i = 0; i < args.length; i++) {
    args[i] = arguments[i];
}
```

一定不能在循环内部声明函数。

- 在行内声明函数不可取

```
var values = [1, 2, 3];
var i;
for (i = 0; i < values.length; i++) {
  setTimeout(function () {
    console.log(values[i]);
  }, 1000 * i);
}
```

或

```
var values = [1, 2, 3];
var i;
for (i = 0; i < values.length; i++) {
  setTimeout(function (i) {
    return function () {
      console.log(values[i]);
    };
  }(i), 1000 * i);
}
```

- 把函数提取出来更好

```
var values = [1, 2, 3];
var i;
for (i = 0; i < values.length; i++) {
  wait(i);
}
function wait (i) {
  setTimeout(function () {
    console.log(values[i]);
  }, 1000 * i);
}
```

使用.forEach方法更好，这样做避免了在for循环中声明函数的缺点。

- 使用函数式的forEach方法处理数组更好

```
[1, 2, 3].forEach(function (value, i) {
  setTimeout(function () {
    console.log(value);
```

```
  }, 1000 * i);
});
```

● 具名函数和匿名函数

如果方法很重要，应该使用具名函数表达式，而不能声明为匿名函数。这样在分析堆栈跟踪时易于查明导致异常的根本原因。

● 匿名函数不可取

```
function once (fn) {
  var ran = false;
  return function () {
    if (ran) { return };
    ran = true;
    fn.apply(this, arguments);
  };
}
```

● 具名函数可取

```
function once (fn) {
  var ran = false;
  return function run () {
    if (ran) { return };
    ran = true;
    fn.apply(this, arguments);
  };
}
```

为了避免缩进层级太深，应该使用临界子句（guard clause），而不要嵌套太多if语句。

● 不好的做法

```
if (car) {
  if (black) {
    if (turbine) {
      return 'batman!';
    }
  }
}
```

或

```
if (condition) {
  // 10多行代码
}
```

● 好的做法

```
if (!car) {
  return;
}
if (!black) {
  return;
}
```

```
if (!turbine) {
  return;
}
return 'batman!';
```

或

```
if (!condition) {
  return;
}
// 10多行代码
```

D.3.3　原型

无论如何，不要修改原生类型的原型，应该使用方法。如果必须扩展原生类型的功能，可以使用poser[①]。poser提供了脱离上下文的原生类型引用，可以放心处理和扩展。

- 不好的做法

```
String.prototype.half = function () {
  return this.substr(0, this.length / 2);
};
```

- 好的做法

```
function half (text) {
  return text.substr(0, text.length / 2);
}
```

不要使用原型继承模型，除非有性能方面的原因要求必须这么做：

- ❑ 原型继承模型比使用纯对象复杂；
- ❑ 使用new方法创建对象时，原型继承模型会出现让人头疼的问题；
- ❑ 在原型继承模型中要使用闭包隐藏实例的重要私有状态；
- ❑ 还是使用纯对象方便。

D.3.4　对象字面量

使用古老的{}符号实例化。不要使用构造方法，使用工厂方法。通常推荐使用以下方式实现对象：

```
function util (options) {
  // 私有方法和状态
  var foo;
  function add () {
    return foo++;
  }
  function reset () { // 注意，这不是公开方法
    foo = options.start || 0;
```

① poser提供了脱离上下文的原生类型引用，可以放心处理和扩展。详情访问http://bevacqua.io/bf/poser。

```
    }
    reset();
    return {
      // 公开接口中的方法
      uuid: add
    };
  }
```

D.3.5　数组字面量

使用方括号（[]）实例化数组。如果考虑性能，需要声明固定长度的数组，可以使用new Array(length)。

JavaScript为数组提供了丰富的API，应该合理利用。你可以先学习处理数组的基本方法，[1]然后再学高级用法。例如，可以使用.forEach方法迭代集合中的所有元素。

下面列出了可对数组进行的基本操作。

- 使用.push方法把元素插入集合的末尾，使用.shift方法把元素插入集合的开头。
- 使用.pop方法获取集合中的最后一个元素，同时把这个元素从集合中删除；使用.unshift方法对第一个元素执行相同操作。
- 使用splice方法删除指定索引范围内的元素，或者在指定索引处插入元素，或同时进行这两种操作。

还要学习处理集合的函数式方法。相比自己动手处理，使用这些方法能节省大量时间。下面举例说明使用这些方法可以做什么。

- 使用.filter方法删除没用的值。
- 使用.map方法修改数组中元素的值。
- 使用.reduce方法迭代数组，生成单个值。
- 使用.some和.every方法判断数组中的元素是否满足指定的条件。
- 使用.sort方法排列集合中的元素。
- 使用.reverse方法倒置数组中元素的顺序。

Mozilla开发者网络（Mozilla Developer Network，简称MDN）对这些方法作了详细说明，而且还有很多其他内容。MDN的网址是https://developer.mozilla.org/。

D.4　正则表达式

把正则表达式保存在变量中，不要在行内直接使用。这么做能极大地提升可读性。

- 正则表达式不好的用法

```
if (/\d+/.test(text)) {
  console.log('so many numbers!');
}
```

① 我的博客中有篇介绍JavaScript数组的文章，地址是http://bevacqua.io/bf/arrays。

● 正则表达式好的用法

```
var numeric = /\d+/;
if (numeric.test(text)) {
  console.log('so many numbers!');
}
```

你可以学习如何编写正则表达式，[1]理解其作用。也可以使用在线工具形象化理解正则表达式。[2]

D.4.1　调试用语句

最好把console语句放到服务中，以便能轻易在生产环境中将其关闭。或者，在生产环境使用的构建版本中不要包含输出日志的console.log语句。

D.4.2　注释

注释不是用来说明代码的作用的。好的代码应该不解自明。如果你想编写注释说明一段代码的作用，可能就说明代码本身需要修改。不过，可以使用注释说明正则表达式的作用。好的注释应该说明目的不是很清晰的代码为什么做某件事。

● 不好的注释

```
// 创建居中的容器
var p = $('<p/>');
p.center(div);
p.text('foo');
```

● 好的注释

```
var container = $('<p/>');
var contents = 'foo';
container.center(parent);
container.text(contents);
megaphone.on('data', function (value) {
  container.text(value); // megaphone定期更新容器里的内容
});
```

或

```
var numeric = /\d+/; // 字符串中的一个或多个数字
if (numeric.test(text)) {
  console.log('so many numbers!');
}
```

不要注释掉整段代码，此时应该使用版本控制系统。

① 我的博客中有一篇介绍正则表达式的文章，地址是http://bevacqua.io/bf/regex。

② 使用Regexper可以形象化理解正则表达式的作用，这个工具的地址是http://bevacqua.io/bf/regexper。

D.4.3 变量的名称

必须为变量起有意义的名称，这样就无需查看注释弄清代码的功能了。试着使用简洁有表现力且有意义的变量名。

- 不好的名称

```
function a (x, y, z) {
  return z * y / x;
}
a(4, 2, 6);
// <- 3
```

- 好的名称

```
function ruleOfThree (had, got, have) {
  return have * got / had;
}
ruleOfThree(4, 2, 6);
// <- 3
```

D.4.4 腻子脚本

腻子脚本是一段代码，其作用是让应用在旧浏览器中使用新功能。我们要尽量使用浏览器原生的实现，然后引入腻子脚本，[1]为不支持的浏览器提供相同的行为。这样写出的代码易于使用，而且不用花太多时间处理棘手的问题。

如果使用腻子脚本不能修补某个功能，要使用全局可用的方式包装用到的所有补丁代码，[2]以便在整个应用中使用。

D.4.5 日常技巧

- 设定默认值

使用`||`设定默认值。如果左边是假值，[3]就使用右边的值。

```
function a (value) {
  var defaultValue = 33;
  var used = value || defaultValue;
}
```

- 通过bind方法使用偏函数

通过`.bind`方法使用偏函数：[4]

---

① Remy Sharp对腻子脚本作了简单的说明：http://bevacqua.io/bf/polyfill。

② 我写过一篇介绍如何编写高质量模块的文章，其中谈到了包装实现这个话题，这篇文章的地址是http://bevacqua.io/bf/hq-modules。

③ 在JavaScript的条件语句中，假值被视作`false`。假值包括：`''`、`null`、`undefined`和`0`。详细信息请访问http://bevacqua.io/bf/casting。

④ 因开发jQuery出名的John Resig写了一篇介绍JavaScript偏函数的文章，地址是http://bevacqua.io/bf/partialapplication。

```
function sum (a, b) {
  return a + b;
}
var addSeven = sum.bind(null, 7);
addSeven(6);
// <- 13
```

- 使用Array.prototype.slice.call把类似数组的对象校正为数组

使用Array.prototype.slice.call把类似数组的对象校正为真正的数组：

```
var args = Array.prototype.slice.call(arguments);
```

- 在所有地方使用事件发射器

在所有地方使用事件发射器！[①]这个模式在不同的对象或不同的应用层之间发送消息，解耦实现。

```
var emitter = contra.emitter();
body.addEventListener('click', function () {
  emitter.emit('click', e.target);
});
emitter.on('click', function (elem) {
  console.log(elem);
});
// 模拟点击
emitter.emit('click', document.body);
```

- 把Function.prototype当作空操作

把Function.prototype当作“空操作”使用：

```
function (cb) {
  setTimeout(cb || Function.prototype, 2000);
}
```

① contra实现了易于使用的事件发射器，这个库的地址是http://bevacqua.io/bf/contra.emitter。

延 展 阅 读

作为JavaScript技术经典名著，《JavaScript高级程序设计（第3版）》承继了之前版本全面深入、贴近实战的特点，在详细讲解了JavaScript语言的核心之后，条分缕析地为读者展示了现有规范及实现为开发Web应用提供的各种支持和特性。

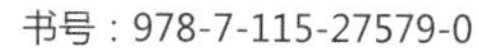

书号：978-7-115-27579-0
定价：99.00 元

说到学习AngularJS，相信你早已厌倦了上网搜索、断续阅读的低效方式。本书堪称AngularJS领域的里程碑式著作，它以相当的篇幅涵盖了关于AngularJS的几乎所有内容，既是一部权威教程，又是一部参考指南。对于没有经验的人，本书平实、通俗的讲解，递进、严密的组织，可以让人毫无压力地登堂入室，迅速领悟新一代Web应用开发的精髓。如果你有相关经验，那本书对AngularJS概念和技术细节的全面剖析，以及引人入胜、切中肯綮的讲解，将帮助你彻底掌握这个框架，在自己职业技术修炼之路上更进一步。

书号：978-7-115-36647-4
定价：99.00 元

本书是经典JavaScript入门书，全球累计销量已超20万册。书中从JavaScript语言基础开始，分别讨论了图像、框架、浏览器窗口、表单、正则表达式、用户事件和cookie等，循序渐进地讲述了JavaScript及相关的CSS、DOM、Ajax、jQuery等技术。内容讲解透彻，图文并茂。

书号：978-7-115-38522-2
定价：69.00 元

第一本深度讲解Node的图书
源码级别探寻Node的实现原理
阿里巴巴一线Node开发者最真实的经验

书号：978-7-115-33550-0
定价：69.00 元

延展阅读

很多人对JavaScript这门语言的印象都是简单易学，很容易上手。JavaScript语言本身有很多复杂的概念，语言的使用者不必深入理解这些概念也可以编写出功能全面的应用。殊不知，这些复杂精妙的概念才是语言的精髓，即使是经验丰富的JavaScript开发人员，如果没有认真学习的话也无法真正理解它们。在本书中，我们要直面当前JavaScript开发者不求甚解的大趋势，深入理解语言内部的机制。

书号：978-7-115-38573-4
定价：49.00 元
注：中卷和下卷即将推出。

Node.js核心框架贡献者代表作，Node.js项目负责人、Node包管理器作者力荐！
本书向读者展示了如何构建产品级应用，对关键概念的介绍清晰明了，贴近实际的例子，涵盖从安装到部署的各个环节，是一部讲解与实践并重的优秀著作。通过学习本书，读者将深入异步编程、数据存储、输出模板、读写文件系统，掌握创建TCP/IP服务器和命令行工具等非HTTP程序的技术。本书同样非常适合熟悉Rails、Django或PHP开发的读者阅读学习。

书号：978-7-115-35246-0
定价：69.00 元

jQuery领域标杆之作，以实例驱动，系统全面讲解jQuery、jQuery UI以及jQuery Mobile。作为一款优秀的JavaScript框架，jQuery具有表达能力强、支持一次处理多个元素、能解决不同浏览器的兼容性问题等诸多优点，从而受到广大Web开发人员的追捧。本书是一本全面的jQuery手册，详尽介绍了jQuery库、jQuery UI和jQuery Mobile，能帮助具备一定Web开发基础知识的读者精通jQuery。

书号：978-7-115-36653-5
定价：149.00 元

由jQuery API网站维护者亲自撰写，第一版自2008上市以来，一版再版，累计重印14次，是国内首屈一指的jQuery经典著作！
注重理论与实践相结合，由浅入深、循序渐进，适合各层次的前端Web开发人员学习和参考。

书号：978-7-115-33055-0
定价：59.00 元

站在巨人的肩上
Standing on Shoulders of Giants
TURING
图灵教育
iTuring.cn

站在巨人的肩上
Standing on Shoulders of Giants
TURING
图灵教育
iTuring.cn